光电检测技术与应用

（第 4 版）

郭培源　付扬　编著

北京航空航天大学出版社

内 容 简 介

本书为北京高等教育精品教材。全书系统全面地介绍了光电检测技术的基础理论、半导体光电检测器件、光电信号转换技术、光电信号处理技术及实际应用。本书共分9章，主要包括绪论、光电检测器件工作原理及特性、半导体光电检测器件及应用、光电信号检测电路、光电直接检测系统、光外差检测系统、光纤传感检测技术、光电信号的数据采集与微机接口、光电检测技术的典型应用。

内容编排注重理论与实际相结合，一方面注重光电检测技术的基本理论和原理的介绍，另一方面着重介绍光电检测技术的实际应用。本书既可作为高等院校光电信息工程、测控技术与仪器、机械电子工程、光电子科学与技术、机器人工程、电子信息工程、医学信息工程等专业本科生及研究生的教学用书，也可作为相关专业科研人员和工程技术人员的参考用书。

图书在版编目(CIP)数据

光电检测技术与应用 / 郭培源，付扬编著. -- 4 版
. -- 北京 ：北京航空航天大学出版社，2021.3
ISBN 978 - 7 - 5124 - 3454 - 7

Ⅰ. ①光… Ⅱ. ①郭… ②付… Ⅲ. ①光电检测
Ⅳ. ①TP274

中国版本图书馆 CIP 数据核字(2021)第 032490 号

光电检测技术与应用(第4版)
郭培源　付扬　编著
策划编辑　董瑞　责任编辑　董瑞
＊
北京航空航天大学出版社出版发行

北京市海淀区学院路 37 号(邮编 100191)　http://www.buaapress.com.cn
发行部电话：(010)82317024　传真：(010)82328026
读者信箱：goodtextbook@126.com　邮购电话：(010)82316936
涿州市新华印刷有限公司印装　各地书店经销
＊
开本：787×1 092　1/16　印张：14.25　字数：365 千字
2021 年 8 月第 4 版　2025 年 1 月第 4 次印刷　印数：6 001～7 000册
ISBN 978 - 7 - 5124 - 3454 - 7　定价：45.00 元

前　言

随着现代信息技术以及自动控制系统和信息处理技术水平的不断发展,光电检测技术作为一门研究光与物质相互作用发展起来的新兴学科,已经成为现代信息技术重要的组成部分。光电检测技术具有测量精度高、速度快、非接触、频宽和信息容量极大、信息传输效率极高等突出的特点,发展十分迅速,并推动着信息科学技术的发展。它将光学技术与现代电子技术相结合,广泛应用于工业、农业、医学、军事和空间科学等领域。在这些技术应用领域中,几乎都涉及光电信息转换及检测问题。光电检测技术是光电技术的核心,已成为现代信息技术中最为活跃的高新技术之一。

光电检测技术是以红外、激光、半导体、光纤等现代光电器件为基础,通过对被检测物体的光辐射,经光电检测器,将接收到的光辐射并转换为电信号,由输入电路、放大滤波等检测电路提取有用信息,再经模/数转换接口输入计算机运算处理,最后获得所需要的检测物理量。

自 20 世纪 60 年代激光器诞生以来,光电技术在理论与应用方面都取得了巨大进展。光电技术与微电子技术相互结合、相互交叉、相互渗透,形成了现代光电技术。通信中使用了光纤技术,促进了光电技术的发展;激光器的发明使光波的调制与解调成为可能,进而使电子检测技术的各种基本知识,如放大与振荡、调制与解调等概念几乎都移植到了光频段。电子学与光子学之间的鸿沟在概念上正在逐渐消失,进而产生了光频段的光电检测技术。这一先进技术使人类更有效地扩展了自身的视觉能力,使视觉的长波延伸到亚毫米波,短波延伸到紫外线、X 射线,并可以在超快速条件下检测诸如核反应、航空器发射等变化过程。光电检测技术是一种应用范围非常广的技术,并已经渗透到了许多科学技术领域。

本教材比较全面系统地介绍了光电检测技术的基础理论和应用,取材合适,深度适宜。在理论方面力求简明易懂;在应用方面引入典型实例,力求实际应用。富有启发性,便于学习,符合认知规律,注重理论联系实际,有利于激发学生学习兴趣并培养学生的各种能力,能够反映本学科国内外科学研究和教学研究的先进成果。教材内容包括绪论、光电检测器件工作原理及特性、半导体光电检测器件及应用、光电信号检测电路、光电直接检测系统、光外差检测系统、光纤传感检测技术、光电信号的数据采集与微机接口、光电检测技术的典型应用。在第 3 版中,特别引入了近红外光谱检测、高光谱检测及应用新技术,拓展了教材的知识范围。各章节的编排以及章节内容的安排即注重知识之间的有机联系,又考虑各自的独立性,便于教师根据不同专业对光电检测技术课程的不同要求、学时数的多少来选取适当的内容,并配有思考题与习题。本书于 2013 年被北京市教育委员会评为北京高等教育精品教材。

本书在编写过程中,参阅了大量的国内外文献,在此向这些文献的作者表示感谢。参加本教材编写工作的有郭培源教授(前言、第 1 章、第 2 章、第 3 章、第 9 章的 9.7 节、9.8 节)、付扬副教授(第 4 章、第 5 章、第 6 章、第 7 章、第 8 章、第 9 章的 9.1～9.6 节),于瑞雪研究生在教材的插图、编排、录入等过程中做了大量的工作。郭培源负责全书的策划、组织编写、定稿和统稿。

现代光电检测技术发展日新月异,本书内容若有疏漏和错误,欢迎专家学者以及使用本教材的教师、学生和工程技术人员提出宝贵意见,以便今后不断改进。

作　者

2021 年 1 月

目　　录

第1章 绪 论

1.1 信息技术与光电检测技术

物质、能量和信息是人类发展的三大基本要素。这三大基本要素之间的关系如下：物质是基础，世界是由物质组成的；能量是一切物质运动的动力，如果没有能量，物质就无法运动；信息是客观世界与主观认识相结合的产物，如果没有信息，客观世界与主观认识就无法进行有效沟通，就无从对客观世界认知；信息作用于物质和能量之间，使人类能够更好地认识物质与能量之间的关系。这三者的紧密结合构成了丰富多彩的大千世界。

信息技术是一种综合技术，它包括感测技术、通信技术、人工智能与计算机技术以及控制技术。

① 感测技术：包括传感技术、测量技术以及遥感、遥测技术，它使人类能更好地从外部世界获取各种有用的信息。

② 通信技术：它的作用是传递、交换和分配信息，可以消除或克服空间上的限制，使人们能更有效地利用信息资源。

③ 人工智能与计算机技术：它使人类能更好地加工和再生信息。

④ 控制技术：它的作用是根据输入的指令，对信息状态实施干预。

因此，一切与信息的收集、加工、存储、传输有关的技术均可称为信息技术。

在当今时代，信息技术还包括微电子信息技术、光电信息技术等。作为核心的微电子信息技术是在传统电子技术的基础上发展起来的一种渗透性最强、影响面最广的电子技术，它通过控制固体内电子的微观运动来实现对信息的加工处理，并在固体的微区（小到几个晶格的数量级）内进行，可以把一个电子功能部件，甚至一个系统，集成在一个很小的芯片上。

光电信息技术和微电子技术一样，是一种渗透性极强的综合技术，是以光集成技术为核心的有关光学元器件制造的应用技术。与微电子技术类似，它利用外延、扩散、注入、蒸发工艺，将各种有源和无源光学器件（激光器、光耦合器、光分路器、光调制器、光检测器等）集成在一起，构成能完成光学信息获取、处理和存储等功能的系统。光电信息技术涉及光器件技术（激光技术、光调制器技术等）、光信息检测、光处理技术（光数据交换、光联网、光图像处理等）、光信息传输技术（远程传输、光空间通信等）、光存储（光盘）技术与显示技术（液晶显示、等离子显示）等。

光电信息技术是将电子学与光学浑然一体的技术，是光与电子转换及其应用的技术。从广义上讲，光电信息技术就是在光频段的微电子技术，它将光学技术与电子技术相结合实现信息的获取、加工、传输、控制、处理、存储与显示。它将光的快速（世界上运动速度最快的物质是光）与电子信息处理的方便、快速相结合，因而具有许多无可比拟的优点。

光电检测技术是光电信息技术的主要技术之一，是利用光电传感器实现各类检测，即将被测量转换成光通量，再将光通量转换成电量，并综合利用信息传送技术和信息处理技术，最后对各类物理量进行在线和自动检测。

1.2　光电检测与光电传感器概念

1.2.1　检测与测量的概念

检测是通过一定的物理方式分辨出被测参数量并归属到某一范围,以此来判别被测参数是否合格或参数量是否存在的过程。测量是将被测的未知量与同性质的标准量进行比较,确定被测量对标准量的倍数,并通过数字表示出这个倍数的过程。

在自动化检测技术领域,检测的任务不仅是对成品或半成品的检验和测量,而且是为了检查、监督和控制某个生产过程或运动对象使之处于人们选定的最佳状况,需要随时检测和测量各种参量的大小和变化等情况。这种对生产过程和运动对象实时检测和测量的技术又称为工程检测技术。

测量有两种方式,即直接测量和间接测量。

① 直接测量是对被测物进行测量时,对仪表读数不经任何运算,直接得出被测量的数值。如用温度计测量温度,用万用表测量电压。

② 间接测量是测量几个与被测量有关的物理量,通过函数关系式计算出被测量的数值。如功率 P 与电压 V 和电流 I 有关,即 $P=I \cdot V$,通过测量到的电压和电流,计算出功率。

直接测量简单、方便,在实际中使用较多;在无法采用直接测量方式、直接测量不方便或直接测量误差大等情况下,可采用间接测量方式。

1.2.2　光电传感器与敏感器的概念

传感器的作用是将非电量转换为与之有确定对应关系的电量输出,它本质上是非电量系统与电量系统之间的接口。在检测和控制过程中,传感器是必不可少的转换器件。从能量的角度出发,可将传感器划分为两种类型:一类是能量控制型传感器,也称有源传感器;另一类是能量转换型传感器,也称无源传感器。能量控制型传感器是指传感器将被测量的变化转换成电参数(如电阻、电容)的变化,传感器须外加激励电源才可将被测量参数的变化转换成电压、电流的变化;而能量转换型传感器可直接将被测量的变化转换成电压、电流的变化,不需要外加激励电源。

在很多情况下,所要测量的非电量并不是传感器所能转换的那种非电量,这就需要在传感器前面增加一个能够把被测非电量转换为该传感器能够接收和转换的非电量的装置或器件。这种能够将被测非电量转换为可用非电量的器件或装置称为敏感器。例如,用电阻应变片测量电压时,就要将应变片粘贴到受压力的弹性元件上,弹性元件将压力转换为应变力,应变片再将应变力转换为电阻的变化。这里的应变片便是传感器,而弹性元件便是敏感器。敏感器和传感器虽然都可对被测非电量进行转换,但敏感器是把被测量转换为可用非电量,而传感器是把被测非电量转换为电量。

光电传感器是基于光电效应,将光信号转换为电信号的一种传感器,广泛应用于自动控制、生物医学、光机电一体化等领域。

光电传感器主要有光电二极管、光电晶体管、光敏电阻 CdS、光电耦合器、集成光电传感器、光电池和图像传感器等,主要种类如表 1-1 所列。实际应用时,要选用合适的传感器才能达到预期的效果。大致的选用原则如下:高速的光检测电路、宽范围照度的照度计、超高速的激光传感器宜选用光电二极管;几千赫兹的简单脉冲光电传感器、简单电路中的低速脉冲光电开关宜选用光电晶体管;响应速度虽慢但性能良好的电阻桥式传感器以及具有电阻性质的光电传感器、路灯自动亮灭电路中的光电传感器、随光的强弱成比例改变的可变电阻等宜选用 CdS 和 PbS 光敏元件;旋转编码器、速度传感器宜选用集成光电传感器。

表 1-1　光电传感器的种类

光电传感器类型	光电传感器实例
PN 结	PN 光电二极管(材料采用 Si、Ge、GaAs) PIN 光电二极管(材料采用 Si) 雪崩光电二极管(材料采用 Si、Ge) 光电晶体管(光电达林顿管)(材料采用 Si) 集成光电传感器和光电晶闸管(材料采用 Si)
非 PN 结	光电元件(材料采用 CdS、CdSe、Se、PbS) 热电元件(材料采用 PZT、LiTaO$_3$、PbTiO$_3$)
电子管类	光电管,摄像管,光电倍增管
其他类	色敏传感器(材料采用 Si、α-Si) 固体图像传感器(材料采用 Si,有 CCD 型、MOS 型、CPD 型) 位置检测用元件(PSD)(材料采用 Si) 光电池(光电二极管)(材料用 Si)

1.3　光电检测系统的组成及特点

由于被测对象复杂多样,故检测系统的结构也不尽相同。一般电子检测系统是由传感器、信号调理器和输出环节三部分组成的。

传感器处于被测对象与检测系统的接口处,是一个信号变换器。它直接从被测对象中提取被测量的信息,感受其变化,并转化成便于测量的电参数。

由传感器检测到的信号一般为电信号。它不能直接满足输出的要求,需要进一步的变换、处理和分析,即通过信号调理电路将其转换为标准电信号,输出给输出环节。

根据检测系统输出的目的和形式不同,输出环节主要有显示与记录装置、数据通信接口和控制装置。

传感器的信号调理电路是由传感器的类型和对输出信号的要求决定的。不同的传感器具有不同的输出信号。能量控制型传感器输出的是电参数的变化,须采用电桥电路将其转换成电压的变化,而电桥电路输出的电压信号幅值较小,共模电压又很大,须采用仪表放大器进行放大;在能量转换型传感器输出的电压信号中一般都含有较大的噪声信号,须加滤波电路提取有用信号,滤除无用的噪声信号。

与电子检测系统相比,光电检测系统的频率提高了几个数量级。这种频率量级上的变化使光电系统在实现方法上发生了质变,在功能上也发生了质的飞跃。主要表现在载波容量、角分辨率、距离分辨率和光谱分辨率大为提高,因此,在通信、雷达、精导、导航、测量等领域获得广泛应用。应用于这些场合的光电检测系统的具体构成形式尽管各不相同,但有一个共同的特征,即都具有光发射机、光学信道和光接收机这一基本环节。这一环节称为光电检测系统的基本模型,如图1-1所示。

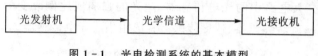

图 1-1　光电检测系统的基本模型

光电检测系统通常分为主动式和被动式两类。在主动式光电检测系统中,光发射机主要由光源(如激光器)和调制器构成;在被动式光电检测系统中,光发射机为被检测物体的辐射发射。光学信道和光接收机对两者是完全相同的。所谓光学信道,主要指大气、空间、水下和光纤。光接收机是用于收集入射的光信号并加以处理、恢复光载波的信息,其基本模型如图1-2所示,包括三个基本模块。

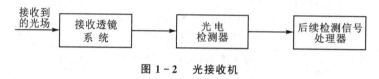

图 1-2　光接收机

第一个模块是接收透镜系统(通常包括一些透镜或聚光部件),第二个模块是光电检测器,第三个模块是后续检测信号处理器。透镜系统把接收到的光信号进行滤波和聚焦,使其入射到光电检测器上,光电检测器把光信号变换为电信号。后续检测信号处理器完成必要的信号放大、信号调理及滤波处理,以便从检测器的输出中恢复所需要的信息。

光接收机可以分为两种基本类型,即功率检测接收机和外差接收机。功率检测接收机也称作直接检测接收机或非相干接收机,它的前端系统如图1-3(a)所示。透镜系统和光电检测器用于检测所收集到的到达光接收机的光场瞬间的光功率。这种光接收机的工作方式是最简单的一种,只要传输的信息能在接收光场的功率变化之中,就可以采用这种接收机。外差接收机的前端系统如图1-3(b)所示。本地产生的光波场与接收到的光波场经前端镜面加以合成,然后由光检测器检测这一合成的光波。外差式接收机可接收以幅度调制、频率调制、相位调制方式传输的信息。外差接收机实现起来比较困难,它对两个待合成的光场在空间相干性方面有严格的要求。因此,外差式接收机通常也称为空间相干接收机。无论是哪一种接收机,前端透镜系统都能把接收光场或合成后的光场聚焦到光电检测器的表面,这就使得光电检测

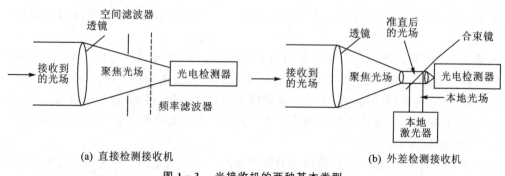

(a) 直接检测接收机　　　　　　　　　(b) 外差检测接收机

图 1-3　光接收机的两种基本类型

器的面积可以比接收透镜的面积小很多。

上述工作过程可用如图 1-4 所示的一个系统框图表示出来。在该系统中,光是信息传递的媒介,它由光源产生。光源与照明光学系统一起获得测量所需的光载波,如激光、平行光照明等。光载波与被测对象相互作用而将被测量载荷到光载波上,称为光学变换。光学变换可用各种调制方法来实现。光学变换后的光载波上载荷有各种被测信息,称为光信息。光信息经光电器件实现由光向电的信息转换,称为光电转换。然后被测信息就可用各种电信号处理的方法实现解调、滤波、整形、判向、细分等,或送到计算机进行进一步运算,直接显示或存储被测量,或者去控制相应的装置。

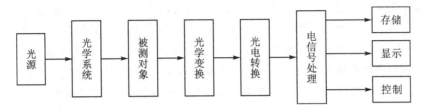

图 1-4　光电系统框图

在图 1-4 中,光学变换与光电转换是光电测量的核心部分。光学变换通常是通过各种光学元件和光学系统来实现的,如采用平面镜、光狭缝、透镜、角锥棱镜、偏振器、波片、码盘、光栅、调制器、光成像系统、光干涉系统等,将被测量转换为光参量(振幅、频率、相位、偏振态、传播方向变化等)。光电转换是用各种光电变换器件来完成的,如光电检测器件、光电摄像器件、光电热敏器件等。

光电检测技术将光学技术与电子技术相结合实现各种量的检测,具有如下特点:

① 高精度。光电检测的精度是各种检测技术中精度最高的一种。如用激光干涉法检测长度的精度可达 $0.05\ \mu m/m$;光栅莫尔条纹法测角可达 $0.04''$;用激光测距法测量地球与月球之间距离的分辨率可达 1 m。

② 高速度。光电检测以光为媒介,而光的传播速度最快的,无疑用光学的方法获取和传递信息是最快的。

③ 远距离、大量程。光是最便于远距离传播的介质,尤其适用于遥控和遥测,如武器制导、光电跟踪、电视遥测等。

④ 非接触检测。光照到被测物体上可以认为是没有测量力的,因此也无摩擦,可以实现动态测量,是各种检测方法中效率最高的一种。

⑤ 寿命长。在理论上光波是永不磨损的,只要复现性做得好,就可以永久地使用。

⑥ 具有很强的信息处理和运算能力,可将复杂信息并行处理。用光电方法还便于信息的控制和存储,易于实现自动化,易于与计算机连接,易于实现智能化等。

光电检测技术是现代科学、国家现代化建设和人民生活中不可缺少的新技术,是光、机、电、计算机相结合的新技术,是最具有应用潜力的信息技术之一。

根据光电检测技术的特点,本门课程的学习要求如下:

① 了解并掌握典型的光电器件的原理和特点,会正确选用光电器件。

② 学会根据光电器件的特点选择和设计光电检测电路和有关参数。

③ 能根据被测对象的要求,设计光电检测系统。

1.4　光电检测方法及应用发展趋势

光电传感器由光源、光学系统和光电信息转换器件三部分组成。根据光源、光学系统和光电转换器件放置位置的不同,光电传感器可以分为以下三种:

① 直射型:光电转换器对着光源放置,并使它们的光轴重合,即对着光源为发射光通量最大方向,对着光电转换器件为灵敏度最高的方向。

实际应用时,为避免杂散光对测量的影响,一般可通过使用暗箱、提高光源强度、光通量调制和适当放置光源和光电接收器位置等办法。如在传送带上对物体计数测量,测量大物体时,应使杂散光方向与光源方向一致;如测量小物体时,应使杂散光方向与光源方向相反。

② 反射型:可分为单向反射和漫反射两种。前者被测物体表面光滑或贴上发射镜,光电接收器接收被测物的单向反射光;后者被测物表面粗糙,光电接收器接收被测物的漫反射光。

③ 辐射型:被测物体本身就是一个辐射源,光电接收器通过接收被测物的辐射光能量实现测量。

根据检测原理,光电检测的基本方法有直接作用法、差动测量法、补偿测量法和脉冲测量法等。下面分别叙述。

1. 直接作用法

受被测物理量控制的光通量,经光电传感器转换成电量后由检测机构直接得到所求被测物理量,测量框图如图1-5所示。图中,定标是指用基准量进行测定,调整系统的放大倍数或比例系数,使输出值与基准量相同。此测量方法结构简单,但精度差,尤其容易受光源波动、电源波动等影响较大,适合于测量精度要求不高的场合。

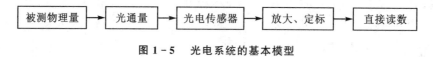

$$被测物理量 \rightarrow 光通量 \rightarrow 光电传感器 \rightarrow 放大、定标 \rightarrow 直接读数$$

图1-5　光电系统的基本模型

2. 差动测量法

将被测量与某一标准量相比较,所得差或数值比可反映被测量的大小。例如,用双光路差动测量法测量物体的长度,如图1-6所示。

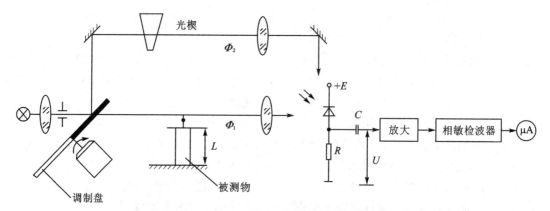

图1-6　用双光路差动测量法测量物体长度

图 1-6 中,调制盘的一半开通,另一半安装反射镜。当调制盘转动时,一束光变成两束光,即 Φ_1 和 Φ_2 是交替的。将标准尺寸的工件放入工作位置,调整光楔,使 $\Phi_1 = \Phi_2$,使微安(μA)表读数为"0"。工件尺寸无误差时,$\Phi_1 = \Phi_2$,光电传感器输出 U 无交变分量,如图 1-7 所示。

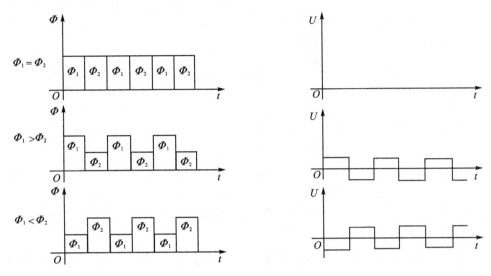

图 1-7 光电传感器输出

当工件尺寸变小时,$\Phi_1 > \Phi_2$,光电传感器输出 U 有交变分量,其幅值取决于 Φ_1 和 Φ_2 之差,即 $U = S(\Phi_1 - \Phi_2) = S\Delta\Phi$;当工件尺寸变大时,则 $\Phi_1 < \Phi_2$,光电传感器输出 U 有交变分量,其幅值取决于 Φ_1 和 Φ_2 之差,即 $U = S(\Phi_1 - \Phi_2) = -S\Delta\Phi$。所以,测量值的大小决定于 U 的幅值,测量值的正负决定于 U 的相位,可通过相敏检波器得到。相敏检波器(Phase - Sensitive - Detector)的核心是一个乘法器和一个滤波器,如图 1-8 所示。有两路信号:一路为信号 u_S,另一路为 u_R,现设

$$u_i = u_S = E_i \sin(\omega_1 t + \theta_1), \qquad u_R = E_R \sin(\omega_2 t + \theta_2)$$

则

$$u_o = u_i u_R = \frac{1}{2} g E_i E_R \cos[2\pi(f_1 - f_2)t + \theta_1 - \theta_2] -$$

$$\frac{1}{2} g E_i E_R \cos[2\pi(f_1 + f_2)t + \theta_1 + \theta_2]$$

在高频信号被滤波器滤去后,就有

$$u_o = \frac{1}{2} g E_i E_R \cos[2\pi(f_1 - f_2)t + \theta_1 - \theta_2]$$

如 $f_1 = f_2$,则

$$u_o = \frac{1}{2} g E_i E_R \cos(\theta_1 - \theta_2) = \frac{1}{2} g E_i E_R \cos\Delta\theta$$

式中,输出 u_o 的正负由两信号的相位差决定,如 $\Delta\theta = \theta_1 - \theta_2 = 0$ 则 u_o 输出为正,如 $\Delta\theta = \theta_1 - \theta_2 = \pi$ 则 u_o 输出为负。

可见,相敏检波器可以用来测幅,也可用来测相,还可以将高频信号变成中频信号(只要使 $\theta_1 = \theta_2$,$f_1 > f_2$,就可以得到差频信号)。双光路测量可以消除杂散光、光源波动、温度变化和电

源电压波动带来的测量误差,使测量精度和灵敏度大大提高。

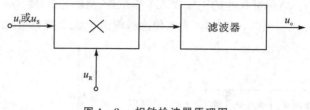

图 1-8　相敏检波器原理图

3. 补偿测量法

用光或电的方法补偿由被测量变化而引起的光通量变化,补偿器的可动元件连接读数装置指示出补偿量值,补偿值的大小反映了被测量变化的大小。

在双光路差动法测量中(见图 1-6),用相敏检波器的输出量直接控制光楔上下移动,直到 $\Phi_1 - \Phi_2 = 0$,即相敏检波器的输出量为零,而光楔的上下移动与一个读数机构相连,从读数机构得到的读数正好反映出光通量的变化量,也就是被测量的值。

4. 脉冲测量法

在测量中将被测量的光通量转换成电脉冲,其参数(脉宽、相位、频率、脉冲数量等)反映了被测量的大小。

(1) 脉宽方法测长度

图 1-9 给出了脉宽方法测长度的工作原理,被测物 L 在传送带上以速度 v 前进,光电传感器将物体的长度 L 转换成脉宽来开启门电路,计数器将计下与脉宽对应的高频脉冲数 N,则

$$L = v\,t = v\,kN = KN$$

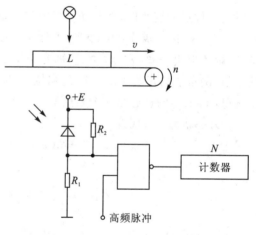

图 1-9　脉宽方法测长度的工作原理

式中,k 是高频脉冲的时间当量,表示单位高频脉冲所代表的时间;而 K 是长度当量,表示单位高频脉冲所代表的长度。一般 K 可通过定标的方式得到,即用基准量进行实测,得到 N 值,再通过计算得到 K 值。

在上面的测量中,假定 v 是常数,然而由于物体的振动和电动机电压频率的波动等使 v 不匀速,这样就可带来测量误差。为了消除这些误差,高频脉冲可取电动机或传送带的转动轮上的脉冲,采用光电方法,在传送带上安装一个光电旋转变换器来产生光脉冲。

(2) 频率法测速

图 1-10 所示为频率法测速的工作原理。在转动轮上均匀贴有反射片,光电传感器可接收到与转速相对应的光脉冲。设 m 为反射光片数,n 为每分钟转速,则

$$f = n\,m/60 = N/t, \qquad n = \frac{60N}{mt}$$

只要控制在一定的时间 t 内计数 N,即可计算得到轮子的转速。

脉冲测量法的特点如下：抗干扰性能好，精度高；直接与计算机连接，易于实现在线测量和自动化控制。

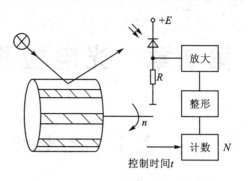

图 1-10 频率法测速的工作原理

科学技术的进步推动了光电检测技术的发展，而新型光电检测系统的出现无疑又给科学技术的发展注入了新鲜血液。

光电检测技术的发展趋势如下：

① 发展纳米、亚纳米高精度的光电测量新技术。

② 发展小型的、快速的微型光、机、电检测系统。

③ 非接触、快速在线测量，以满足快速增长的商品经济的需要。

④ 向微空间三维测量技术和大空间三维测量技术发展。

⑤ 发展闭环控制的光电检测系统，实现光电测量与光电控制一体化。

⑥ 向人们无法触及的领域发展。

⑦ 发展光电跟踪与光电扫描技术，如远距离的遥控、遥测技术、激光制导、飞行物自动跟踪和复杂形体自动扫描测量等。

思考题与习题

1-1 举例说明你所知道的检测系统的工作原理。

1-2 如何实现非电量的检测？

1-3 影响检测测量精度的主要因素有哪些？其中哪几个因素是最基本的且需要特别注意的？

1-4 什么是噪声干扰？什么是有用信号？

1-5 如何判断干扰？如何避免干扰？

1-6 电子计数器如何实现既能测量频率又能测量周期？为什么要通过测量周期的方法来测量低频信号的频率？

1-7 试采用本章给出的光电检测基本方法来完成一项设计任务（自拟题目）。

1-8 试叙述光电检测系统的组成及特点。

第 2 章　光电检测器件工作原理及特性

2.1　光电检测器件的物理基础

当辐射光入射到某些半导体上时,光子(或者说电磁波)与物质中的微粒产生相互作用,会引起物质的光电效应和光热效应。这种效应实现了能量的转换,把光辐射的能量转变成了其他形式的能量,光辐射所带有的被检测信息也转变成了其他能量形式(电、热等)的信息。通过对这些信息(如电信息、热信息等)进行检测,也就实现了对光辐射的检测。

对光辐射的检测,最广泛使用的方法是通过光电转换,把光信号变成电信号,继而用已十分成熟的电子技术对电信号进行测量和处理。各种光电转换的物理基础就是光电效应。也有某些物质在吸收光辐射的能量后,主要表现为温度变化,会产生物质的热效应。作为理解光辐射检测的基础,下面分别对光电物理效应和光热效应进行介绍。

2.1.1　光电导效应

在物质受到辐射光的照射后,材料的电学性质发生变化(电导率改变、发射电子、产生感应电动势等)的现象称为光电效应。光电效应可分为外光电效应和内光电效应两大类。外光电效应是指物质受到光辐射的作用后,物质外产生电子发射的现象。内光电效应是指受到光照射的物质内部电子能量状态产生变化,使物质的电导率发生变化或产生光生伏特现象,但不存在表面发射电子的现象。光照变化引起半导体材料内光电效应,使电导变化,它是光电导器件工作的物理基础。这种效应在大多数半导体和绝缘体中都存在,而金属由于本身已存在大量的自由电子,因此不产生光电导效应。

当光照射到半导体材料时,晶格原子或杂质原子的束缚态电子吸收光子能量并被激发为传导态自由电子,引起材料的载流子浓度增加,因而导致材料的电导率增大,称为光电导效应。光子激发产生的载流子仍保留在材料内部,因此光电导效应是一种内光电效应。半导体材料对光的吸收分为本征和非本征两种,因此光电导效应也分为本征型和非本征型两类。

1. 本征光电导效应

本征光电导是指只有光子能量 $h\upsilon$ 大于材料禁带宽度 E_g 的入射光,才能激发产生电子空穴对,使材料产生光电导效应的现象。用公式表示为

$$h\upsilon > E_g \tag{2-1}$$

因此,本征光电导材料的截止波长为

$$\lambda_0 = \frac{hc}{E_g} \tag{2-2}$$

即只有波长小于 λ_0 的入射辐射才能产生本征光电导,改变本征半导体的导电特性。把普朗克常数 $h = 4.13 \times 10^{-15} \, \text{eV} \cdot \text{s}^{-1}$ 及光速 $c = 3 \times 10^{14} \, \mu\text{m} \cdot \text{s}^{-1}$ 代入式(2-2),可以表示为

$$\lambda_0 = \frac{1.24}{E_g} \qquad (2-3)$$

E_g 越窄,则截止波长越长;或 E_g 越窄激发出电子所需电子能量越少。

本征半导体的光电效应如图 2-1 所示。

本征半导体样品两端敷有电极,沿电极方向加有电场,当在垂直于电场方向有均匀光照入射到样品表面,且入射光通量恒定时,样品中流出的光电流称为稳态光电流。

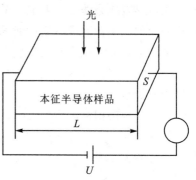

图 2-1　光电系统的基本模型

无光照时,半导体材料在常温下具有一定的热激发载流子浓度,此时材料处于暗态,具有一定的暗电导率。暗态下样品的电导可以表示为

$$G_d = \sigma_d \frac{S}{L} \qquad (2-4)$$

式中,G 为样品的电导,下标 d 代表暗态;σ 为半导体材料的电导率;S 为样品横截面的面积;L 为样品的长度。

如果给样品外加电压 U,通过的电流为暗电流,可表示为

$$I_d = G_d U = \sigma_d \frac{SU}{L} \qquad (2-5)$$

有光照时,样品吸收光子能量产生光生载流子,此时材料处于亮态,具有亮电导

$$G_l = \sigma_l \frac{S}{L} \qquad (2-6)$$

亮态下,样品在外加电压下流出的电流称为亮电流,即

$$I_l = G_l U = \sigma_l \frac{SU}{L} \qquad (2-7)$$

式中,I 为电流,下标 l 代表亮态。亮电导 G_l 与暗电导 G_d 之差称为光电导 G_p,即

$$G_p = G_l - G_d = (\sigma_l - \sigma_d)\frac{S}{L} = \Delta\sigma\frac{S}{L} \qquad (2-8)$$

式中,$\Delta\sigma$ 为光致电导率的变化量。亮电流与暗电流之差称为光电流,即

$$I_p = I_l - I_d = (G_l - G_d)U = \Delta\sigma\frac{SU}{L} \qquad (2-9)$$

2. 光电导弛豫过程

矩形脉冲光照下光电导弛豫过程如图 2-2 所示。

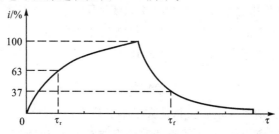

图 2-2　矩形脉冲光照下光电导弛豫过程

　　光电导效应是非平衡载流子效应,因此存在一定的弛豫现象,即光电导材料从光照开始到获得稳定的光电流需要一定的时间;同样,光照停止后光电流也是逐渐消失的。这种弛豫现象反映了光电导对光强变化的反应快慢程度,亦称为惰性。

　　当用矩形光脉冲照射到光电导体时,常用上升时间常数 τ_r 和下降时间常数 τ_f 来描述弛豫过程的长短。τ_r 表示光生载流子浓度从零增长到稳态值的 63% 时所需的时间,τ_f 表示从去掉光源前的稳态值衰减到稳态值的 37% 所需的时间。

　　当输入光功率按照正弦规律变化时,输出光电流(对应于光生载流子浓度)与光功率调制频率变化的关系是一个低通特性,说明光电导的弛豫特性限制了器件对调制频率高的光功率的响应。

3. 光电导增益

　　光电导增益是表征光电导器件特性的一个重要参数,它表示长度为 L 的光电导体在两端加上电压 U 后,由光照产生的光生载流子在电场作用下形成的外电流与光生载流子在内部形成的光电流之比。光电导增益可以表示为

$$M = \frac{\tau}{t_{dr}} \qquad\qquad (2-10)$$

式中,M 为光电导增益;τ 为器件的时间响应;t_{dr} 为载流子在两极间的渡越时间。

　　因此,光电导器件常做成如图 2-3 所示的梳状电极,光敏面制成蛇形,这样既可以保证有较大的受光表面,也可以减小电极之间的距离;从而既可减小载流子的两极间的渡越时间,也有利于提高灵敏度。

　　很多光电器件的光电增益与带宽之积为一常数,即 $M\Delta f =$ 常数。这表明材料的光电灵敏度(与光电增益成正比)与带宽是矛盾的;材料的光电灵敏度高,则带宽窄;反之,器件的带宽越宽,则光电灵敏度越低。此结论对光电效应现象有一定的普遍性。

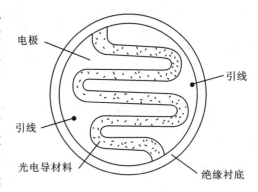

图 2-3　光电导器件结构

2.1.2　杂质光电导效应

　　杂质光电导是指杂质半导体中的施主或者受主吸收光子能量后电离,产生自由电子或空穴,从而增加材料电导率的现象。

　　由于杂质光电导器件中施主或受主的电离能级比同材料的本征半导体的禁带宽度要小很多,因此响应波长也要比本征半导体材料的工作波长要长很多。如用 E_I 表示杂质半导体的电离能,则杂质光电导器件的截止波长可以表示为

$$\lambda_0 = \frac{hc}{E_I} \qquad\qquad (2-11)$$

　　由于 $E_g > E_I$,因此,杂质截止波长总是大于本征截止波长(检测波长范围增宽)。

　　同时,因为杂质的电离能很小,为了避免热激发的载流子产生的噪声超过光激发的信号载流子,多数杂质半导体光电导器件都必须工作在低温状态,因此在使用中常将光电器件放在装

有制冷剂的容器中。目前使用的光电导材料有硅、锗掺杂等半导体材料。

2.1.3　光生伏特效应

用光照射半导体的 PN 结就可以产生光生伏特效应。在没有光照的情况下,结型半导体的 P 型区和 N 型区中,由于空穴浓度、电子浓度都分别比另一区域大,产生了浓度梯度而出现了载流子的扩散,使得 N 区和 P 区分别积累了一定数量的空穴和电子,从而在材料内部出现内电场,方向由 N 区指向 P 区,形成势垒 eV_D(见图 2-4(a)),并能阻止空穴和电子进一步移动,最终达到一个平衡状态。当光照射到材料上(包括 P 区、N 区以及结区)时,只要光子能量大于材料的禁带宽度,就可能激发出电子-空穴对,打破原有的平衡状态,出现新的电荷移动。在 P 区产生的电子会以较大的几率扩散到结区边界,并在电场作用下加速运动,穿过势垒到达 N 区,产生积累。同样,N 区产生的空穴也以同样的方式移动到 P 区,这样一来,在 P 区就积累了较多的正电荷,在 N 区积累了较多的负电荷,使得势垒高度降低(见图 2-4(b)),相当于在 PN 结上加了一个正向电压,这种由于光照而在 PN 结两端出现的电动势称为光生电动势。这就是光生伏特效应,简称光伏效应。这种电动势是以光照为基础的,一旦光照消失,光生电动势也不复存在。如果光照时 PN 结是开路的,在结的两端可测出开路电压;如果 PN 结外接负载形成回路,则有电流流经 PN 结,方向是 N 区→P 区。若负载为 0,测出的电流就是短路电流。

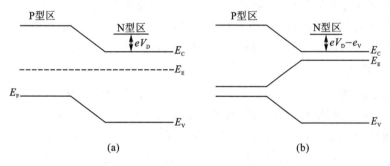

图 2-4　光照前后 PN 结能带结构

若光辐射照在 PN 结上,产生光生电动势,相当于在 PN 结两端加上一个正向电压 V,则 PN 结的势垒由原有的 eV_D 降为 $eV_D - eV$。在形成光生电动势的过程中,内部电流(光生电流)I_p 的方向是由 N 区到 P 区,外部电流的方向由 P 区指向 N 区,根据 PN 结上加上电压后的导电机理,流过 PN 结的暗电流为

$$I_+ = I_s \left(e^{\frac{eV}{kT}} - 1 \right) \tag{2-12}$$

式中,I_s 为 PN 结的反向饱和电流;e 为电子电荷;k 为玻耳兹曼常数;T 为热力学温度。如果有光辐射照在 PN 结上,则流经回路的总电流与光生电流和 PN 结暗电流之间的关系为

$$I = I_p - I_s \left(e^{\frac{eV}{kT}} - 1 \right) \tag{2-13}$$

式中,V 是 PN 结两端电压(包括外加电压或光生电压)。PN 结开路时,$I = 0$,求得开路电压,即

$$V_{oc} = \frac{kT}{e} \ln\left(\frac{I_p}{I_s} + 1\right) \qquad (2-14)$$

可见 V_{oc} 与 I_p 为非线性关系。如果负载接入外回路,电流为 I,则 PN 结两端的电压为

$$V = \frac{kT}{e} \ln\left(\frac{I_p - I}{I_s} + 1\right) \qquad (2-15)$$

如果 PN 结短路,则 $V=0$,求得短路电流就是光生电流,即

$$I_{sc} = I_p \qquad (2-16)$$

在没有光照时,$I_p = 0$,外加正向电压为 V 时,有

$$I = I_s\left(e^{\frac{eV}{kT}} - 1\right) \qquad (2-17)$$

光生伏特效应中,与光照相联系的是少数载流子的行为,因为少数载流子的寿命通常很短,所以以光生伏特效应为基础的检测器件比以光电导效应为基础的检测器件有更快的响应速度。

2.1.4　光热效应

某些物质在受到光照射后,由于温度变化而造成材料性质发生变化的现象称为光热效应。在光电效应中,光子的能量直接变为光电子的能量,而在光热效应中,光能量与晶格相互作用,使其振动加剧,造成温度的升高,光能转化成热能,然后再把热能转化成电能。根据光与不同材料、不同结构的光热器件相互作用所引起的物质特性变化的情况,可以将光引起的热效应分为几种类型,分别是热释电效应、辐射热计效应以及温差电效应,下面简单介绍之。

1. 热释电效应

介质的极化强度随温度变化而变化,引起表面电荷变化的现象称为热释电现象。根据原子或分子中正、负电荷的相对位置关系,可将物质分为三种类型:第一种类型是非极性晶体,分子里的正、负电荷的分布中心对称,且正、负电荷的重心重合;第二种类型是分子里的正、负电荷的分布是非中心对称的,但正、负电荷的重心是重合的,在客观上会出现无极化现象;第三种情况则是正、负电荷的重心不重合,在客观上会出现极化现象。当不加外电场时,会出现自发极化,这类晶体称为极化晶体。自发极化的结果使得垂直于极化方向上的晶体两个表面上出现大小相等、符号相反的面束缚电荷,如图 2-5(a)所示。这种面束缚电荷不能长久地保持在表面上,常常会被周围存在的自由电荷中和,因而在稳定状态下是无法被测出的。当光照射物质时,光能量被吸收导致物质温度升高,自发极化强度也随之发生变化,因此出现了光辐射的强度变化→物质的温度变化→自发极化强度变化的过程。这个响应过程是很快的,自发极化的弛豫过程只需 10^{-12} s 左右,即使光辐射具有较高的频率,自发极化强度也能跟得上变化。这就保证了光辐射信息的自发极化强度能够被测量到。因此,这是一种动态测量的形式。

热释电现象中,温度是一个重要因素,温度低时,自发极化强度大,晶体表面感应的电荷增加;温度增高时,自发极化强度变小,晶体表面感应的电荷响应减少(见图 2-5(b)),相当于释放了一些电荷,这就是热释电名称的来源。但是温度不能无限制地增高,因为随着温度的升高,自发极化强度越来越弱,当温度达到某一特定的温度之后,自发极化强度下降为零,这时称极化晶体发生了相变,由极化晶体变成了非极化晶体,如图 2-6 所示。产生相变的温度 T_c 称为居里温度。在居里温度点以下,极化强度 p 是温度 T 的函数。利用这一关系,制造的探测

器称为热释电器体。热释电器体具有较高的频率响应,工作频率接近兆赫兹;响应时间常数低,达 $3 \times 10^{-5} \sim 10^{-4}$ s;受环境温度变化影响小,可靠性高。

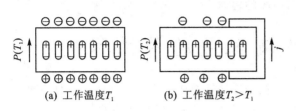

(a) 工作温度 T_1 (b) 工作温度 $T_2 > T_1$

图 2-5 热释电效应

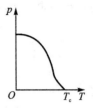

图 2-6   极化强度与温度 T 的关系

2. 辐射热计效应

入射光使材料受热而造成电阻率变化的现象称为辐射热计效应。与光电导效应不同,这里的电阻率的变化是由于温度变化引起的。阻值变化与温度变化的关系为

$$\Delta R = \alpha_T R \Delta T \qquad (2-18)$$

式中,α_T 为电阻温度系数。当温度变化足够小时,有

$$\alpha_T = \frac{1}{R} \frac{\mathrm{d}R}{\mathrm{d}T} \qquad (2-19)$$

R 为元件电阻,对金属材料,电阻与 T 成正比,即 $R = BT$,则式(2-19)变为

$$\alpha_T = \frac{1}{T} \qquad (2-20)$$

即电阻温度系数与温度成反比。

半导体材料的电阻与温度的关系具有指数形式,即

$$R = R_0 \mathrm{e}^{B\left(\frac{1}{T} - \frac{1}{T_0}\right)} \qquad (2-21)$$

代入式(2-19),得到

$$\alpha_T = -\frac{B}{T^2} \qquad (2-22)$$

式(2-22)表明温度越高,半导体材料的电阻温度系数越小。B 是材料常数,典型值为 3 000 K。

3. 温差电效应

由两种不同材料制成的节点由于受到某种因素作用而出现了温差,就有可能在两节点间产生电动势,在回路中产生电流,这就是温差电效应。光照射节点产生温度变化也能造成温差电现象。如图 2-7 所示,在两种导体串联组成的回路上 x,y 两点处接一个电流表,当光辐射作用导体 a 和导体 b 时,会出现一个接头处吸热、而另一个接头处放热的现象,回路中就会有电流流过。吸(放)热的速率 $\mathrm{d}\theta_\mathrm{p}/\mathrm{d}t$ 是与电流成正比的,即

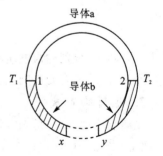

1、2—接头

图 2-7   温差电效应原理图

$$\frac{\mathrm{d}\theta_\mathrm{p}}{\mathrm{d}t} = \pi I \qquad (2-23)$$

式中,π 为珀耳帖系数,表示单位电流在通过接头时所吸引或放出的热功率,单位是 W。由于两种导体的节点处出现了温差电势,温差电势的大小与导体 a 和导体 b 吸收的辐射功率成正比,因此,测量温差电势大小就能测知所吸收的辐射率。

2.2　光电检测器件的特性参数

光电检测器件是利用物质的光电效应把光信号转换成电信号的器件。它的性能对光电检测系统影响很大,如能够缩小系统的体积、减轻系统的重量、增大系统的作用距离等。根据光电检测器件对辐射的作用形式的不同(或说工作机理的不同),可分为光电检测器件和热电检测器件两大类。

目前常用的热电检测器件有热释电检测器、热敏电阻、热电偶和热电堆等。它们的特点是:

① 响应波长无选择性。从可见光到远红外的各种波长都表现出了同样的敏感。

② 响应慢。吸收辐射后再产生信号所需要的时间长,一般在几毫秒以上。

光电检测器件应用广泛,人们通常所说的光电检测器件指的就是这种检测器件。这种器件可分两大类:电真空或光电发射型检测器件。如光电管和光电倍增管;固体或半导体光电检测器件,如光导型(光敏电阻)和光伏型(光电池与光电二极管、光电三极管等)检测器件。它们的特点如下:

① 响应波长有选择性。因这些器件都存在某一截止波长 λ_0,超过此波长,器件无响应。

② 响应快。一般为纳秒到几百微秒。

1. 响应度(或称灵敏度)

响应度是光电检测器输出信号与输入辐射功率之间关系的度量,描述的是光电检测器件的光-电转换效能。定义为光电检测器输出电压 V_o 或输出电流 I_o 与入射光功率 P(或光通量 Φ)之比,即

$$\left. \begin{array}{l} S_V = \dfrac{V_o}{P_i} \\[2mm] S_I = \dfrac{I_o}{P_i} \end{array} \right\} \qquad (2-24)$$

式中,S_V 和 S_I 分别称为电压响应度和电流响应度。由于光电检测器的响应度随入射光的波长而变化,因此又有光谱响应度和积分响应度。

2. 光谱响应度

光谱响应度 $S(\lambda)$ 是光电检测器的输出电压或输出电流与入射到检测器上的单色辐通量(光通量)之比,即

$$\left. \begin{array}{ll} S(\lambda) = \dfrac{V_o}{\Phi(\lambda)} & (\text{V/W}) \\[2mm] S(\lambda) = \dfrac{I_o}{\Phi(\lambda)} & (\text{A/W}) \end{array} \right\} \qquad (2-25)$$

式中,$S(\lambda)$ 为光谱响应度;$\Phi(\lambda)$ 为入射的单色辐通量或光通量。

光谱响应度是表述入射的单色通量或光通量所产生的检测器的输出电压(或电流)。它的

值愈大意味着检测器愈灵敏。

3. 积分响应度

积分响应度表示检测器对各种波长的辐射光连续辐射通量的反应程度。

对包含有各种波长的辐射光源,总光通量为

$$\Phi = \int_0^\infty \Phi_\lambda \, \mathrm{d}\lambda \tag{2-26}$$

光电检测器输出的电流或电压与入射光通量之比称为积分响应度。由于光电检测器输出的光电流是由不同波长的光辐射引起的,故输出光电流应为

$$I_\mathrm{o} = \int_{\lambda_1}^{\lambda_0} I \, \mathrm{d}\lambda = \int_{\lambda_1}^{\lambda_0} S_\lambda \Phi_\lambda \, \mathrm{d}\lambda \tag{2-27}$$

由式(2-26)和式(2-27)可得积分响应度为

$$S = \frac{\displaystyle\int_{\lambda_1}^{\lambda_0} S_\lambda \Phi_\lambda \, \mathrm{d}\lambda}{\displaystyle\int_0^\infty \Phi_\lambda \, \mathrm{d}\lambda} \tag{2-28}$$

式中,λ_0、λ_1 分别为光电检测器的长波限和短波限。

4. 响应时间

响应时间是描述光电检测器对入射辐射响应快慢的一个参数,即当入射辐射到光电检测器后或入射辐射遮断后,光电检测器的输出上升到稳定值或下降到照射前的值所需时间称为响应时间。为衡量其长短,常用时间常数 τ 的大小来表示。用一个辐射脉冲照射光电检测器,如果这个脉冲的上升和下降时间很短,则光电检测器的输出由于器件的惰性而有延迟,把从 10% 上升到 90% 峰值处所需的时间称为检测器的上升时间,而把从 90% 下降到 10% 处所需的时间称为下降时间,如图 2-8 所示。

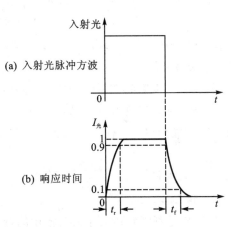

(a) 入射光脉冲方波

(b) 响应时间

图 2-8　上升时间和下降时间

5. 频率响应

由于光电检测器信号的产生和消失存在着一个滞后过程,所以入射光辐射的频率对光电检测器的响应将会有较大的影响。光电检测器的响应随入射辐射的调制频率而变化的特性称为频率响应,利用时间常数可得到光电检测器响应度与入射调制频率的关系,其表达式为

$$S(f) = \frac{S_0}{\left[1 + (2\pi f \tau)^2\right]^{1/2}} \tag{2-29}$$

式中,$S(f)$ 是 f 时的响应度;S_0 为频率是零时的响应度;τ 为时间常数。

当 $\dfrac{S(f)}{S_0} = \dfrac{\sqrt{2}}{2} \approx 0.707$ 时,可得光电检测器的上限截止频率(见图 2-9)为

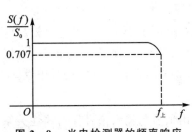

图 2-9　光电检测器的频率响应

$$f_{\perp} = \frac{1}{2\pi\tau} = \frac{1}{2\pi RC} \tag{2-30}$$

显然,时间常数决定了光电检测器频率响应的带宽。

6. 热噪声

从响应度的定义来看,似乎只要有光辐射存在,不管它的功率如何小,都可检测出来,但事实上并非如此。当入射辐射功率很低时,输出只是些杂乱无章的变化信号,而无法肯定是否有辐射入射到检测器上。这并不是因检测器不好引起的,而是它所固有的"噪声"引起的。如果对这些随时间而起伏的电压(流)按时间取平均值,则平均值等于零。但这些值的均方根不等于零,这个均方根电压(流)称为检测器的噪声电压(流)。热噪声为载流子无规则的热运动造成的噪声。当温度(热力学温度)高于零度时,导体或半导体中每一个电子都携带着 1.59×10^{-19} C 的电量作随机运动(相当于微电脉冲),尽管其平均值为零,但瞬时电流扰动在导体两端仍会产生一个均方根电压,称为热噪声电压。其均方值为

$$\overline{U}_{\mathrm{NT}}^{2} = 4kTR \cdot \Delta f \tag{2-31}$$

用热噪声电流表示为

$$\overline{I}_{\mathrm{NT}}^{2} = 4kT \cdot (\Delta f / R) \tag{2-32}$$

式中,R 为导体的电阻;k 为玻耳兹曼常数;T 为导体的热力学温度;Δf 为测量系统的噪声带宽。式(2-32)说明:热噪声存在于任何电阻中;热噪声与温度成正比;热噪声是由各种频率的分量组成的,就像白光是由各种波长的光组成一样,所以热噪声也称为白噪声。

7. 散粒噪声

散粒噪声或称散弹噪声,即穿越势垒的载流子的随机涨落(统计起伏)所造成的噪声。

在每个时间间隔内,穿过势垒区的载流子数或从阴极到阳极的电子数都围绕一平均值上下起伏。理论证明,这种起伏引起的均方噪声电流为

$$\overline{I}_{\mathrm{NSh}}^{2} = 2qI_{\mathrm{DC}} \cdot \Delta f \tag{2-33}$$

式中,I_{DC} 为流过器件电流的直流分量(平均值);q 为电子电荷。显然,散粒噪声也是白噪声。

8. 信噪比 (S/N)

信噪比是判断噪声大小通常使用的参数。它是在负载电阻 R_{L} 上产生的信号功率与噪声功率之比,即

$$\frac{S}{N} = \frac{P_{\mathrm{S}}}{P_{\mathrm{N}}} = \frac{I_{\mathrm{S}}^{2} R_{\mathrm{L}}}{I_{\mathrm{N}}^{2} R_{\mathrm{L}}} = \frac{I_{\mathrm{S}}^{2}}{I_{\mathrm{N}}^{2}} \tag{2-34}$$

若用分贝(dB)表示,则为

$$\left(\frac{S}{N}\right)_{\mathrm{dB}} = 10\lg \frac{I_{\mathrm{S}}^{2}}{I_{\mathrm{N}}^{2}} = 20\lg \frac{I_{\mathrm{S}}}{I_{\mathrm{N}}} \tag{2-35}$$

利用 S/N 评价两种光电器件性能时,必须在信号辐射功率相同的情况下才能比较。但对单个光电器件,其 S/N 的大小与入射信号辐射功率及接收面积有关;如果入射辐射强,接收面积大,S/N 就大,但性能不一定就好。因此,用 S/N 来评价光电器件有一定的局限性。

9. 线性度

线性度是描述光电检测器的光电特性或光照特性输出信号与输入信号保持线性关系的程度,即在规定范围内,光电检测器的输出电量正比于输入光通量的性能。如果在某一规定的范

围内光电检测器的响应度是常数,则这一规定的范围为线性区。

　　光电检测器线性区的大小与检测器后的电子线路有很大关系。因此要获得所要的线性区,必须设计有相应的后续电子线路。线性区的下限一般由光电器件的暗电流和噪声因素决定,上限由饱和效应或后续电子线路所述上限频率决定。光电检测器的线性区还随偏置、辐射调制及调制频率等条件的变化而变化。

　　线性度是辐射功率的复杂函数,是指光电器件中的实际响应曲线接近拟合直线的程度,通常用非线性误差 δ 来度量,即

$$\delta = \frac{\Delta_{\max}}{I_2 - I_1} \tag{2-36}$$

式中,$\Delta_{\max}$ 为实际响应曲线与拟合直线之间的最大偏差;I_1,I_2 分别为线性区中的最小和最大响应值。

　　在光电检测技术中,线性度是需要认真考虑的问题之一,应结合具体工程实际问题进行选择。

10. 工作温度

　　光电检测器工作温度不同时,工作性能将会有所变化,例如像 HgCdTe 检测器,在低温(77 K)工作时,有较高的信噪比。而锗掺铜光电导器件在 4 K 左右时,能有较高的信噪比;但如果工作温度升高,它们的性能会逐渐变差,以致无法使用。又如 InSb 器件,工作温度在 300 K 时,长波限为 $7.5~\mu m$,峰值波长为 $6~\mu m$;而工作温度 77 K 时,长波限为 $5.5~\mu m$,峰值波长为 $5~\mu m$,变化很明显。对于热电检测器,由于环境工作温度变化会使响应度和热噪声发生变化,故光电检测器的工作温度就是最佳工作状态时的温度,它是光电检测器重要的性能参数之一。

思考题与习题

　　2-1　简述光电效应的工作原理。什么是暗电流?什么是亮电流?

　　2-2　简述光生伏特效应的工作原理。为什么光生伏效应器件比光电导效应器件的响应速度更快?

　　2-3　简述光热效应的工作原理。热电检测器件有哪些特点?

　　2-4　比较光电效应和光热效应在作用机理、性能及应用特点等方面的差异。

第3章 半导体光电检测器件及应用

光电检测器件是通过物质的光电效应将光信号转变成电信号的一类器件。它的技术参数对光电检测系统的性能影响非常大,已在国防、空间技术、工农业科学技术中得到广泛应用。由于光与物质相互作用可产生不同的物理效应,所以可以分成光电检测器件和热电检测器件两类。

3.1　光敏电阻

半导体物质吸收光子能量后产生本征吸收或杂质吸收,从而改变物质电导率的现象,称为物质的光电导效应。利用具有光电导效应的材料(如硅、锗等本征半导体与杂质半导体,如硫化镉、硒化镉、氧化铅等)可以制成电导率随入射光辐射量变化而变化的器件。这种器件称为光敏电阻器件或光电导器件。

光敏电阻具有体积小、坚固耐用、价格低廉、光谱响应范围宽等优点,广泛应用于微弱辐射信号的检测技术领域。

3.1.1　光敏电阻的结构及其工作原理

图 3-1 所示为光敏电阻的原理图与光敏电阻的符号图。在均匀的具有光电导效应的半导体材料的两端加上电极,便构成光敏电阻。当光敏电阻的两端加上适当的偏置电压 U_{bb} 时,便有电流 I_p 流过,用检流计可以检测到该电流。改变照射到光敏电阻上的光度量(如照度),发现流过光敏电阻的电流 I_p 将发生变化,说明光敏电阻的阻值随入射光辐射照度的变化而变化。

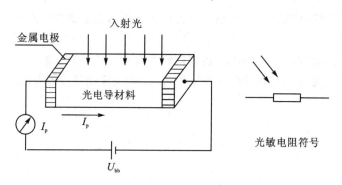

图 3-1　光敏电阻原理及符号

当入射光使半导体物质中的电子由价带跃升到导带时,导带中的电子和价带中的空穴均参与导电,因此电阻显著减小,电导增加。若连接电源和负载电阻,即可输出电信号。一般有光照时的电阻称为亮电阻。此时可得出光电导 g 与光电流 $I_{光}$ 的表达式为

$$\left.\begin{aligned} g &= g_{\mathrm{L}} - g_{\mathrm{d}} \\ I_{光} &= I_1 - I_{\mathrm{d}} \end{aligned}\right\} \tag{3-1}$$

式中，g_1 为亮电导；g_{d} 为暗电导；I_1 为亮电流；I_{d} 为暗电流。

根据半导体材料的分类，光敏电阻有两种类型：本征半导体光敏电阻与杂质半导体光敏电阻。本征半导体光敏电阻的长波长要短于杂质半导体光敏电阻的长波长，因此，本征半导体光敏电阻常用于可见光长波段的检测，而杂质型半导体光敏电阻常用于红外波段光辐射甚至于远红外波段光辐射的检测。

由于光敏电阻在微弱辐射作用情况下光电导灵敏度 S_{g} 与光敏电阻两电极间距离 l 的平方成反比，在强辐射作用下光电导灵敏度 S_{g} 与光敏电阻两极间距离 l 的二分之三次方成反比，因此 S_{g} 与两极间距离 l 有关。为了提高光敏电阻的光电导灵敏度 S_{g}，要尽可能地缩短光敏电阻两极间的距离 l。这就是光敏电阻结构设计的基本原则。

根据光敏电阻的设计原则，可以设计出如图 3-2 所示的光敏电阻基本结构。图 3-2(a) 所示的光敏面为梳形结构。两个梳形电极之间为光敏电阻材料，两个梳形电极靠得很近，电极间距很小，光敏电阻的灵敏度很高。图 3-2(b) 所示的光敏面为蛇形的光敏电阻，光电导材料制成蛇形，光电导材料的两侧为金属导电材料，并在其上设置电极。显然，这种光敏电阻的电极间距（为蛇形光电导材料的宽度）也很小，这样可提高光敏电阻的灵敏度。

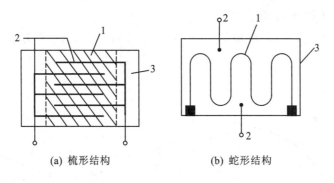

(a) 梳形结构　　　　　　(b) 蛇形结构

1—光电导材料；2—电极；3—衬底材料

图 3-2　光敏电阻结构原理图

光敏电阻与其他半导体光电器件相比有以下特点：

① 光谱响应范围相当宽。根据光电导材料的不同，不仅在可见光区灵敏，而且有的灵敏域可达红外区域或远红外区域。

② 工作电流大，可达数毫安。

③ 所测的光电强度范围宽，既可测弱光，也可测强光。

④ 灵敏度高，通过对材料、工艺和电极结构的适当选择和设计，光电增益可以等于 1。

⑤ 无选择极性之分，使用方便。

光敏电阻的不足之处是，在强光照射下光电线性度较差，光电弛豫过程较长，频率特性较差。因此，其应用领域受到了一定的限制。

每一种半导体或绝缘体都有一定的光电导效应，但只有其中一部分材料经过特殊处理，掺进适当杂质时，才有明显的光电导效应。现在使用的光电导材料有硅、锗、Ⅱ～Ⅵ族和Ⅲ～Ⅴ族化合物等，以及一些有机物。光敏电阻种类繁多，按光谱响应范围分，有对紫外光线敏感的光敏电阻,有对可见光敏感器件或对红外光敏感的光敏电阻等。对可见光敏感的光敏电阻中,主要品种有硫化锌、硫化镉、硒化镉及其混合材料等。

根据特点和分类,光敏电阻主要用于照相机、光度计、光电自动控制、辐射测量、能量辐射、物体搜索和跟踪、红外成像和红外通信等方面。

3.1.2　光敏电阻特性参数

1. 光电特性

光敏电阻的光电流 $I_光$ 与输入辐射照度有下列关系:

$$I_光 = S_g E^\gamma U^\alpha \qquad (3-2)$$

式中,$I_光$ 为光电流,即光敏电阻两端加上一定电压后,亮电流 I_L 与暗电流 I_d 之差;E 为照度,γ 为光照指数,它与材料的入射光强弱有关,对于硫化镉光电导体,在弱光照射下,$\gamma=1$,在强度照射下,$\gamma=\dfrac{1}{2}$,一般 $\gamma=0.5\sim1$;U 为光敏电阻两端所加电压;α 为电压指数,与光电导体和电极材料之间的接触有关,欧姆接触时,$\alpha=1$,非欧姆接触时,$\alpha=1.1\sim1.2$;S_g 为光电导灵敏度,单位为西门子/勒克斯(S/lx)。光电特性如图 3-3(a)所示。光照度低时,曲线近似为线性。随着光照度增高,线性变差,曲线近似为抛物线形。

2. 伏安特性(输出特性)

在一定的弱光照射下,光敏电阻的光电流与所加电压之间的关系即为伏安特性,如图 3-3(b)所示。

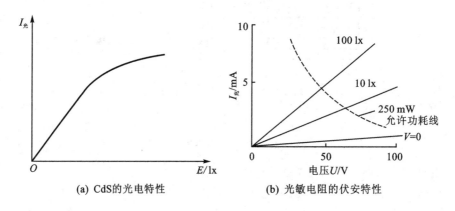

(a) CdS的光电特性　　　　　　(b) 光敏电阻的伏安特性

图 3-3　光电特性及伏安特性

光敏电阻是一个纯电阻,因此符合欧姆定律,故曲线为直线,图中虚线为额定功耗线。使用时,应不使电阻的实际功耗超过额定值。在设计负载电阻时,应不使负载线与额定功耗线相交。

3. 频率特性

光敏电阻的时间常数较大,所以其上限频率 $f_上$ 低。几种光敏电阻的频率特性曲线如图 3-4 所示。由图可知,只有 PbS(硫化铅)光敏电阻的工作频率特性稍好些,可工作到几千赫兹。光敏电阻要经过一定的时间才能达到稳定,时间响应与入射光的强弱有关。

4. 温度特性

光敏电阻为多数载流子导电的光电器件,具有复杂的温度特性。光敏电阻的温度特性与光电导材料有着密切的关系,不同材料的光敏电阻有着不同的温度特性。图 3 - 5 所示为典型 CdS(硫化镉、虚线)与 CdSe(硒化镉、实线)光敏电阻在不同照度下的温度特性曲线。以室温(25 ℃)的相对光电导率为 100%,观测光敏电阻的相对光电导率随温度的变化关系,可以看出光敏电阻的相对光电导率随温度的升高而下降,光电响应特性随温度的变化较大。因此,在温度变化大的情况下,应采取制冷措施。降低或控制光敏电阻的工作温度是提高光敏电阻工作稳定性的有效办法。尤其是对长波长红外辐射的检测更为重要。

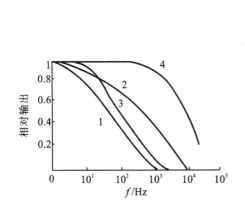

1—硒；2—硫化镉；3—硫化铊；4—硫化铅

图 3 - 4　光敏电阻的频率特性曲线

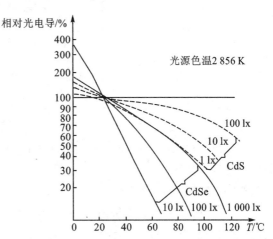

图 3 - 5　光敏电阻的温度特性

5. 时间响应

光敏电阻的时间响应(又称为惯性)比其他光电器件要差(惯性要大)一些。当用一个理想方波脉冲辐射照射到光敏电阻时,光生电子要有一个产生的过程,光生电导率要经过一定的时间才能达到稳定。当停止辐射时,恢复到暗电阻也需要一定的时间,表现出光敏电阻具有较大的惯性。光敏电阻的时间响应与输入光的照度、工作温度有明显的依赖关系。时间响应与照射光的强弱有关。

3.1.3　光敏电阻的应用

1. 火焰检测报警器

图 3 - 6 所示为采用光敏电阻作为检测元件的火焰检测报警器电路图。PbS 光敏电阻的暗电阻为 1 MΩ,亮电阻的阻值为 0.2 MΩ(辐照度 1 mW/cm² 下测试),峰值响应波长为 2.2 μm,恰为火焰的峰值辐射光谱。

由 V_1、电阻 R_1、R_2 和稳压二极管 V_{DW} 构成对光敏电阻 R_3 的恒压偏置电路。恒压偏置电路具有更换光敏电阻方便的特点,只要保证光电导灵敏度 S_g 不变,输出电路的电压灵敏度就不会因为更换光敏电阻的阻值而改变,从而使前置放大器的输出信号稳定。当被检测物体的温度高于燃点或被点燃处发生火灾时,物体将发生波长接近于 2.2 μm 的辐射(或"跳变"的

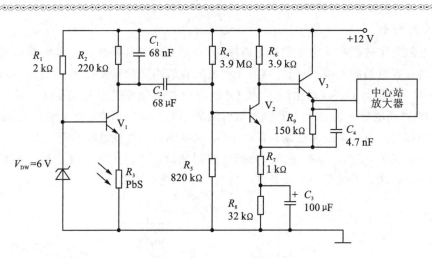

图 3-6　火焰检测报警器电路

火焰信号)。该辐射光将被 PbS 光敏电阻 R_3 接收,使前置放大器的输出跟随火焰"跳变"的信号,并经电容 C_2 耦合,送给由 V_2、V_3 组成的高输入阻抗放大器放大。火焰的"跳变"信号被放大后送给控制检测中心的放大器,并由控制检测中心发出火灾警报信号或执行灭火动作,如喷淋出水或灭火泡沫。

2. 照相机电子快门

图 3-7 所示为利用光敏电阻构成的照相机自动曝光控制电路,也称为照相机的电子快门。电子快门常用于电子程序快门的照相机中,其中测光器件常采用与人眼光谱响应接近的硫化镉(CdS)光敏电阻。照相机曝光控制电路是由光敏电阻 R、开关 K 和电容 C_1 构成的充电电路、时间检出电路(电压比较器)、三极管 V 构成的驱动放大电路和电磁铁 M 带动的开门叶片(执行单元)等组成。

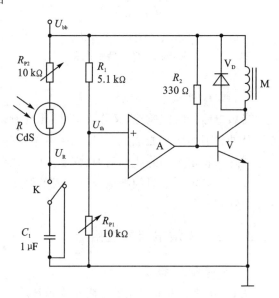

图 3-7　火焰检测报警器电路

在初始状态,开关 K 处于图中所示的位置,电压比较器的正输入端的电位为 R_1 与 R_{P1} 对电源电压 U_{bb} 分压所得的阈值电压 U_{th}(一般为 1~1.5 V),而电压比较器的负输入端的电位 U_R 近似为电源电位 U_{bb},显然电压比较器负输入端的电位高于正输入端的电位,比较器输出为低电平,三极管截止,电磁铁 M 不吸合,开门叶片闭合。

当按动快门按钮时,开关 K 与由光敏电阻 R 及 R_{P2} 构成的测光与充电电路接通,这时,电容 C_1 两端的电压 U_C 为 0。由于电压比较器的负输入端的电位低于正输入端而使其输出为高电平,使三极管 V 导通,电磁铁将带动快门的叶片打开快门,照相机开始曝光。快门打开的同时,电源 U_{bb} 通过电位器 R_{P2} 与光敏电阻 R 向电容 C_1 充电,且充电的速度取决于景物的照度,景物照度愈高,则光敏电阻 R 的阻值愈低,充电速度愈快。

3. 照明灯的光电控制电路

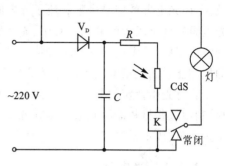

图 3-8　照明灯自动控制电路

照明灯包括路灯、廊灯与院灯等公共场所的照明灯,它的控制形式常采用自动控制。照明灯实现光电自动控制后,根据自然光的情况决定是否开灯,以便节约用电。图 3-8 所示为一种最简单的用光敏电阻作为光电敏感器件的照明灯自动控制电路。该电路由 3 部分构成:第 1 部分为由整流二极管 V_D 和滤波电容 C 构成的半波整流滤波电路,它为光电控制电路提供直流电源;第 2 部分为由限流电阻 R、CdS 光敏电阻及继电器绕组构成的测光与控制电路;第 3 部分为由继电器的常闭触点构成的执行电路,它控制照明灯的开关。

当室内外自然光较暗且需要点灯时,CdS 光敏电阻的阻值很高,继电器 K 的绕组电流变得很小,不能维持工作而关闭,常闭触头使照明灯点亮;当自然光增强到一定的照度时,光敏电阻的阻值减小到一定的值,流过继电器的电流使继电器 K 动作,常闭触头断开将照明灯熄灭。

显然,这种最简单的光电控制电路有很多缺点,需要进一步改进。在实际应用中常常要附加其他电路,如楼道照明灯常配加声控开关(或者微波接近开关),使照明灯在有人活动时才被点亮;而路灯光电控制器则要增加防止闪电光辐射或人为的光源(如手电灯光灯)对控制电路的干扰措施。

表 3-1 列出了光敏电阻参数。

表 3-1　光敏电阻参数

型　号	亮电阻 /Ω	暗电阻 /Ω	光谱峰值波长 /nm	时间常数/ms	耗散功率 /mW	极限电压 /V	温度系数 /(%·℃⁻¹)	工作温度 /℃	光敏面 /mm²	使用材料
RG-CdS-A	$\leqslant 5\times 10^4$	$\geqslant 1\times 10^8$	520	<50	<100	100	<1	−40~80	1~2	硫化镉
RG-CdS-B	$\leqslant 1\times 10^5$	$\geqslant 1\times 10^8$	520	<50	<100	150	<0.5	−40~80	1~2	硫化镉
RG-CdS-C	$\leqslant 5\times 10^5$	$\geqslant 1\times 10^9$	520	<50	<100	150	<0.5	−40~80	1~2	硫化镉
RG1A	$\leqslant 5\times 10^3$	$\geqslant 5\times 10^6$	450~850	$\leqslant 20$	20	10	$\leqslant \pm 1$	−40~70		硫硒化镉
RG1B	$\leqslant 20\times 10^3$	$\geqslant 20\times 10^6$	450~850	$\leqslant 20$	20	10	$\leqslant \pm 1$	−40~70		硫硒化镉
RG2A	$\leqslant 50\times 10^3$	$\geqslant 50\times 10^6$	450~850	$\leqslant 20$	100	100	$\leqslant \pm 1$	−40~70		硫硒化镉
RG2B	$\leqslant 200\times 10^3$	$\geqslant 200\times 10^6$	450~850	$\leqslant 20$	100	100	$\leqslant \pm 1$	−40~70		硫硒化镉
RL-18	$<5\times 10^5$	$>1\times 10^9$	520	<10		300	<1	−40~80		硫化镉
RL-10	$5\sim 9\times 10^4$	$>5\times 10^8$	520	<10	100	150	<1	−40~80		硫化镉
RG-5	$<4\times 10^4$	$>1\times 10^9$	520	<5	100	30~50	<1	−40~80		硫化镉

3.2　光生伏特器件

利用光生伏特效应制造的光电敏感器件称为光生伏特器件。光生伏特效应与光电导效应同属于内光电效应,然而两者的导电机理相差很大。光生伏特效应是少数载流子导电的光电效应,而光电导效应是多数载流子导电的光电效应。这就使得光生伏特器件在许多性能上与光电导器件有很大的差别。其中,光生伏特器件具有暗电流小,噪声低,响应速度快,光电特性的线性度好,受温度的影响小等特点,是光电导器件所无法相比的;而光电导器件对微弱辐射的检测能力和光谱响应范围宽又是光生伏特器件所达不到的。

具有光生伏特效应的半导体材料有很多,如硅(Si)、锗(Ge)、砷化镓(GaAs)等半导体材料,利用这些材料能够制造出具有各种特点的光生伏特器件。其中,硅光生伏特器件具有制造工艺简单、成本低等特点,它是目前应用最广泛的光生伏特器件。

3.2.1　光电池

光电池是一种不需外加偏置电压就能将光能直接转换成电能的 PN 结光电器件。按光电池的用途可分为两大类:太阳能光电池和测量光电池。太阳能光电池主要用做电源,对它的要求是转换效率高、成本低。由于太阳能光电池具有结构简单、体积小、重量轻、可靠性高、寿命长、在空间能直接利用太阳能转换成电能的特点,因而它不仅成为航天工业上的重要电源,还被广泛应用于供电困难的场所和人们的日常生活中。测量光电池的主要功能是作为光电检测用,即可在不加偏置电压的情况下将光信号转换成电信号,对它的要求是线性范围宽、灵敏度高、光谱响应合适、稳定性好和寿命长,因而它被广泛应用在光度、色度、光学精密计量和测试中。

光电池的基本结构就是一个 PN 结。根据制作 PN 结材料不同,可分为硒光电池、硅光电池、砷化镓光电池和锗光电池四大类,它们的相对光谱响应曲线如图 3-9 所示。由图中可见,硒光电池的光谱响应曲线与可见光谱响应曲线很相似,很适合做光度测量的检测量。但由于稳定性很差,目前已被硅光电池所代替。砷化镓光电池具有量子效率高、噪声小、光谱响应在紫外区和可见光区等优点,适用于光度仪器。锗光电池由于长波响应宽,适合做近红外检测器。下面主要介绍测量用硅光电池和硒光电池的工作原理、特性指标及应用。

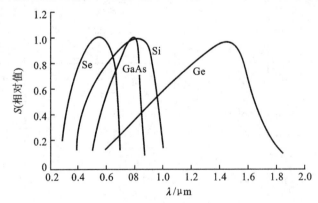

图 3-9　几种光电池的相对光谱响应

1. 光电池的基本结构和工作原理

以下着重介绍硒光电池和硅光电池。光电池核心部分是一个 PN 结,一般制成面积较大的薄片状,以接收更多的入射光。图 3-10 所示为硒光电池的结构。制造工艺是:先在铝片上覆盖一层 P 型半导体硒,然后蒸发一层镉,加热后生成 N 型硒化镉,与原来 P 型硒形成一个大面积 PN 结,最后涂上半透明保护层,焊上电极,铝片为正极,硒化镉为负极。

图 3-11 所示为硅光电池结构示意图。它是用单晶硅组成的,在一块 N 型硅片上扩散 P 型杂质(如硼),形成一个扩散 $P^+ N$ 结;或在 P 型硅片扩散 N 型杂质(如磷),形成 $N^+ P$ 结;再焊上两个电极。P 端为光电池正极,N 端为光电池负极,光电检测器在地面技术上使用的最多为 $P^+ N$ 型,如国产 2CR 型。$N^+ P$ 型硅光电池具有较强的抗辐射能力,适合应用于空间技术,作为航天设备的太阳能电池,如国产 2DR 型。

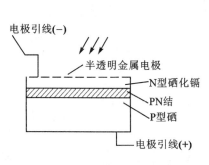

图 3-10 硒光电池结构示意图

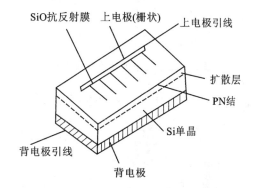

图 3-11 硅光电池结构示意图

作为太阳能电池使用时,为提高其输出功率,可将硅光电池单体经串联或并联构成阵列结构,作为光电检测器使用时可按不同测量要求制作。

2. 光电池的特性参数

(1) 伏安特性

硅光电池的伏安特性,表示输出电流和输出电压随负载电阻变化的曲线。伏安特性曲线是在某一光照度下(或光通量),取不同负载电阻值所测得的输出电流和电压的特性。图 3-12 所示为不同光照度时的伏安特性曲线。

PN 结光电池伏安特性曲线在无光照时与普通半导体二极管相同,有光照时沿电流轴方向平移。平移幅度与光照度成正比,参见图 3-12。曲线与电压轴的交点称为开路电压 V_{oc},与电流轴的交点称为短路电流 I_{sc}。图 3-13 所示为光电池的等效电路,其伏安特性曲线方程为

$$I = I_L - I_s \left[e^{\frac{q}{kT}(V - IR_d)} - 1 \right] \qquad (3-3)$$

式中,q 为电子电荷量;k 为玻耳兹曼常数;T 为热力学温度;V 为光电池输出电压;I_L 为光电池等效电路中的恒流源;I_s 为光电池等效二极管反向饱和电流;R_d 为光电池等效电路中的串联电阻。

通常 R_d 很小,可忽略,式(3-3)可变为

$$I = I_L - I_s \left(e^{\frac{qV}{kT}} - 1 \right) \qquad (3-4)$$

式中,等号右边第一项为光电流,等号右边第二项为普通二极管电流,且

$$I_L = SL \qquad (3-5)$$

式中,S 为光电灵敏度($\mu A/lx$);E 为入射光强度(lx)。

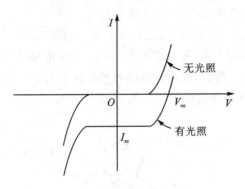

图 3 – 12　光电池伏安特性曲线

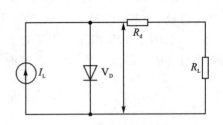

图 3 – 13　光电池等效电路

由式(3 – 4),当 $I=0$ 时,得到开路电压 V_{oc} 为

$$V_{oc} = \frac{KT}{q}\ln\left(\frac{I_L}{I_s}+1\right) \tag{3-6}$$

当 $V=0$ 时,得到短路电流 I_{sc} 为

$$I_{sc} = I_L = SL \tag{3-7}$$

从式(3 – 7)可以看出,I_{sc} 与光照度成正比,而从式(3 – 6)来看,由于 $I_L \gg I_s$,故 $I_L/I_s \gg 1$,因而

$$V_{oc} \approx \frac{kT}{q}\ln\frac{I_L}{I_s} = \frac{kT}{q}\ln\frac{I_{sc}}{I_s} = \frac{kT}{q}\ln\frac{SL}{I_s} \tag{3-8}$$

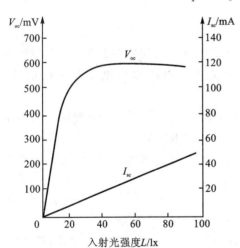

图 3 – 14　V_{oc}、I_{sc} 随入射光强度 L 变化的特性

从式(3 – 8)中可看出,V_{oc} 与入射光强度的对数成正比,如图 3 – 14 所示。在同一片光电池上,当光照强度一定时,I_{sc} 与受光面积成正比,V_{oc} 与受光面积的对数成正比,如图 3 – 15 所示。当把光电池用做检测器时,通常以电流源形式使用。I_{sc} 是指将光电池输出端短路,输出电压 $V=0$ 时流过光电池两端的电流,实际使用时都外接有负载电阻 R_L。当 R_L 相对于光电池内阻 R_d 为很小时,可以认为接近于短路,R_d 一般属于低值范围,其大小与受光面积和光强有关。此时可选取合适的负载,以保证用做检测器时,光电流和光强度保持线性关系。显然,负载电阻愈小,线性度愈好,且线性范围愈宽。

　　光电池在光辐射照射下能够产生光生电动势,光电流在 PN 结内的流动方向从 N 指向 P;在 PN 结外部的流动方向从 P 端流出,经过外电路,流入 N 端。如前所述,光生电动势与光照度是对数关系。当光电池短路时,短路电流 I_{sc} 与光照度呈线性关系。光电池在不同负载电阻下的光电特性如图 3 – 16 所示。由图可见,光电流在弱光照射下与光照度呈线性关系。在光照度增加到一定程度后,输出电流出现饱和。出现电流饱和的光照度与负载电阻有关,当负载电阻大时,容易出现饱和;当负载电阻小时,能够在较宽的范围内保持线性关系。因此,要获得比较大的光电线性范围,负载电阻不能取得过大。

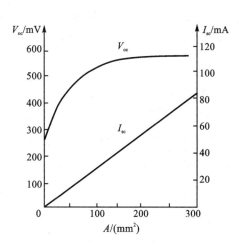

图 3 - 15　V_{oc}、I_{sc} 随受光面积 A 的变化特性

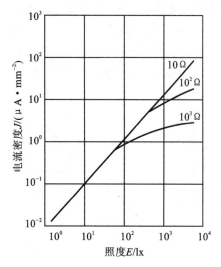

图 3 - 16　光电池在不同负载电阻下的光电特性

（2）光电池负载特性（输出特性）

当光电池两端连接某一负载 R_L 时,设流过负载的电流为 I_L,其上的电压降为 U_L,则光电流在 R_L 上产生的电功率为 $U_L I_L$。电功率与入射光功率之间的比值称为光电池的量子效率 η。光电池的输出电压、输出电流和输出功率随负载变化的关系曲线如图 3 - 17 所示。由图可见,U_L 随 R_L 的增大而增大,当 R_L 为无穷大时,U_L 等于开路电压 V_{oc};R_L 很小时,I_L 趋近于短路电流 I_{sc};$R_L = 0$ 时,$I_L = I_{sc}$。光电池的输出电功率也随负载电阻的变化而变化。当 $R_L = R_M$ 时,输出功率最大,其值为 P_{max},R_M 称为最佳负载。当光电池作为换能器件使用时,应考虑最大功率输出问题。最佳负载同时也是入射光照度的函数。

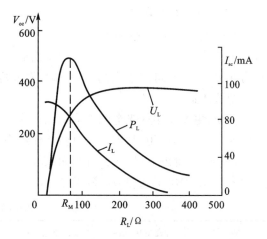

图 3 - 17　光电池的输出电压、输出电流和输出功率随负载变化的关系特性

在线性测量中,光电池通常以电流形式使用,故短路电流 I_{sc} 与光照度(光通量)呈线性关系,这是光电池的重要光照特性。实际使用时都接有负载电阻 R_L,输出电流 I_L 随照度(光通量)的增加而非线性地缓慢增加,并且随负载 R_L 的增大线性范围也越来越小。因此,在要求输出电流与光照度呈线性关系时,负载电阻在条件许可的情况下越小越好,并限制在光照范围内使用。光电池光照与负载的特性曲线如图 3 - 18 所示。

（3）温度特性

光电池的参数值随工作环境温度改变而变化。光电池的温度特性曲线主要指光照射光电池时开路电压 V_{oc} 与短路电流 I_{sc} 随温度变化的情况,光电池的温度曲线如图 3 - 19 所示。由图可以看出,开路电压 V_{oc} 具有负温度系数,即随着温度的升高 V_{oc} 值反而减少,其值为 $2\sim 3\ mV/℃$;短路电流 I_{sc} 具有正温度系数,即随着温度的升高,I_{sc} 值增大,但增大的比例很小,为 $10^{-5}\sim 10^{-3}\ mA/℃$。当光电池接收强光照射时必须考虑光电池的工作温度,如硒光电池超过 $50\ ℃$ 或硅光电池超过 $200\ ℃$ 时,它们因晶格受到破坏而导致器件的失效。因此,光电池作为检测器件时,为保证测量精度应考虑温度变化的影响。

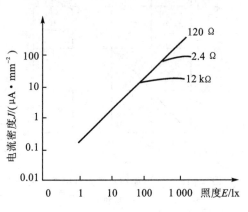

图 3-18　光电池光照与负载的特性曲线

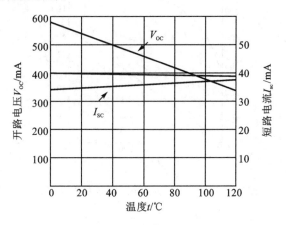

图 3-19　光电池的温度特性

3. 光电池的应用

光电池的应用主要有两个方面:一是作为光电检测器件;二是将太阳能转变为电能。光电池作为检测器件有着光敏面积大、频率响应高、光电流随照度线性变化等特点。因此,它既可作为开关应用,也可用于线性测量,如用在光电读数、光电开关、光栅测量技术、激光准直和电影还音等装置上。

目前,主要使用硅光电池将太阳能变成电能,因为它能耐较强的辐射,其转换效率较其他光电池高。实际应用中,把硅光电池单体经串联、并联组成电池组,与镍镉蓄电池配合,可作为卫星、微波站、野外灯塔、航标灯和无人气象站等无输电线路地区的电源供给。

表 3-2 列出了几种国产硅光电池的特性参数。

表 3-2　几种国产硅光电池的特性

型　号	开路电压/mV[①]	短路电流/mA[②]	输出电流/mA[③]	转换效率/%	面积/mm²
2CR11	460~600	2~4		>6	2.5×5
2CR21	460~600	4~8		>6	5×5
2CR31	460~600	9~15	6.5~8.5	6~8	5×10
2CR32	550~600	9~15	8.5~11.3	8~10	5×10
2CR41	450~600	18~30	17.6~22.5	6~8	10×10
2CR42	500~600	18~30	22.5~27	8~10	10×10
2CR51	450~600	36~60	35~45	6~8	10×20

注：① 开压电压在 $t=30\ ℃$,$E=1\ 000\ W/m^2$ 条件下测得;

　　② 短路电流在 $t=30\ ℃$,$E=1\ 000\ W/m^2$ 条件下测得;

　　③ 输出电流在 $t=30\ ℃$,$E=1\ 000\ W/m^2$,输出电压在 $400\ mV$ 条件下测得。

3.2.2 光电二极管与光电三极管

随着光电技术的发展,光电检测在灵敏度、光谱响应范围及频率特性等技术方面要求越来越高,为此,近年来出现了许多性能优良的光伏检测器,如硅锗光电二极管、PIN 光电二极管和雪崩光电二极管(APD)等。

1. 光敏二极管的类型

光敏二极管的种类很多,就材料来分,有锗、硅制作的光敏二极管,也有Ⅲ-Ⅴ族化合物及其他化合物制作的二极管。从结构特性来分,有 PN 结、PIN 结、异质结、肖特基势垒及点接触型等。从对光的响应来分,有用于紫外光、可见光及红外光等种类。不同种类的光敏二极管具有不同的光电特性和检测性能。例如,锗光敏二极管与硅光敏二极管相比,其在红外光区域有很大的灵敏度,如图 3-20 所示。这是由于锗材料的禁带宽度较硅小,它的本征吸收限处于红外区域,因此,在近红外光区域

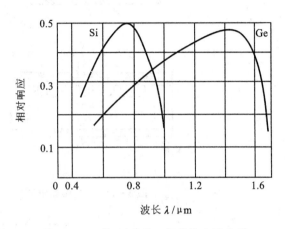

图 3-20 锗、硅光敏二极管的光谱响应

应用;再一方面,锗光敏二极管有较大的电流输出,但它比硅光敏二极管有较大的反向暗电流,因此,它的噪声较大。又如,PIN 型或雪崩型光敏二极管与扩散型 PN 结光敏二极管相比具有很短的时间响应。因此,在使用光敏二极管时要了解其类型及性能是非常重要的。

光敏二极管和光电池一样,其基本结构也是一个 PN 结。与光电池相比,它的突出特点是结面积小,因此它的频率特性非常好。光生电动势与光电池相同,但输出电流普遍比光电池小,一般为数微安到数十微安。按材料分,光敏二极管有硅、砷化镓、锑化铟、铈化铅光敏二极管等许多种,由于硅材料的暗电流温度系数较小,工艺较成熟,因此在实际中使用最为广泛。

(1) 光敏二极管的工作原理

光敏二极管的结构如图 3-21 所示。其中,图(a)是用 N 型单晶硅及硅扩散工艺,称 P^+N 结构,它的型号 2CU 型;而图(b)是采用 P 型单晶硅及磷扩散工艺,称 N^+P 结构,它的型号是 2DU 型。

为了消除表面漏电流,在器件的 SiO_2 表面保护层中间扩散一个环形 PN 结(见图 3-22),该环形结称为环极。在有环极的光电二极管中,通常有 3 根引出线,对于 N^+P 结构器件,N 侧电极称为前极,P 侧电极称为后极。环极接电源正极,后极接电源负极;前极通过负载接电源正极,由于环极电位高于前极,在环极形成阻挡层阻止表面漏电流通过,可使得负载 R_L 的漏电流很小(小于 0.05 μA)。若不用环极也可将其断开作为空脚。

硅光电二极管的封装可采用平面镜和聚焦透镜作入射窗口。采用凸透镜有聚光作用,有利于提高灵敏度,如图 3-23 所示。由于聚焦位置与入射光方向有关,因此能够减小杂散背景光的干扰,但也引起灵敏度随入射光方向而变化。所以,在实际使用中入射光的对准是值得注意的问题。采用平面镜作窗口,虽然没有对准问题,但要受到背景杂散光的干扰,在具体使用时,视系统的要求而定。

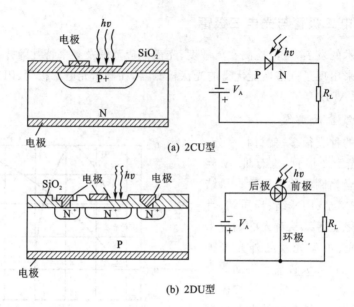

(a) 2CU型

(b) 2DU型

图 3-21　PN 结光电二极管典型结构及等效电路

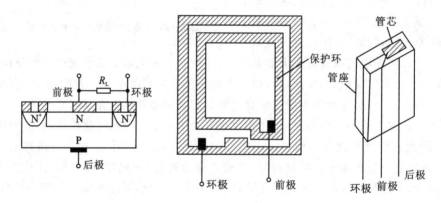

图 3-22　环极光敏二极管结构示意图

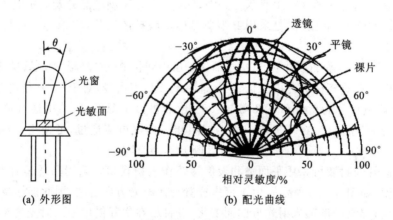

(a) 外形图　　　　　　(b) 配光曲线

图 3-23　硅光敏二极管封装外形与配光曲线

硅光电二极管通常是用在电压反偏的光电导工作模式，这里简略地叙述如下：

硅光电二极管在无光照条件下，若给 PN 结加一个适当的反向电压，则反向电压加强了内建电场，使 PN 结空间电荷区拉宽，势垒增大，使流过 PN 结的电流（称反向饱和电流或暗电流）很小。该反向饱和电流是由少数载流子的漂移运动形成的。

当硅光电二极管被辐射光照射时，当满足条件 $h\nu \geqslant E_g$ 时，则在 PN 结区产生的光生载流子被内建电场拉开，光生电子被拉向 N 区，光生空穴被拉向 P 区，于是在外加电场的作用下形成了以少数载流子漂移运动为主的光电流。显然，光电流比无光照射时的反向饱和电流大得多，如果光照越强，表示在同样条件下产生的光生载流子越多，光电流就越大；反之则越小。

当硅光电二极管与负载电阻 R_L 串联时，则在 R_L 的两端便可得到随光照度变化的电压信号，从而完成将光信号转变为电信号的转换。

（2）伏安特性

光敏二极管在多数场合下都是加反向电压工作的。如果加正向电压，那么它就与普通二极管一样，只有单向导电性，而表现不出它的光电效应。其伏安特性曲线如图 3-24 所示。反向偏置可以减小载流子的渡越时间和二极管的极间电容，有利于提高器件的响应灵敏度和响应频率。但反向偏置电压也不能太高，以免引起雪崩击穿。光敏二极管在无光照时的暗电流就是二极管的反向饱和电流 I_0；光照下的光电流 I_P 和 I_0 同方向。

由图 3-24 可见，在较低反向电压（横坐标为反向电压）作用下光电流随反向偏压的变化较为明显，因为反向偏压增加使耗尽区变宽，结电场增强，从而提高了结区光生载流子的收集效率。当反向偏压进一步增加时，光生载流子的收集接近极限，光电流趋于饱和，此时可视作恒流源。这时，光电流仅取决于入射光功率，而与外加反向偏置电压几乎无关。

（3）光谱特性

光敏二极管在较小的负载电阻下，光电流与入射光功率有较好的线性关系。光敏二极管的电流灵敏度多在 $0.4 \sim 0.5\ \mu A/\mu W$ 量级。普通光敏二极管 2DU 型和的硅光敏二极管 2DUL 型的光谱特性如图 3-25 所示。可以看出，它们的光谱响应从可见光一直延伸到近红外，在 $0.8 \sim 0.9\ \mu m$ 波段的响应率最高。由于光敏二极管的结电容很小，因此它的频率响应很高，带宽可达 100 kHz 以上。

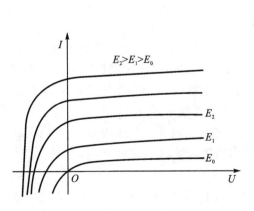

图 3-24 光敏二极管的伏安特性

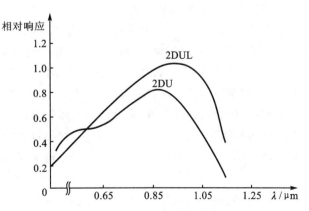

图 3-25 2DU 和 2DUL 系列光敏
二极管的光谱特性

（4）温度特性

由于反向饱和电流对温度的强烈依赖性,光敏二极管的暗电流对温度的变化非常敏感。

图 3-26 所示为典型光敏二极管的温度特性。图中实线表示典型值,虚线表示可能的最大值。由图可知,在检测恒定光辐射时(直流应用)必须考虑温度的影响。

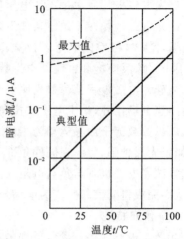

图 3-26　反向偏压为 15 V 时光敏二极管暗电流与温度特性

2. 光敏三极管

光敏三极管和普通三极管类似,也有电流放大作用,只是它的集电极电流不只是受基极电路的电流控制,同时也受光辐射的控制。光敏三极管由光窗、集电极引出线、发射极引出线和基极引出线组成。制作材料一般为半导体硅,管型为 NPN 型的国产器件称为 3DU 系列;管型为 PNP 型的国产硅器件称为 3CU 系列。光敏三极管的工作原理和普通的双极型三极管一样,光敏三极管由两个 PN 结,即发射结和集电结构成,如图 3-27 所示。

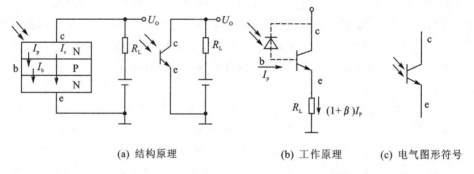

(a) 结构原理　　　　　　　(b) 工作原理　　　　　(c) 电气图形符号

图 3-27　光敏三极管结构及工作原理

（1）光敏三极管工作原理

光敏三极管的工作有两个过程:一是光电转换;二是光电流放大。光电转换过程是在集-基结内进行,与一般光电二极管相同。当集电极加上相对于发射极为正向电压而基极开路时(见图 3-27(a)),b-c 结处于反向偏压状态。无光照时,由于热激发而产生的少数载流子,即电子从基极进入集电极,空穴则从集电极移向基极,在外电路中有电流(即暗电流)流过。当光照射基区时,在该区产生电子-空穴对,光生电子在内电场作用下漂移到集电极,形成光电流,这一过程类似于光电二极管。与此同时,空穴则留在基区,使基极的电位升高,发射极便有大量电子经基极流向集电极,总的集电极电流为

$$I_c = I_p + \beta I_p = (1+\beta)I_p \qquad (3-9)$$

因此,光电三极管等效于一个光电二极管与一般三极管基极-集电极的并联。它是把基极-集电极光电二极管的电流(光电流 I_p)放大 β 倍的光伏检测器,可用图 3-27(b)来表示,与一般三极管不同的是,集电极电流是由基极-集电极结上产生的光电流 $I_p = I_b$ 来控制。也就是说,集电结起双重作用:一是把光信号变成电信号,起光电二极管的作用;二是将光电流放

大,起一般三极管集电极的作用。

　　为了提高光电三极管的频率响应、增益和减小体积,通常将光电二极管、光电三极管制作在一个硅片上构成集成光电器件。图 3-28 所示为三种形式的集成光电器件。图 3-28(a)所示为光电二极管与三极管集成而构成的集成光电器件,具有更大的动态范围,因为光电二极管的反向偏置电压不受三极管集电结电压的控制。图 3-28(b)所示的电路为由图 3-27(b)所示的光电三极管与三极管集成构成的集成光电器件,它具有更高的电流增益(灵敏度高)。图 3-28(c)所示的电路为由图 3-27(c)所示的光电三极管与三极管集成构成的集成光电器件,也称为达林顿光电三极管。达林顿光电三极管中可以用更多的三极管集成而成为电流增益更高的集成光电器件。

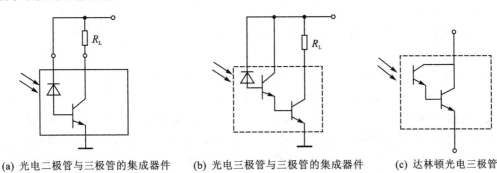

(a) 光电二极管与三极管的集成器件　　(b) 光电三极管与三极管的集成器件　　(c) 达林顿光电三极管

图 3-28　集成光电器件

(2) 伏安特性

　　图 3-29(a)所示为光电三极管在不同光照下的伏安特性曲线。从特性曲线可以看出,光电三极管在偏置电压 U 为零时,无论光照度有多强,集电极电流都为零,这说明光电三极管必须在一定的偏置电压作用下才能工作。偏置电压要保证光电三极管的发射结处于正向偏置,而集电结处于反向偏置。随着偏置电压的增高,其伏安特性曲线区域变得平坦。但是,与光电二极管的伏安特性曲线不同,光电三极管的伏安特性曲线向上偏斜,间距增大。这是因为光电三极管除具有光电灵敏度外,还具有电流增益 β,并且 β 值随光电流的增大而增大。

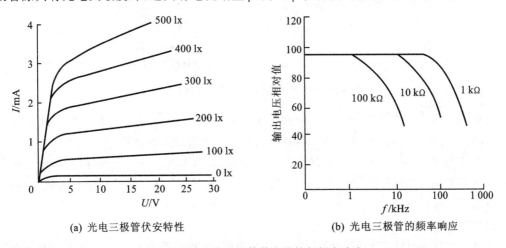

(a) 光电三极管伏安特性　　　　　　　(b) 光电三极管的频率响应

图 3-29　光电三极管伏安特性与频率响应

特性曲线的弯曲部分为饱和区,在饱和区内,光电三极管的偏置电压提供给集电结的反偏电压太低,集电极的收集能力低,造成三极管饱和。因此,应使光电三极管工作在偏置电压大于 5 V 的线性区域。

(3) 频率响应

光电三极管的频率响应与 PN 结的结构及外电路有关。通常需考虑以下几点:

① 少数载流子对发射结和集电结势垒电容(C_{be} 和 C_b)的充放电时间;

② 少数载流子渡越基区所需的时间;

③ 少数载流子扫过集电结势垒区的渡越时间;

④ 通过集电结到达集区的电流流经集电区及外部负载电阻产生的结压降,使集电结电荷量改变的时间常数。

光电三极管总的响应时间应为上述各个时间之和。因此,光电三极管的响应时间比光电二极管要长得多。

为改善光电三极管的频率响应,从光电三极管的等效电路可知应尽可能减小 $r_{be}C_{be}$ 和 R_LC_{ce} 时间常数。一方面在工艺上设法减小结电容 C_{be}、C_{ce} 等;另一方面要合理选择负载电阻 R_L,减小电路时间常数。由图 3−29(b)可知,R_L 越大,高频响应将越差。减小 R_L,可以改善频率特性,但 R_L 降低会导致输出电压下降。因此,在实际使用时,合理选择 R_L 和利用高增益运算放大器作后极电压放大,可得到高的输出电压并改善频率响应。尤其在高频应用的情况下应尽量降低负载电阻 R_L。此外,为改善频率响应,减小体积,提高增益,电路上常采用高增益、低输入阻抗的运算放大器与之配合。图 3−30(a)、(b)分别为达林顿光电三极管的集成电路示意图。实际使用光电三极管时常采用带基极引线的光电三极管,并提供一定的基极电流。对无基极引线的光电三极管,则给予一定照度的背景光,使其工作于线性放大区,以得到较大的集电极电流,这将有利于提高光电三极管的频率响应。

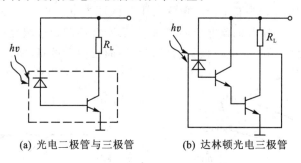

(a) 光电二极管与三极管　　　(b) 达林顿光电三极管

图 3−30　光电三极管达林顿集成电路示意图

图 3−31 给出了光电三极管响应时间与集电极电流 I_c 的关系,由图可知,增加集电极电流 I_c 可减小光电三极管的响应时间,即可提高光电三极管的工作频率。

由于光电三极管广泛应用于各种光电控制系统,其输入光信号多为脉冲信号,即工作在大信号或开关状态,因此光电三极管的响应时间或响应频率是光电三极管的重要参数,将直接影响光电检测系统的质量。

(4) 温度响应

光电二极管和光电三极管的暗电流 I_d 和亮电流 I_L 均随温度而变化。由于光电三极管具有电流放大功能,所以其暗电流 I_d 和亮电流 I_L 受温度的影响要比光电二极管大得多。

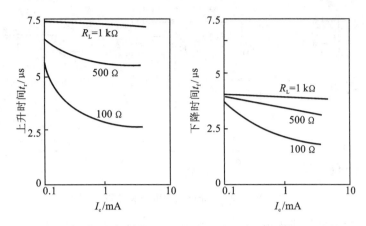

图 3 - 31　　光电三极管响应时间与集电极电流 I_c 的关系特性

图 3 - 32(a)所示为光电二极管与光电三极管暗电流 I_d 的温度特性曲线,随着温度的升高,暗电流增长很快;图 3 - 32(b)所示为光电二极管与光电三极管亮电流 I_L 的温度特性曲线,三极管亮电流 I_L 随温度的变化要比光电二极管快。由于暗电流的增加,使输出的信噪比差,故不利于弱光信号的检测。在进行弱光信号的检测时应考虑温度对光电器件输出的影响,必要时应采取恒温或温度补偿的措施。

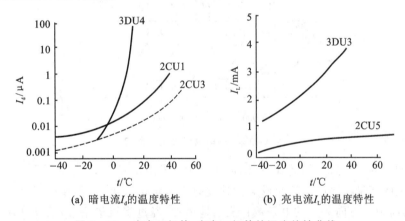

(a) 暗电流 I_d 的温度特性　　　　　　(b) 亮电流 I_L 的温度特性

图 3 - 32　　光电二极管、光电三极管的温度特性曲线

(5) 光敏三极管的应用

光电三极管主要应用于开关控制电路及逻辑电路。图 3 - 33 给出了光电三极管作为光开关控制电路中常闭、常开型及弱光开关电路。图 3 - 33(a)为无光照射时,三极管处于截止状态,继电器是断开的。当光电三极管有光照时,有光电流流过 R_1,A 点电电位提高,三极管 V 导通,继电器则闭合。图 3 - 33(b)为有光照时,A 点电位降低,三极管 V 截止,继电器则断开,因而实现了光电开关的控制作用。图 3 - 33(c)采用了一个运算放大器,它只需一个电源电压,放大器的反相输入端由对称分压器 R_2 和 R_3 调节到电源电压的一半。放大器的同相输入端由光电三极管负载电阻 R_1 上产生的电压来驱动。这种电路又称为斯密特触发器,适用于微弱光信号的开关控制电路。

3. 光电倍增管

光电倍增管(PMT)是一种建立在外光电效应、二次电子发射效应和电子光学理论基础

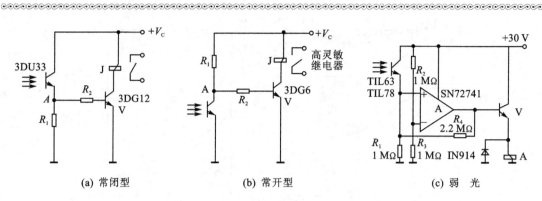

图 3 - 33　　光电三极管开关电路

上,能够将微弱光信号转换成光电子并获倍增效应的真空光电发射器件。

(1) 光电倍增管工作原理

光电倍增管是光电子发射型光电检测器,具有灵敏度高、稳定性好、响应速度快等优点,最适用于微弱光信号的检测。光电倍增管的内部结构及工作原理与前面所述的几种器件有所不同,工作原理如图 3 - 34 所示。图中 K 是光阴极,D 是倍增极,A 是阳极(亦称收集极)。阳极与阴极之间总电压可达千伏以上,分级电压在百伏左右。图中的单位为伏特。

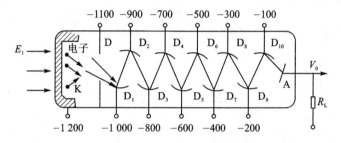

图 3 - 34　　光电倍增管工作原理

光电倍增管的工作过程简述如下:阴极在光照下发射出光电子,光电子受到电极间电场作用而获得较大的能量。当电子以足够高的速度打到倍增电极上时,倍增电极便会产生二次电子发射,使得向阳极方向运动的电子数目成倍地增加,经过多级倍增,最后到达阳极被收集而形成阳极电流。随着光信号的变化,在倍增极不变的条件下,阳极电流也随光信号而变化,达到把小的光信号变成较大的电信号的目的。

(2) 光电倍增管应用

光电倍增管可用来测量辐射光谱在狭窄波长范围内的辐射功率。它在生产过程的控制、元素的鉴定、各种化学成分分析和冶金学分析仪器中都有广泛的应用。这些分析仪器中的光谱范围比较宽,如可见光分光光度计的波长范围为 $380\sim800$ nm,紫外可见光分光光度计的波长范围为 $185\sim800$ nm,因此,须采用宽光谱范围的光电倍增管。在光谱辐射功率测量中,还要求光电倍增管稳定性好,线性范围宽。

现在以光谱辐射仪为例介绍光电倍增管在光谱测量系统中的应用,光谱辐射仪原理如图 3 - 35 所示。它主要用于光源、荧光粉或其他辐射源的发射光谱测量。测量光源时,将反光镜 M_0 移开,被测量光通过光导纤维进入测量系统,经过光栅单色仪分光后,出射光谱由光电倍增管接收,光电倍增管输出的光电流经放大器放大、A/D 转换后进入微机。另一方面,微机输出信号驱动步进电机,使单色仪对被测光源进行光谱扫描,光电倍增管就逐一接收到被测光各波长的光谱信号。同理,可获得标准光源光谱功率分布。仪器通过标准光源(已知光谱功率分布)和被测光源的比较测量,可获得被测光源的光谱功率分布。测量荧光样品时,反光镜 M_0 进入光路;紫外灯发射的激光经过紫外滤光片照到荧光样品上,激发的荧光经反光镜 M_0 进入测量系统。

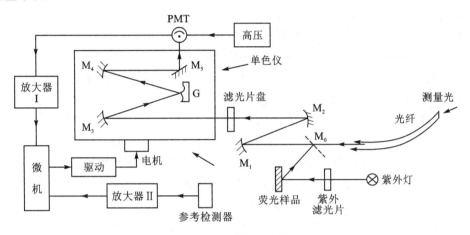

图 3 - 35　光谱辐射仪原理图

3.2.3　发光器件

根据光源的频谱宽度情况,可将光源分为相干光源(激光)与非相干光源。相干光源的波长范围极窄,又可称为近单色光源,也就是激光。非相干光源是除激光光源以外的其他光源。

激光光源可按激光工作物质的不同,分为气体激光器、固体激光器、半导体激光器以及染料激光器等;按工作方式可分为连续工作激光器和脉冲工作激光器;按工作波长范围又可分为紫外光激光器、可见光激光器和红外光激光器等。

非相干光源也包含了广泛的内容,在科学研究及生产生活中使用的光源大多是以通电而发光的光源,因而又统称为光电源,具体地可将光电源分为三种:热辐射光源(白炽灯、卤钨灯等)、气体放电光源(汞灯、脉冲氙灯等)、固体发光光源(发光二极管等)。激光光源在科学技术的进步中扮演重要角色的同时,非相干光源仍然在继续发展之中。

1. 发光二极管

发光二极管是少数载流子在 PN 结区的注入与复合而产生发光的一种半导体光源,也称为注入式场致发光光源。随着半导体技术的发展,近几年发光二极管器件发展很快,并且在光电子学及信息处理技术中起着越来越重要的作用。

发光二极管(LED)与激光二极管(LD)同属结型电致发光器件,都是把电能直接转换成光能的半导体器件。

从结构上分,LED 有五种类型:表面发光二极管(SLED)、侧面发光二极管(ELED)、平面LED、圆顶型 LED 和超发光 LED。前两类在光纤通信中得到广泛的应用;平面及圆顶型 LED功率较小,价格较低,多用于显示、报警、计算等方面;超发光 LED 是介于激光与荧光之间的一种过渡状态,超发光 LED 是以超辐射原理制成的器件,它的发光强度高于表面发光或侧面发光 LED,但非线性较大,受温度影响也大。

在红外及可见波段,根据所使用的半导体材料,可制成红、橙、黄、绿、蓝、紫等颜色的 LED。发光二极管的基本结构是 PN 结,在施加正向电压,使管内流过一定量的电流后,就能发光。由于没有谐振腔,不会产生光反馈,因此 LED 发出的光是荧光。

(1) 发光二极管工作原理

实际上发光二极管就是一个由 P 型和 N 型半导体组成的二极管。如图 3 - 36 所示,在 PN 结附近,N 型材料中的多数载流子是电子,P 型材料中的多数载流子是空穴,PN 结上未加电压时构成一定的势垒,当加上正向偏压时,在外电场作用下,P 区的空穴和 N 区的电子就向对方扩散运动,构成少数载流子的注入,从而在 PN 结附近产生导带电子和价带空穴的复合。一个电子和一个空穴的每一次复合将释放出与材料性质有关的一定复合能量,这个能量会以热能、光能或部分热能和部分光能的形式辐射出来。

(2) 光谱特性

发光二极管的发光光谱直接决定着它的发光颜色。根据半导体材料的不同,目前能制造出红、绿、黄、橙、蓝、红外等各种颜色的发光二极管,如表 3 - 3 所列。

图 3 - 37 所示为 $GaAs_{0.6}P_{0.4}$ 和发红色光 GaP 的光谱能量分布。$GaAs_{1-x}P_x$ 由于 x 值的不同,发光的峰值波长在 $620 \sim 680$ nm 范围内变化,其光谱半宽度为 $20 \sim 30$ nm。

GaP 红色发光管的峰值波长在 700 nm 附近,半宽度约为 100 nm,而 GaP 绿色发光管的峰值波长在 565 nm 附近,半宽度约 25 nm。另外,随着结温的上升,峰值波长将以 $0.2 \sim 0.3$ nm/℃ 的比例向长波方向漂移,即发射波长具有正的温度系数。

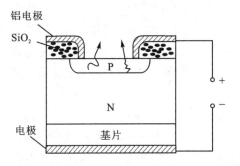

图 3 - 36　发光二极管原理结构

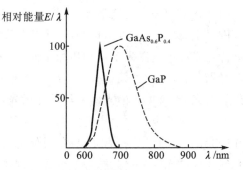

图 3 - 37　发光二极管的光谱能量分布

表 3 - 3　几种发光二极管的特性

材　料	禁带宽度/eV	峰值波长/nm	颜　色	外量子效率
GaP	2.24	565	绿	10^{-3}
GaP	2.24	700	红	3×10^{-2}
GaP	2.24	585	黄	10^{-3}
$GaAS_{1-x}P_x$	$1.84 \sim 1.94$	$620 \sim 680$	红	3×10^{-3}
GaN	3.5	440	蓝	$10^{-4} \times 10^{-3}$
$Ga_{1-x}Al_xAS$	$1.8 \sim 1.92$	$640 \sim 700$	红	4×10^{-3}
GaAsSi	1.44	$910 \sim 1\ 020$	红外	0.1

（3）响应时间

发光二极管响应时间是表示反应速度的一个重要参数，尤其在脉冲驱动或电调制时显得十分重要。响应时间是指注入电流后发光二极管启亮（上升）或熄灭（衰减）的时间。发光二极管的上升时间随着电流的增大近似地以指数减小。直接跃迁材料（如 $GaAs_{1-x}P_x$）的响应时间仅有几纳秒，而间接跃迁材料（如 GaP）的响应时间约为 100 ns。

发光二极管可利用交流供电或脉冲供电获得调制光或脉冲光，调制频率可达几十兆赫。这种直接调制技术使发光二极管在测距仪、能见度仪及短距离通信中获得应用。

（4）发光二极管的应用

随着科学技术的不断发展，人们越来越需要能显示较大信息量的显示器和全屏图表显示器。传统的阴极射线管虽然在显示尺寸和灵活性方面还没有受到挑战，但是随着电子设备的数字化和集成化，人们逐渐感到它的笨重与功耗大等缺点。因此，期望出现耗电少、小型化的新型显示器件。近年来，由于半导体材料的制备和工艺逐步成熟和完善，发光二极管已在固体显示领域中占有一定的主导地位。目前，发光二极管主要应用于以下几个方面。

① 数字、文字及图像显示：图 3－38（a）所示为最简单的七段式数码管，它是把管芯切成七段细条形状。工作时分别接通某些细条使其发光，得到 0～9 这 10 个可变换的数字。它已在台式或袖珍型半导体电子计算机、数字手表、数字钟和数字化仪器的数字显示上得到广泛应用。

图 3－38（b）所示为 14 画字码管，它可显示 10 个数字和 26 个字母，并可根据同样的设计增添其他符号。

在文字显示上，通常将二极管作矩阵排列，它除能完成数码管所显示的字符外，还能显示文字和一些其他符号。最常用的矩阵式显示器为 5×7 矩阵，如图 3－39 所示。考虑到要显示小数点时，这种显示器便需要 5×7＋1＝36 个发光单元，13 根引线。它的显示原理如图 3－40所示。图 3－40 所示为从横向（行）输入信号，用纵向（列）转换开关来进行显示；根据显示文字的各点坐标，在扫描过程中利用脉冲来控制开关的启闭，使组成文字的各点顺序发光。虽然发光是闪烁的，但由于人眼的余像效应，看起来仍是一个静止的文字。

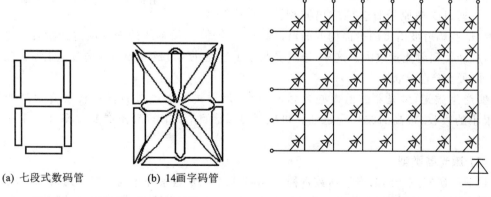

(a) 七段式数码管　　　(b) 14画字码管

图 3－38　七段式与 14 画字码管　　　　**图 3－39　文字显示器的内部接线**

1978 年，日本三洋电机公司利用发光二极管底板代替显像管，研制出了超薄型电视机，它是在 5 cm×7.5 cm 的陶瓷线路板上，把 6 124 个发光二极管配制成格子状，这些发光二极管可按照图像信号的幅度显示任一图像。目前,LED作为显示元件已发展到彩色和大面积显示设备,如市面上使用的电子商标及大屏幕显示等。

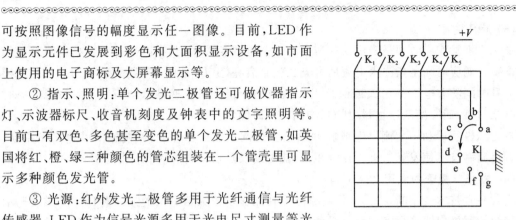

图 3-40　5×7 点阵器件的基本显示电路

②　指示、照明:单个发光二极管还可做仪器指示灯、示波器标尺、收音机刻度及钟表中的文字照明等。目前已有双色、多色甚至变色的单个发光二极管,如英国将红、橙、绿三种颜色的管芯组装在一个管壳里可显示多种颜色发光管。

③　光源:红外发光二极管多用于光纤通信与光纤传感器,LED作为信号光源多用于光电尺寸测量等光电检测系统中。

④　光电开关、报警、遥控、耦合:LED可用来制作光电开关、光电报警、光电遥控器及光电耦合器件等。

2. 激光器

自1960年发明激光器以来,激光器件技术和激光应用技术均取得了惊人的发展,已渗透到所有学科和领域。合理地使用激光器往往可以形成新的光电技术和测量方法,并且能提高测量仪器的精度。

(1) 激光器的工作原理

激光器一般是由工作物质、谐振腔和泵浦源组成,如图3-41所示。常用的泵浦源是辐射源或电源,利用泵浦源能将工作物质中的粒子从低能态激发到高能态,使处于高能态的粒子数大于处于低能态的粒子数,构成粒子数的反转分布,这是产生激光的必要条件。处于这一状态的原子或分子称为受激原子或分子。

当高能态粒子从高能态跃迁到低能态而产生辐射后,它通过受激原子时会感应出同相位、同频率的

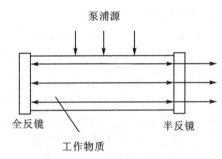

图 3-41　激光器工作原理

辐射。这些辐射波沿由两平面构成的谐振腔来回传播时,沿轴线的来回反射会激发出更多的辐射,从而使辐射能量放大。这样,通过受激原子过程并经过放大辐射并通过透射平面镜输出到腔外,便会产生激光。

要产生激光,激光器的谐振腔要精心设计,反射镜的镀层对激发波长要有很高的反射率、很小的吸收、很高的波长稳定性和机械强度。因此,实用的激光器要比图3-41所示复杂得多。

(2) 激光器类型

目前已研制成功的激光器达数百种,输出波长范围从近紫外光到远红外光,辐射功率从几毫瓦至上万瓦,一般按工作物质分类,激光器可分为气体激光器、固体激光器、燃料激光器和半导体激光器等。

①　气体激光器:气体激光器采用的工作物质很多,激励方式多样,发射波长也最广。这里主要介绍氦氖激光器。

氦氖激光器如图 3-42 所示,工作物质由氦气和氖气组成,是一种原子气体激光器。在激光器电极上施加几千伏电压使气体放电,在适当的条件下氦氖气体成为被激活的介质。如果在激光管的轴线上安装高反射比的多层介质膜反射镜作为谐振腔,则可获得激光输出。它主要输出的波长有 632.8 nm、1.15 μm 和 3.39 μm。若反射镜的反射峰值设计为 632.8 nm,其输出功率为最大。氦氖激光器可输出一毫瓦左右至数十毫瓦的连续光,波长的稳定度为 10^{-6} 左右,主要用于精密计量、全息技术、准直测量等场合。激光器的结构有内腔式、半内腔式和外腔式三种,如图 3-42 所示。外腔式输出的激光器偏振特性稳定,内腔式激光器使用方便。

② 固体激光器:固体激光器所使用的工作物质是具有特殊功能的高质量的光学玻璃或光学晶体,里面掺入具有发射激光能力的金属离子。

固体激光器有红宝石、钕玻璃和钇铝石榴石等激光器。其中红宝石激光器是发现最早、用途最广的晶体激光器。粉红色的红宝石掺有 0.05% 铬离子(Cr^{3+})的氧化铝(Al_2O_3)单晶体。红宝石被磨成圆柱形的棒,棒的外面经粗磨后,可吸收激励。棒的两个端面研磨后再抛光,使两个端面互相平行,并垂直于棒的轴线,再镀以多层介质膜,构成两面反射镜。其中激光输出窗口为部分反射镜(反射比约为 0.9),另一个为高反射比镜面。如图 3-43 所示,与红宝石平行的是作为激励源的脉冲氙灯,它们分别位于内表面镀铝的椭圆柱体谐振腔的两个焦点上。脉冲氙灯的瞬时强烈闪光,借助于聚光镜腔体会聚到红宝石棒上,这样红宝石激光器就输出波长为 694.3 nm 的脉冲红光。激光器的工作方式是单次脉冲式,脉冲宽度为几毫秒量级,输出能量可达 1～100 J(焦耳)。

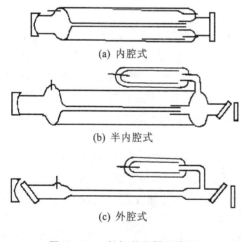

(a) 内腔式

(b) 半内腔式

(c) 外腔式

图 3-42 氦氖激光器示意图

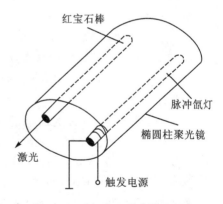

图 3-43 红宝石激光器原理图

③ 半导体激光器:半导体激光器的工作物质是半导体材料,它的原理与前面讨论过的发光二极管没有太大差异,PN 结就是激活介质。图 3-44 所示为砷化镓二级光激光器的结构,两个与结平面垂直的晶体面构成了谐振腔。PN 结通常由扩散法或液相外延法制成。当 PN 结正向注入电流时,则可激发激光。

半导体激光器光辐射输出与电流特性如图 3-45 所示,图中受激发射曲线与电流轴的交点就是该激光器的阈值电流,它表示半导体激光器产生激光输出所需的最小注入电流。阈值电流还会随温度的升高而增大。阈值电流密度是衡量半导体激光器性能的重要参数之一,其数值与材料、工艺、结构等因素密切相关。

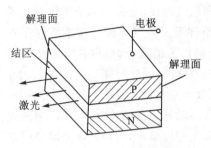

图3-44　GaAs半导体激光器

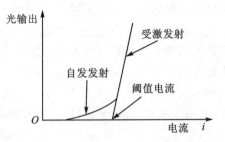

图3-45　半导体激光器输出-电流特性

根据材料及结构的不同,目前半导体激光器的波长为$0.33 \sim 44\ \mu m$,半导体激光器体积小、质量轻、效率高,寿命超过一万小时,因此广泛应用于光通信、光学测量、自动控制等方面,是最有前途的辐射源之一。

(3)激光器的特性

① 单色性:普通光源发射的光,即使是单色光也有一定的波长范围。这个波长范围称谱线宽度。谱线宽度越窄,单色性越好。例如,氦氖激光器发出的波长为632.8 nm的红光,对应的频率为4.74×10^{14} Hz,它的谱线宽度只有9×10^{-2} Hz,而普通的氦氖气体放电管发出同样频率的光,其谱线宽度达1.52×10^{9} Hz,比氦氖激光器谱线宽度大10^{10}倍以上,因此激光的单色性比普通光高10^{10}倍。目前,普通单色气体放电光源中,单色光最好的是同位素氪灯,它的谱线宽度约为5×10^{-4} nm,氦氖气体激光器产生的激光谱线宽度小于10^{-8} nm,可见它的单色性要比氪灯高几万倍。

② 方向性:普通光源的光是均匀射向四面八方的,因此照射的距离和效果都很有限,即使是定向性比较好的探照灯,它的照射距离也只有几千米。直径1 m左右的光束,不出10 km就扩大为直径几十米的光斑了,而一根氦氖气体激光器发射的光,可以得到一条细而亮的笔直光束。激光器的方向性一般用光束的发射角表示。氦氖激光器的发射角可达3×10^{-4} rad,十分接近于衍射极限(2×10^{-4} rad);固体激光器的方向性较差,一般为10^{-2} rad量级;而半导体激光器一般为$5° \sim 10°$。

③ 高亮度:激光器由于发光面小,发散角小,因此可获得高的光谱辐射亮度,与太阳相比可高出几个乃至十几个数量级。太阳的亮度值约为2×10^{3} W/(sr·cm²),而常用的气体激光器的亮度为$10^{4} \sim 10^{8}$ W/(sr·cm²)。用这样的激光器代替其他光源可解决由于弱光照明带来的低信噪比问题,也为非线性光学测量创造了条件。

④ 相干性:由于激光器的发光过程是受激辐射,单色性好,发射角小,因此有很好的空间和时间相干性。如果采用稳频技术,氦氖稳频激光的线宽可压缩到10 kHz,相干长度达30 km。因此激光的出现就使相干计量和全息技术获得了革命性的变化。

这些特性在通信中也发挥着越来越大的作用。对具有高相干性的激光,可以进行调制、变频和放大等。由于激光的频率一般都很高,因此可以提高频带,能够同时传送大量信息。用一束激光进行通信,原则上可以同时传递几亿路电话信息,且通信距离远、保密性好和抗干扰性强。

3.2.4　光电耦合器件

光电耦合器件是发光器件与光接收器件组合的一种器件,它是以光作媒质把输入端的电信号耦合到输出端,因此也称为光耦合器。

根据光耦合器件的结构和用途,可分为两类:一类称光电隔离器,其功能是在电路之间传送信息,以便实现电路间的电气隔离和消除噪声影响;另一类称光传感器,是一种固体传感器,主要用于检测物体的位置或检测物体有无的状态。不管哪一类器件,都具有体积小、寿命长、无触点、抗干扰能力强、输出和输入之间绝缘、可单向传输模拟或数字信号等特点。因此用途极广,有时可以取代继电器、变压器、斩波器等,被广泛用于隔离电路、开关电路、数/模转换电路、逻辑电路以及长线传输、高压控制、线性放大、电平匹配等单元电路。下面分别介绍这两类光电耦合的结构、特性及在某些方面的应用。

将发光器件与光电接收器件组合成一体,制成的具有信号传输功能的器件,称为光电耦合器件。光电耦合器件的发光件常采用 LED 发光二极管、LD 半导体激光器和微型钨丝灯等。光电接收器件常采用光电二极管、光电三极管、光电池及光敏电阻等。由于光电耦合器件的发送端与接收端是电、磁绝缘的,只有光信息连接,因此,在实际应用中它具有许多优点,已成为各类检测、控制技术中必不可少的重要器件。

1. 光电耦合器件的工作原理

光电耦合器件的基本结构如图 3-46 所示。图(a)所示为发光器件(发光二极管)与光电接收器件(光电二极管或光电三极管等)被封装在黑色树脂外壳内构成的光电耦合器件。图(b)所示为将发光器件与光电器件封装在金属管壳内构成的光电耦合器件。发光器件与光电器件靠得很近,但不接触。发光器件与光电接收器件之间具有很强的电气绝缘特性,绝缘电阻常高于兆欧量级,信号通过光进行传输。因此,光电耦合器件具有脉冲变压器、继电器和开关电器的功能,而且它的信号传输速度、体积、抗干扰性等方面也是上述器件无法比拟的,这使得它能在工业自动检测、电信号的传输处理和计算机系统中代替继电器、脉冲变压器或其他复杂电路来实现信号输入/输出装置与计算机主机之间的隔离、信号的开关、匹配与抗干扰等功能。

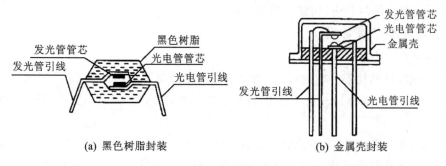

(a) 黑色树脂封装   (b) 金属壳封装

图 3-46 光电耦合器件的基本结构

光电耦合器件的电路符号如图 3-47 所示。图中的发光二极管和光电二极管泛指一切发光器件。

图 3-48 所示为几种不同封装的光电耦合器件的外形。

图(a)所示为三种不同安装方式的光电发射器件。这些器件与光电接收器件分别安装在器件的两臂上,分离尺寸一般为 4～12 mm,分开的目的是要检测两

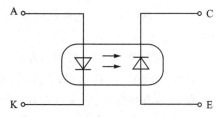

图 3-47 光电耦合器件的电路符号

臂间是否存在物体以及物体的运动速度等参数。这种封装的器件常被称为光电开关。

图(b)所示为反光型光电耦合器,LED 和光电二极管封装在一个壳体内,两者的发射光轴与接收光轴夹一锐角,LED 发出的光通过被测物体反射,并被光电二极管接收,构成反光型光电耦合器。

图(c)所示为另一种反光型光电耦合器,LED 和光电二极管平行封装在一个壳体内,LED 发出的光可以被较远位置上放置的物体反射到光电二极管的光敏面上。显然,这种反光型光电耦合器要比成锐角的耦合器作用距离远。

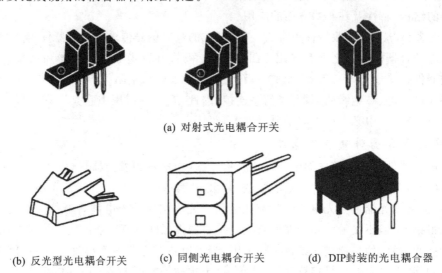

(a) 对射式光电耦合开关

(b) 反光型光电耦合开关　　　(c) 同侧光电耦合开关　　　(d) DIP封装的光电耦合器

图 3 - 48　几种不同封装的光电耦合器件的外形

图(d)所示为 DIP 封装形式的光电耦合器件。这种封装形式的器件有多种,可将几组光电耦合器封装在一片 DIP 中,用做多路信号隔离传输。

2. 光电耦合器件的特点

光电耦合器件具有下列特点:

① 具有电隔离的功能。它的输入、输出信号间完全没有电路的联系,所以输入和输出回路的电平零位可以任意选择。绝缘电阻高达 $10^{10}\sim10^{12}\,\Omega$,击穿电压高达 100 V~25 kV,耦合电容小至 0.000 1 pF。

② 信号传输是单向性的,不论脉冲、直流都可以使用,适用于模拟信号和数字信号。

③ 具有抗干扰和噪声的能力。它作为继电器和变压器使用时,可以使线路板上看不到磁性元件,它不受外界电磁干扰、电源干扰和杂光影响。

④ 响应速度快。一般可达微秒数量级,甚至纳秒数量级。它可传输的信号频率在直流和 10 MHz 之间。

⑤ 使用方便,具有一般固体器件的可靠性,体积小(一般为 6 mm×6 mm),质量轻,抗震,密封防水,性能稳定,耗电省,成本低,工作温度范围为-55~100 ℃。

⑥ 既具有耦合特性,又具有隔离特性。

光电耦合器能很容易地把不同电位的两组电路互连起来,圆满地完成电平匹配、电平转移等任务。光电耦合器的输入端的发光器件是电流驱动器件,通过光与输出端耦合,抗干扰能力很强,在长线传输中用它作为终端负载时,可以大大提高信息在传输中的信噪比。

在计算机用做检测控制核心设备时,用光电耦合器件作为接口部件,将会大大增强计算机的可靠性。

光电耦合器件的饱和压降比较低,在作为开关器件使用时,又具有三极管开关不可比拟的优点。例如,在稳压电源中,它作为过电流自动保护器件,可以使保护电路既简单又可靠。

光电耦合器件性能上的优点使它的发展非常迅速。目前,光电耦合器件在品种上有 8 类 500 多种,2016 年全球光电耦合器市场规模达到 27.4 亿美元,产量约为 269.4 亿件,光电耦合器广泛应用于各种电路中,比如每一个程序控制器里都要用到 20～30 个甚至更多的光电耦合器。全球光电耦合器市场主要由美、日品牌主导,美国有飞兆半导体(Fairchild Semiconductor)、安华高(Arago)和威安(Vishay Intertechnology);日本有东芝(Toshiba)、瑞萨(Renesas)和夏普(Sharp),上述公司合计占全球市场份额约 44.3%。中国台湾主要是光宝科技(Liteon)、亿光电子(Everlight Electronics)和今台电子(Kingbright Electronic),大陆有约 1 000 家产商,且规模逐渐增大。这一光电结合的新器件的广泛应用,已使我国电子线路设计工作出现了一个较大的飞跃和发展,它已在自动控制、遥控遥测、航空技术、电子计算机和其他光电、电子技术中得到广泛的应用。

3. 光电耦合器件的特性参数

光电耦合器件的主要特性为传输特性与隔离特性。

(1) 电流传输比 β

在直流工作状态下,将光电耦合器件的集电极电流 I_C 与发光二极管的注入电流 I_F 之比定义为光电耦合器件的电流传输比,用 β 表示。图 3-49 所示为光电耦合器件的输出特性曲线。在其中部取一工作点 Q,它所对应的注入电流为 I_{FQ},对应的集电极电流为 I_{CQ},因此该点的电流传输比为

$$\beta_Q = I_{CQ}/F_Q \times 100\%$$

如果工作点选在靠近截止区的 Q_1 点,虽然注入电流 I_F 变化了 ΔI_F,但相应的 ΔI_{C1} 的变化量却很小。这样,β 值很明显地要变小。同理,当工作点选在接近饱和区 Q_3 点时,β 值也要变小。这说明当工作点选择在输出特性的不同位置时,具有不同的 β 值。因此,在传输小信号时,用直流传输比是不恰当的,而应当用所选工作点 Q 处的小信号电流传输比来计算。这样以微小变量定义的传输比称为交流电流传输比,用 $\tilde{\beta}$ 来表示,即

$$\tilde{\beta} = \Delta I_C/\Delta I_F \times 100\%$$

对于输出特性曲线线性度比较好的光电耦合器件,β 值很接近 $\tilde{\beta}$ 值。一般在线性状态使用时,都尽可能地把工作点设计在线性工作区;对于开关状态下使用时,由于不关心交流与直流电流传输比的差别,而且在实际使用中直流传输比又便于测量,因此通常都采用直流电流传输比 β。

这里需要指出的是,光电耦合器件的电流传输比与三极管的电流放大倍数都是输出与输入电流之比值,从表面上看是一样的,但它们却有本质的差别。在三极管中,集电极电流 I_C 总是比基极电流 I_B 大几十甚至几百倍。因此,把三极管的输出与输入电流之比称为电流放大倍数。而光电耦合器件内的输入电流使发光二极管发光,光电耦合器件的输出电流是光电接收器件(光电二极管或光电三极管)接收到的光所产生的光电流可用 αI_F 表示。其中,α 是与发

光二极管的发光效率、光敏三极管的增益及两者之间距离等参数有关的系数,通常称为光激发效率。光激发效率一般比较低,所以 I_F 一般要大于 I_C。因此,光电耦合器件在不加复合放大三极管时,其电流传输比总小于1,通常用百分数来表示。

图 3-50 所示为光电耦合器件的电流传输比 β 随注入电流 I_F 的变化曲线。在 I_F 较小时,耦合器件的光电接收器件处于截止区,因此 β 值较小;当 I_F 变大后,光电接收器件处于线性工作状态,β 值将随 I_F 增大;I_F 继续增大时,β 反而会变小,因为发光二极管发出的光不总与电流成正比。

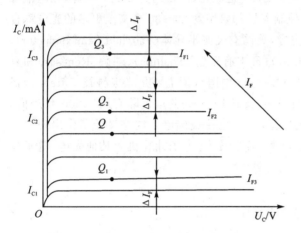

图 3-49　光电耦合器件的输出特性曲线　　　　图 3-50　I_F 与 β 的关系曲线

(2) 最高工作频率 f_m

光电耦合器件的频率特性分别取决于发光器件与光电接收器件的频率特性。由发光二极管与光电二极管组成的光电耦合器件的频率响应最高,最高工作频率 f_m 接近于 10 MHz,其他组合的频率响应相应降低。图 3-51 所示为光电耦合器件的频率特性测量电路。等幅度的可调频率信号送入发光二极管的输入电路,在光电耦合器件的输出端得到相应的输出信号。当测得输出信号电压的相对幅值降至 0.707 时,所对应的频率就是光电耦合器件的最高工作频率(或称截止频率),用 f_m 来表示。图 3-52 示出了一个光电耦合器件的频率特性曲线。图中 R_L 为光电耦合器件的负载电阻,显然,最高工作频率 f_m 与负载电阻的阻值有关。减小负载电阻会使光电耦合器件的最高工作频率 f_m 增高。

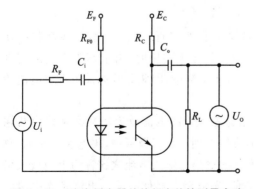

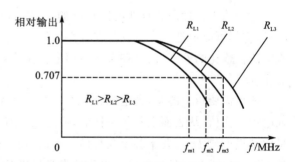

图 3-51　光电耦合器件的频率特性测量电路　　　　图 3-52　光电耦合器件的频率特性

4. 光电耦合器件的抗干扰特性

光电耦合器件的重要优点之一就是能强有力地抑制尖脉冲及各种噪声等干扰,从而在传输信息中大大提高了信噪比。光电耦合器件之所以具有很高的抗干扰能力,主要有下面几个原因。

① 光电耦合器件的输入阻抗很低,一般为 10 Ω～1 kΩ;而干扰源的内阻很大,一般为 10^3～10^6 Ω。按一般分压比的原理来计算,能够馈送到光电耦合器件输入端的干扰噪声就变得很小了。

② 由于一般干扰噪声源的内阻都很大,虽然也能供给较大的干扰电压,但可供出的能量却很小,只能形成很微弱的电流。而光电耦合器件输入端的发光二极管只有在通过一定的电流时才能发光。因此,即使是电压幅值很高的干扰,由于没有足够的能量,也不能使发光二极管发光,从而被它抑制掉了。

③ 光电耦合器件的输入/输出端是用光耦合的,且这种耦合又是在一个密封管壳内进行的,因而不会受到外界光的干扰。

④ 光电耦合器件的输入/输出间的寄生电容很小(一般为 0.5～2 pF),绝缘电阻又非常大(一般为 10^{11}～10^{13} Ω),因而输出系统内的各种干扰噪声很难通过光电耦合器件反馈到输入系统中。

5. 光电耦合器件的应用

由于光电耦合器件具有体积小、寿命长、无触点、线性传输、隔离和抗干扰强等优点,因而其应用非常广泛,其具有以下特点:

① 在代替脉冲变压器耦合信号时,可以耦合从零频到几兆赫的信息,且失真很小,这是变压器无法相比的。

② 在代替继电器使用时,又能克服继电器在断电时反电动势产生的冲击电流的泄放干扰及在大振动、大冲击下触点抖动等不可靠的问题。

③ 能很容易地把不同电位的两组电路互连起来,从而圆满并且很简单地完成电平匹配和电平转移等功能。

④ 光电耦合器输入端的发光器件是电流驱动器件,通过光与输出端耦合,抗干扰能力很强。它在长线传输中作为终端负载时,可以大大提高信息在传输中的信噪比。

⑤ 在计算机作为运算部件,输入、输出用光电耦合器件作为接口部件,将会大大增强计算机的可靠性。

⑥ 光电耦合器件的饱和压降比较低,在作为开关器件使用时,又具有三极管开关不可比拟的优点。

⑦ 在稳压电源中,它作为过电流自动保护器件使用时,使保护电路既简单又可靠。

(1) 电平转换

在工业控制系统中所用集成电路的电源电压和信号脉冲的幅度有时不尽相同。例如,TTL 器件用 5 V 电源,HTL 器件为 12 V,PMOS 器件为 −22 V,CMOS 器件则为 5～20 V。如果在系统中采用两种集成电路芯片,就必须对电平进行转换,以便实现逻辑控制。另外,各种传感器的电源电压与集成电路间也存在着电平转换问题。图 3 − 53 所示为利用光电耦合器件实现 PMOS 电路的电平与 TTL 电路电平的转换电路。电路的输入端为 −22 V 的电源和 0～−22 V 的脉冲,输出端为 TTL 电平的脉冲,光电耦合器件不但使前后两种不同电平的脉冲信号实现了耦合,而且使输入与输出电路完全隔离。

(2) 逻辑门电路

利用光电耦合器件可以构成各种逻辑电路。图 3-54 所示为由两个光电耦合器件组成的与门电路。如果在输入端 U_{i1} 和 U_{i2} 同时输入高电平"1",则两个发光二极管 V_{D1} 和 V_{D2} 都发光,两个光敏三极管 V_1 和 V_2 都导通,输出端就呈现高电平"1"。若输入端 U_{i1} 和 U_{i2} 中有一个为低电平"0",则输出光电三极管中必有一个不导通,使得输出信号为"0",故为"与"门逻辑电路,$U_o = U_{i1} U_{i2}$。光电耦合器件还可以构成与非、或、或非和异或等逻辑电路。

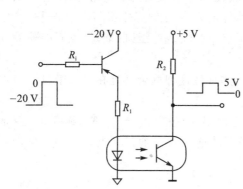
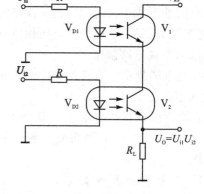

图 3-53　光电耦合器件的电平转换　　　　图 3-54　光电耦合器件构成的"与"门电路

(3) 隔离方面的应用

有时为隔离干扰,或者为使高压电路与低压信号分开,可采用光电耦合器件。图 3-55 所示电路表明了光电耦合器件的又一种重要的功能,即隔离功能。

为了充分利用逻辑元件的特点,在组成系统时,往往要用很多种元件。例如,TTL 器件的逻辑速度快、功耗小,可作为计算机中央处理部件;而 HTL 器件的抗干扰能力强,噪声容限大,可在噪声大的环境,或输入/输出装置中使用。但由于 TTL、HTL 及 MOS 等电路的电源电压不同,工作电平不同,直接互相连接有困难。而光电耦合器件的输入与输出是绝缘的,可很好地解决互连问题,即可方便地实现不同电源或不同电平电路之间的互连。电路之间不仅可以电源不同(极性和大小),而且接地点也可分开。

例如,图 3-55 所示的典型应用电路中,左侧的输入电路,其电源为 13.5 V 的 HTL 逻辑电路,中间的中央运算器、处理器等电路为 +5 V 电源,后边的输出部分依然为抗干扰特性高的 HTL 电路。将这些电源与逻辑电平不同部分耦合起来需要采用光电耦合器件。输入信号经光电耦合器件送至中央运算、处理部分的 TTL 电路,TTL 电路的输出又通过光电耦合器件送到抗干扰能力强的 HTL 电路,光电耦合器件成了 TTL 和 HTL 两种电路的媒介。

在电子计算机与外围设备相连的情况下,会出现感应噪声、接地回路噪声等问题。为了使输入、输出设备及长线传输等外围设备的各种干扰不串入计算机,以便提高计算机工作的可靠性,亦可采用光电耦合器件把计算机与外围设备隔离开来。

(4) 可控硅控制电路中的应用

可控硅整流器(SCR)是一种很普通的单向低压控制高压的器件,可以将其用于光触发的形式。同样,双向可控硅是由一种很普通的 SCR 发展改进的器件,它也可用于光触发形式。

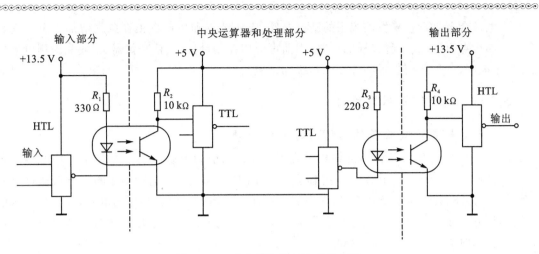

图 3 - 55 光电耦合器件构成的电路

将一只 SCR 和一只 LED 密封在一起，就可以构成一只光耦合的 SCR；而将一只双向可控硅和一只 LED 密封在一起就可以制成一只光耦合的双向可控硅。图 3 - 56 和图 3 - 57 示出了它们的典型外形（它们通常被密封在一只六引脚的双列直插式的封装中）。

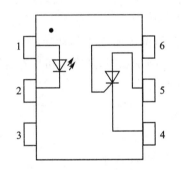

图 3 - 56 典型光耦合可控硅（一）

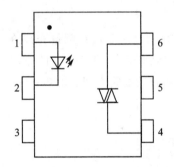

图 3 - 57 典型光耦合可控硅（二）

虽然这些器件具有相当有限的输出电流额定值，实际的有效值对于 SCR 来说约为 300 mA，而对于双向可控硅来说则约为 100 mA。然而，这些器件的浪涌电流值却远远大于它们的有效值，一般可达数安培。

图 3 - 58 所示为光电耦合双向可控硅大功率负载控制电路。这里用光电耦合双向可控硅去控制更大功率双向可控硅，从而达到控制大功率负载的目的。

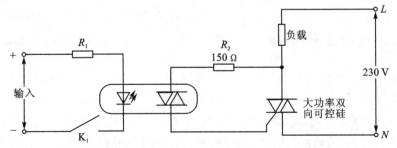

图 3 - 58 光电耦合双向可控硅大功率负载控制电路

光电耦合器是近年来发展起来的新型器件,应用范围和生产量正在急剧增加。由于它具有独特的优点,可组成各种各样的电路,因而可应用在测量仪器、精密仪器、工业和医用电子仪器、自动控制、各种通信装置和计算机系统等领域。

3.2.5 光电位置敏感器件

1. 一维电位置敏感器体(PSD)的工作原理

图 3-59 所示为 PSD 器体的结构示意图。光束入射到 PSD 器件光敏层上距中心点的距离为 x_A 时,在入射位置上产生与入射辐射成正比的信号电荷,此电荷形成的光电流通过电阻 P 型层分别由电极 1 与电极 2 输出。i 型层为本征半导体层。设 P 型层的电阻是均匀的,两电极间的距离为 $2L$,流过两电极的电流分别为 I_1 和 I_2,则流过 N 型层上电极的电流 I_0 为 I_1 和 I_2 之和,即 $I_0 = I_1 + I_2$。在这里

$$\begin{cases} I_1 = I_0 \dfrac{L - x_A}{2L} \\[2mm] I_2 = I_0 \dfrac{L + x_A}{2L} \\[2mm] x_A = \dfrac{I_2 - I_1}{I_2 + I_1} L \end{cases}$$

一维 PSD 器件主要用来测量光斑在一维方向上的位置或位置移动量的装置。图 3-60 所示为典型一维 PSD 器件 S1543 的原理结构及等效电路示意图,其中 1 和 2 为信号电极,3 为公共电极。它的光敏面为细长的矩形条。距离 x 位置信号为

$$x = \frac{I_2 - I_1}{I_2 + I_1} L$$

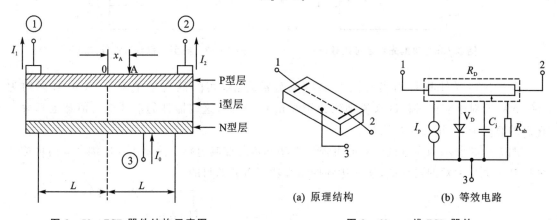

图 3-59　PSD 器件结构示意图　　　　(a) 原理结构　　(b) 等效电路

图 3-60　一维 PSD 器件

图 3-61 所示为一维 PSD 位置检测电路原理图。当光电流 I_1 经反向放大器 A_1 放大后分别送给放大器 A_3 与 A_4,而光电流 I_2 经反向放大器 A_2 放大后也分别送给放大器 A_3 与 A_4。放大器 A_3 为加法电路,完成光电流 I_1 与 I_2 相加的运算(放大器 A_5 用来调整运算后信号的相位);放大器 A_4 用做减法电路,完成光电流 I_2 与 I_1 相减的运算。最后通过除法电路获得位置信号。

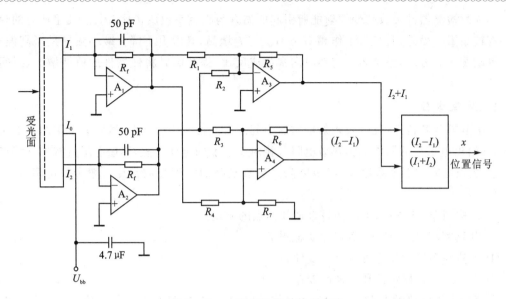

图 3 - 61 一维 PSD 器件检测电路

2. 二维 PSD 器件的工作原理

图 3 - 62(a)所示为二维 PSD 器件的结构图。在正方形的 PIN 硅片的光敏面上设置 2 对电极,分别标注为 Y_1、Y_2 和 X_3、X_4,其公共极 N 常接电源 U_{bb}。二维 PSD 器件的等效电路如图 3 - 62(b)所示。PSD 可以检测光束在二维坐标中的位置。

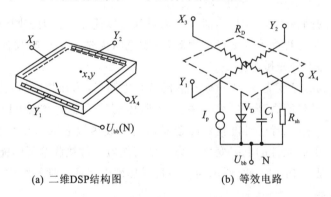

(a) 二维DSP结构图　　　(b) 等效电路

图 3 - 62 二维 DSP 的结构图与等效电路

3.2.6 光热辐射检测器件

光热辐射检测器件是基于光辐射与物质相互作用的热效应而制成的器件。由于它具有工作时不需要制冷,光谱响应无波长选择性等突出特点,其已进入某些被光子检测器独占的应用领域和光子检测器无法实现的应用领域。热电传感器件是将入射到器件上的辐射能转换成热能,然后再把热能转换成电能的器件。显然,输出信号的形成过程包括两个阶段:第一阶段是将辐射能转换成热能的阶段(入射辐射引起温升的阶段),是共性的,具有普遍的意义。第二阶段是将热能转换成各种形式的电能(各种电信号的输出)阶段。

热敏器件的热时间常数一般为毫秒至秒的数量级,它与器件的大小、形状和颜色等参数有关。热辐射检测器件吸收交变辐射能所引起的温升与吸收系数成正比,因此,几乎所有的热敏器件都被涂黑。另外,它又与工作频率 f 有关。f 增高,其温升下降。减小热导是增高温升、提高灵敏度的好方法,但是热导与热时间常数成反比,提高温升将使器件的惯性增大,时间响应变坏。

1. 热敏电阻

热敏电阻及其特点:凡吸收入射辐射后引起温升而使电阻改变,导致负载电阻两端电压的变化,并给出电信号的器件称为热敏电阻。相对于一般的金属电阻,热敏电阻具有如下特点:

① 热敏电阻的温度系数大,灵敏度高。热敏电阻的温度系数常比一般金属电阻大 10～100 倍。

② 结构简单,体积小,可以测量近似几何点的温度。

③ 电阻率高,热惯性小,适宜做动态测量。

④ 阻值与温度的变化关系呈非线性。

⑤ 不足之处是稳定性和互换性较差。

大部分半导体热敏电阻由各种氧化物按一定比例混合,经高温烧结而成。多数热敏电阻具有负的温度系数,即当温度升高时,其电阻值下降,同时灵敏度也下降。由于这个原因,限制了它在高温情况下的使用。

半导体材料对光的吸收除了直接产生光生载流子的本征吸收和杂质吸收外,还有不直接产生载流子的晶格吸收和自由电子吸收等,并且不同程度地转变为热能,引起晶格振动的加剧,器件温度的上升,即器件的电阻值发生变化。

由于热敏电阻的晶格吸收,对任何能量的辐射都可以使晶格振动加剧,只是吸收不同波长的辐射,晶格振动加剧的程度不同而已。因此,热敏电阻无选择性地吸收各种波长的辐射,可以说它是一种无选择性的光敏电阻。

由热敏材料制成的厚度为 0.01 mm 左右的薄片电阻(因为在相同的入射辐射条件下得到较大的温升)黏合在导热能力高的绝缘衬底上,电阻体两端蒸发金属电极以便与外电路连接,再把衬底同一个热容很大、导热性能良好的金属相连构成热敏电阻。红外辐射通过检测窗口投射到热敏元件上,引起元件的电阻变化。为了提高热敏元件接收辐射的能力,常将热敏元件的表面进行黑化处理。如图 3-63 所示为不同材料热敏电阻的特性及结构示意图。

2. 热电偶检测器

热电偶虽然发明于 1826 年,是一种古老的红外检测器件,然而至今仍在光谱、光度检测仪器中得到广泛的应用。尤其在高、低温的温度检测领域的应用是其他检测器件无法取代的。

(1) 热电偶的工作原理

热电偶是利用物质温差产生电动势效应来检测入射辐射的。如图 3-64 所示为辐射式温差热电偶的原理图。由两种材料的金属 A 和 B 组成回路时,若两金属连接点的温度存在着差异(一端高而另一端低),则在回路中会有如图 3-64(a)所示的电流产生,即由于温度差而产生的电位差 ΔE。回路电流 $I = \Delta E / R$,式中 R 为回路电阻。这一现象称为温差热电效应,也称为塞贝克热电效应(Seebeck Effect)。

测量辐射能的热电偶称为辐射热电偶,它与测温热电偶的原理相同,结构不同。如图 3-64(b)所示,辐射热电偶的热端接收入射辐射,因此在热端装有一块涂黑的金箔,当入射

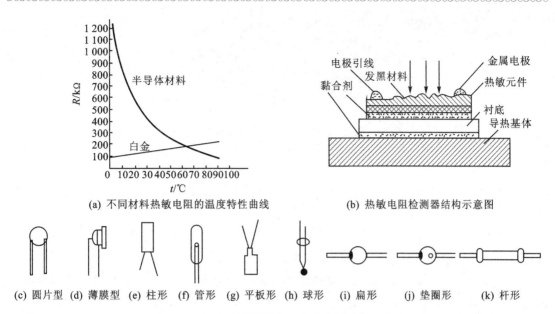

(a) 不同材料热敏电阻的温度特性曲线　　　　　(b) 热敏电阻检测器结构示意图

(c) 圆片型　(d) 薄膜型　(e) 柱形　(f) 管形　(g) 平板形　(h) 球形　(i) 扁形　(j) 垫圈形　(k) 杆形

图 3 - 63　不同材料热敏电阻的特性及结构示意图

辐射通量 Φ_e 被金箔吸收后,金箔的温度升高,形成热端,产生温差电势,在回路中将有电流流过。用检流计 G 可检测出电流 I。显然,图中结 J_1 为热端,J_2 为冷端。由于入射辐射引起的温升 ΔT 很小,因此对热电偶材料要求很高,结构也非常复杂,成本昂贵。图 3 - 65 所示为半导体辐射热电偶的结构示意图。图中用涂黑的金箔将 N 型半导体材料和 P 型半导体材料连在一起构成热结,另一端(冷端)将产生温差电势,P 型半导体的冷端带正电,N 型半导体的冷端带负电。热电偶的响应时间约为几毫秒到几十毫秒左右,热电偶的最小可检测功率取决于检测器的噪声,它主要由热噪声和温度起伏噪声组成,电流噪声几乎被忽略。半导体热电偶的最小可检测功率一般为 $2.7 \sim 8.5 \ \mathrm{W}$。

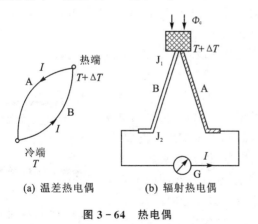

(a) 温差热电偶　　　(b) 辐射热电偶

图 3 - 64　热电偶

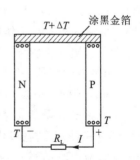

图 3 - 65　半导体辐射热电偶

(2) 热电堆工作原理

为了减小热电偶的响应时间,提高灵敏度,常把辐射接收面分为若干块,每块都接一个热电偶,并把它们串联起来构成如图 3 - 66 所示的热电堆。

热电堆的灵敏度为 $S_V = NS$。式中,N 为热电堆中热电偶的对数(或 PN 结的个数),

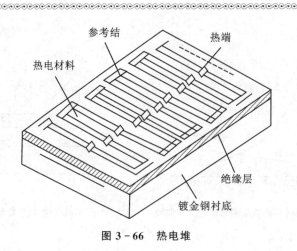

图 3-66　热电堆

S 为热电偶的灵敏度。热电堆的响应时间常数为 $W=CR$。式中,C 为热电堆的热容量,R 为热电堆的热阻抗。可以看出,要想使高速化和高灵敏度两者并存,就要在不改变 C 的情况下减小热阻抗,而热阻抗 R 是由导热通路长短和热电堆以及膜片的剖面面积比决定的。

3. 热释电器件

(1) 热释电器件的特点

热释电器件是一种利用热释电效应制成的热检测器件。与其他热检测器相比,热释电器件具有以下优点:

① 具有较宽的频率响应,工作频率接近兆赫兹,远远超过其他热检测器的工作频率。一般热检测器的时间常数在 $0.01\sim1\ s$ 范围内,而热释电器件的有效时间常数可低达 $10^{-4}\sim3\times10^{-5}\ s$。

② 热释电器件的检测率高,在热检测器中检测精度接近气动检测器水平,且这一差距正在不断减小。

③ 热释电器件可以有大面积均匀的敏感面,而且工作时可以不外接偏置电压。

④ 与热敏电阻相比,它受环境温度变化的影响更小。

⑤ 热释电器件的强度和可靠性比其他多数热检测器都要好,且制造比较容易。

(2) 热释电器件的基本工作原理

热释电效应在电介质内部没有自由载流子,也没有导电能力,但是,它也是由带电的粒子(价电子和原子核)构成的。在外加电场作用下,带电粒子受到电场力的影响,其运动发生变化。例如,在如图 3-67 所示电介质的上下两侧加上电场后,电介质产生极化现象,即从电场的加入到电极化状态的建立,在这段时间内电介质内部的电荷适应电场的运动相当于电荷沿电力线方向的运动,这是一种电流,亦称为"位移电流"。该电流在电极化完成后即告

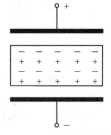

图 3-67　电极化现象

停止。对于一般的电介质,在电场除去后极化状态随即消失,带电粒子又恢复原来状态。而另有一类称作为"铁电体"的电介质在外加电场除去后仍保持着极化状态,称其为"自发极化"。图 3-68(a)、(b)所示为一般的电介质与铁电体电介质的电极化曲线。一般的电介质的电极化强度曲线通过坐标中心,而图 3-68(b)所示的电极化强度曲线在电场去除后仍保持一定的

极化强度。

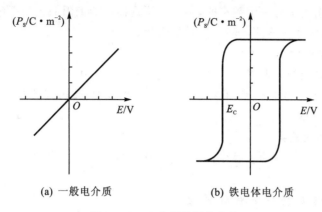

(a) 一般电介质　　　　　　　　(b) 铁电体电介质

图 3 - 68　电介质的极化曲线

铁电体的自发极化强度 P_s（单位面积上的电荷量）与温度的关系如图 3 - 69 所示。随着温度的升高，极化强度减低；当温度升高到一定值，自发极化突然消失，这个温度常称为"居里温度"或"居里点"。

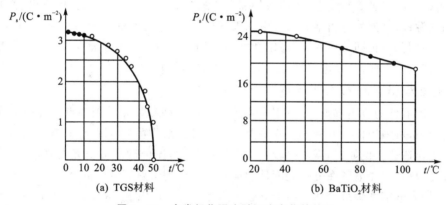

(a) TGS材料　　　　　　　　(b) BaTiO$_2$材料

图 3 - 69　自发极化强度随温度变化的关系

在居里点以下，极化强度 P_s 是温度 t 的函数。利用这一关系制造的热敏检测器称为热释电器件。当红外辐射照射到已经极化的铁电体薄片时，引起薄片温度升高，表面电荷减少，相当于热"释放"了部分电荷。释放的电荷可用放大器转变成电压输出。如果辐射持续作用，表面电荷将达到新的平衡，不再释放电荷，也不再有电压信号输出。因此，热释电器件不同于其他光电器件，在恒定辐射作用的情况下输出的信号电压为零，只有在交变辐射的作用下才会有信号输出。

3.2.7　各种光电检测器件的性能比较

1. 接收光信号的方式

在应用光电检测器件的测量仪器和系统中，光电器件接收光信号的方式有以下几种。

(1) 光信号的有无

光信号的有无是由被测对象原因而形成投射到光电器件上的光信号截断或通过而产生的，如光电开关、光电报警等。这时的光电器件不考虑线性，但要考虑灵敏度。

(2) 光信号按一定频率交替变化

这种光信号的输入是有一定频率的,必须使所选器件的上限截止频率(最好是最佳工作频率)大于输入信号的频率才能测出输入信号的变化。

(3) 光信号的幅度大小

当被测对象因对光的反射率、透过率变化或是被测对象本身光辐射的强度变化时,光信号幅度大小亦随之改变。为准确测出幅度大小的变化,必须选用线性好、响应快的器件。如PMT或光电二极管等。

(4) 光信号的色度差异

当被测对象本身光辐射的色温存在差异或表面颜色变化时,必须选择合适的光谱特性的光电器件。

2. 各种光电检测器件的性能比较

典型的光电检测器件,在动态特性方面(即频率响应与时间响应),以光电倍增管和光电二极管(尤其是 PIN 管与雪崩管)为最好;在光电特性方面(即线性),以光电倍增管、光电二极管、光电池为最好;在灵敏度方面,以光电倍增管、雪崩光电二极管、光敏电阻和光电三极管为最好。值得指出的是,灵敏度高不一定输出电流大,而输出电流大的器件有大面积光电池、光敏电阻、雪崩光电二极管与光电三极管;外加电压最低的是光电二极管、光电三极管,光电池不需要外加电源;暗电流光电倍增管与光电二极管最小,光电池不加电源时无暗流,加反压后 I_d 也比光电二极管大;长期工作后,其稳定性方面,以光电二极管、光电池为最好,其次是光电三极管;在光谱响应方面,以光电倍增管和 CdSe 光敏电阻为最宽。

3. 光电检测器件的应用选择

光电检测器件的应用选择,在应用时要注意选择各种参数和使用要点。在很多要求不太严格的情况下,可采用任何一种光电检测器件。不过在某些特殊情况下,选用某种与之相适应的器件会更合适些。例如,当需要比较大的光敏面积时,先可选用真空光电管,因其光谱响应范围比较宽,故真空光电管在分光光度计中应用。当被测辐射等级很低(信号微弱)、响应速度较高时,采用光电倍增管最合适。由于其放大倍数可达 10^7 以上,这样高的增益可使其输出信号超过放大电路内的噪声分量,因此,在天文、光谱学、激光测距和闪烁计数等方面得到广泛应用。CdS 光敏电阻因成本低而在光亮度控制(如照相自动曝光或路灯日光控制等)中采用;光电池是固体光电器件中具有最大光敏面积的器件,它除作检测器件外,还可作太阳能变换器;硅光电二极管体积小、响应快、可靠性高,而且在可见光与近红外波段内有较高的量子效率,因而在各种工业控制中获得应用。硅雪崩管由于增益高、响应快、噪声小,因而在激光测距与光纤通信中普遍采用。

为了提高传输效率,无畸变地变化光电信号,光电检测器件不仅要和被测信号、光学系统相匹配,而且还要和后续的电子线路在特性和工作参数上相匹配,使每个相互连接的器件都处于最佳的工作状态。现将光电检测器件的应用选择要点归纳如下:

① 光电检测器件的选择必须和辐射信号源及光学系统在光谱特性上匹配。如测量波长是紫外波段,则选专门的紫外光电半导体器件;如果信号是可见光,则可选光敏电阻与 Si 的光电器件;如红外信号,选光敏电阻;近红外信号,则选 Si 的光电器件。

② 光电检测器件的光电转换特性必须和入射辐射能量相匹配。其中首先要注意的是器件的感光面要和照射光匹配好。因光源照射到器件的有效位置,如位置发生变化,则光电灵敏

度将发生变化。如太阳电池具有大的感光面，一般用于杂散光或者没有达到聚焦状态的光束的接收。又如光敏电阻是一个可变电阻，有光照的位置，其电阻就降低。因此，必须设计光线照在两电极间的全部电阻体上，以便有效地利用全部感光面。光电二、三极管的感光面只是结附近的一个极小的面积，故一般把透镜作为光的入射窗，并把透镜的焦点与感光的灵敏点对准。光电池的光电流比其他器件因照射光的晃动要小些，一般要使入射通量的变化中心处于检测器件光电特性的线性范围内，以确保获得良好的线性检测。对微弱的光信号，器件必须有合适的灵敏度，以确保一定的信噪比与输出足够强的电信号。

③ 光电检测器件参数的选择必须和光信号的调制形式、信号频率及波形匹配，以便得到没有频率失真的输出波形和良好的时间响应。这种情况主要是选择响应时间短或上限频率高的器件，但在电路上也要注意匹配好动态参数。

④ 光电检测器件必须和输入电路在电特性上良好的匹配，以保证有足够大的转换系数、线性范围、信噪比及快速的动态响应等。

⑤ 为使器件具有长期工作的可靠性，必须注意器件的规格和使用的环境条件。一般要求器件在长时间的连续使用中，能保证在低于最大功率限额状态下正常工作。当工作条件超过最大限额时，器件的特性急剧劣化，特别是超过电流容限值后，其损坏往往是永久性的。使用的环境温度和电流容限一样，在超过温度的容限值后，一般将引起缓慢的特性劣化。总之，要使器件在额定条件下使用，才能保证其稳定、可靠地工作。

思考题与习题

3-1 试说明为什么本征光电导器件在越微弱的辐射作用下，时间响应越长，灵敏度越高。

3-2 对于同一种信号的光敏电阻来讲，在不同光照度和不同环境温度下，其光电灵敏度与时间常数是否相同？为什么？如果照度相同而温度不同时情况又会如何？

3-3 为什么结型光电器件在正向偏置时，没有明显的光电效应？它必须在哪种偏置状态下工作？为什么？

3-4 在如图 3-70 所示的照明灯控制电路中，将 CdS 光敏电阻用做光电传感器，光敏电阻最大功耗为 300 mW，光电导灵敏度 $S_g = 0.5 \times 10^{-6}$ S/lx，暗电导 $g_0 = 0$，若已知继电器绕组的电阻为 5 kΩ，继电器的吸合电流为 2 mA，电阻 $R = 1$ kΩ。试求：① 为使继电器吸合所需要的照度；② 要使继电器在照度为 3 lx 时吸合，问应如何调整电阻 R？

3-5 光电导器件响应时间（频率特性）受哪些因素限制？光伏器件与光电导器件工作频率哪个高？实际使用时如何改善其工作频率响应？

3-6 硅光电池的开路电压为什么随温度上升而下降？影响光电倍增管工作的环境因素有哪些？如何减少这些因素的影响？

3-7 分析图 3-71 所示光电信号输出电路的工作原理。

3-8 简述发光二极管的发光原理及半导体激光器的工作原理？

3-9 试判别下列结论，正确的在括号里填 T，错误的则填 F：

(1) 光电导器件在方波辐射的作用下，其上升时间大于下降时间。（　）

(2) 光敏电阻的阻值与环境温度有关，温度升高时光敏电阻的阻值也随之升高。（　）

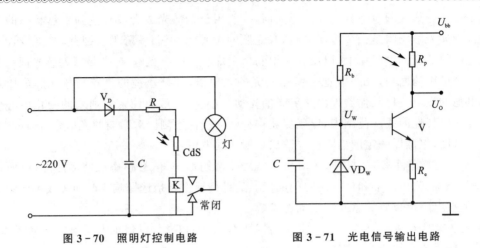

图 3-70　照明灯控制电路　　　　　图 3-71　光电信号输出电路

（3）光敏电阻的是由于被光照后所产生的光生电子与空穴的复合需要很长的时间,而且随着复合的进行,光生电子与空穴的浓度与复合几率不断地减小,使得光敏电阻恢复被照前的阻值需要很长时间。（　）

3-10　简述光电耦合器件的工作原理？

3-11　利用光敏电阻等器件设计楼梯内的节能灯控制电路及测量应用中的自动增益控制电路。

3-12　试分析如图 3-72(a)和(b)所示的放大电路中,其光敏电阻 R_p 的作用。

3-13　为什么在光照度增大到一定程度后,硅光电池的开路电压不再随入射照度的增大而增大？硅光电池的最大开路电压为多少？为什么硅光电池的有载输出电压总小于相同照度下的开路电压？

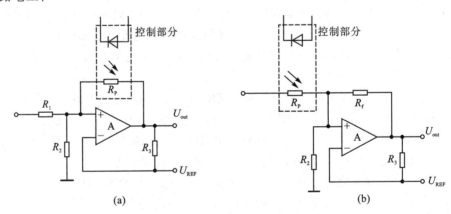

(a)　　　　　　　　　　　　(b)

图 3-72　二种光敏电阻在不同的放大电路中

3-14　硅光电池的内阻与哪些因素有关？在什么条件下硅光电池的输出功率最大？

3-15　光生伏特器件有哪几种偏置电路？各有什么特点？

3-16　试比较硅整流二极管与硅光电池的伏安特性曲线,说明它们的差异。

3-17　写出硅光电池的全电流方程,说明各项物理意义。

3-18　比较 2CU 型光敏二极管和 2DU 型光敏二极管的结构特点。

3-19　影响光生伏特器件频率响应特性的主要因素有哪些？为什么 PN 结型光敏二极管的最高工作频率 $f \leqslant 10^7$ Hz？怎样提高光敏二极管的频率响应？

3-20　为什么说发光二极管的发光区在 PN 结的 P 区？这与电子、空穴的迁移率有关吗？

3-21　为什么发光二极管必须在正向电压作用下才能发光？反向偏置的发光二极管能发光吗？

3-22　发光二极管的发光光谱由哪些因素决定？光谱的半宽度有何意义？

3-23　产生激光的三个必要条件是什么？

3-24　半导体激光器有什么特点？LD 与 LED 发光机理的根本区别是什么？为什么 LD 光的相干性要好于 LED 光？

3-25　为什么需要将发光二极管与光电二极管封装在一起构成光电耦合器件？光电耦合器件的主要特性有哪些？

3-26　举例说明光电耦合器件可以应用在哪些方面？为什么计算机系统常采用光电耦合器件？

3-27　为什么由发光二极管与光电二极管构成的光电耦合器件的电流传输比小于 1，而由发光二极管与光电三极管构成的光电耦合器件的电流传输比可能大于等于 1？

3-28　用光电耦合器件构成"或"门、"或非"门逻辑电路（要求画出电路图）。

3-29　光电耦合器件在电路中的信号传输作用与电容的隔直传交作用有什么不同？

3-30　简述半导体激光器的工作原理。它有哪些特点？

3-31　图 3-73 给出了用光电耦合器件隔离的一种高压稳压电路，试说明其工作原理及对该光电耦合器的要求。

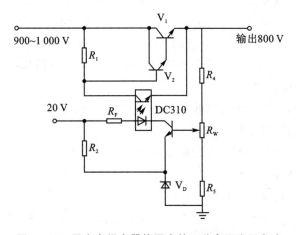

图 3-73　用光电耦合器体隔离的一种高压稳压电路

3-32　热辐射检测器通常分为哪两个阶段？哪个阶段能够产生热电效应？

3-33　热释电效应如何理解？热电检测器为什么只能检测交变辐射信号？

3-34　简述热电偶工作原理？试采用热电偶方法来完成一项设计任务（自拟题目）。

3-35　热电器件的最小可检测功率与哪些因素有关？为什么半导体材料的热敏电阻常具有负温度系数？

第4章 光电信号检测电路

通常光电检测电路由光电器件、输入电路和前置放大器组成。其中,光电检测器件是实现光电转换的核心器件,是沟通光学量和电子系统的接口环节,它把被测光信号转换成相应的电信号;而输入电路则是为光电器件提供正常的工作条件,进行电参量的变换(如将电流或电阻变换为电压),同时完成和前置放大器的电路匹配;光电器件输出的微弱电信号由前置放大器进行放大,前置放大器的另一作用是匹配后置处理电路与检测器件之间的阻抗。根据这些要求,在本章中,根据检测电路的设计要求,将分别介绍光电输入电路的静态、动态分析计算、噪声估算和放大电路的选择与设计。

4.1 光电检测电路的设计要求

检测电路的设计应根据光电信号的性质、强弱、光学的和器件的噪声电平以及输出电平和通频带等技术要求来确定电路的连接形式和电路参数,保证光电器件和后续电路最佳的工作状态,最终使整个检测电路满足下述要求。

1. 灵敏的光电转换能力

将光信号转变为适合的电信号是实现光电检测的先决条件。具备较强的光电转换能力,是对光电检测电路的最基本要求。通常采用光电灵敏度(或称传输系数、转换系数、比率等),即单位输入光信号的变化量所引起的输出电信号的变化量表示光电转换能力的强弱。

一般而言,给定的输入光信号在允许的非线性失真条件下应有最佳的信号传输系数,即光电特性的线性范围宽,斜率大,从而可以得到最大的功率、电压或电流输出。

2. 快速的动态响应能力

随着对检测系统与器件的要求不断提高,对检测系统每个环节动态响应的要求也随之提高。特别是在诸如光通信等领域,对光电器件以及光电检测电路的动态响应速度是第一位的。光电检测电路应满足信号通道所要求的频率选择性或对瞬变信号的快速响应。

3. 最佳的信号检测能力

信号检测能力主要是指光电检测电路输出信号中有用信号成分的多少,常用信噪比、功率等参数表征。要求光电检测电路具有可靠检测所必需的信噪比或最小可检测信号功率。

4. 长期工作的稳定性和可靠性

光电检测电路在长期工作的情况下应该稳定、可靠,特别是在一些特殊场合,对稳定性、可靠性的要求会更高。

4.2 光电信号输入电路的静态计算

对于缓慢变化的光信号通常采用直流电路进行检测。直流电路的设计重点在于确定电路的静态工作状态,即进行静态计算。由于光电检测器件伏安特性的非线性,一般采用非线性电路的图解法和分段线性化的解析法来计算。对于种类繁多的光电器件,可根据这些器件的伏安特性性质分为恒流源型、光伏型和可变电阻型三种基本类型,并且以光电二极管或光电池为线索介绍它们在各种工作状态下的电路计算方法。

4.2.1 恒流源型器件光电信号输入电路

图 4-1 中给出了恒流源型光电检测器件的伏安特性,它是一组以输入光照度 E 或光通量 Φ 为参量的曲线簇。在工作电压较小的范围内曲线呈弯曲的趋势,并且有一转折点 M。随着工作电压的升高,曲线逐渐平直。对于不同的输入光通量,各曲线间近似平行却间距随光通量增大趋于相等。这种输出电流随器件端电压增大而变化不大的性质称为恒流源特性。具有这种伏安特性的光电检测器件有光电管、光电倍增管(见图 4-1(a))、光电二极管(工作在反向偏置电压状态下,曲线见图 4-1(b)和光电三极管(见图 4-1(c))等。图 4-1 所示的伏安特性和晶体三极管集电极特性曲线形状类似,区别在于光电器件的光电流是由输入光功率控制,而晶体三极管是由基极电流控制。这表明,可以采用与晶体管放大器相类似的方法对恒流源型光电器件进行分析和计算。

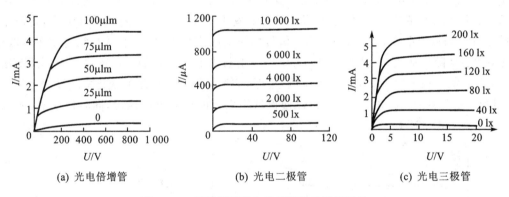

图 4-1 恒流源型光电检测器件的伏安特性

1. 图解计算法

图解计算法是利用包含非线性元件的串联电路的图解法对恒流源器件的输入电路进行计算。图 4-2(a)给出了在反向偏置电压作用下光电二极管的基本输入电路。图中 U_b 是反向偏置电压,R_L 是负载电阻,与输入光通量 Φ 成正比的电压信号就是从 R_L 的两端输出的。U_b、R_L 和光电二极管串联连接。对于这种简单电路可列出回路方程为

$$U(I) = U_b - IR_L \tag{4-1}$$

式中,$U(I)$ 是非线性函数。式(4-1)可利用图解法进行计算。如图 4-2(b)所示,在伏安特性上画出负载线 $U_b - IR_L$,是一条斜率为 $-1/R_L$,通过 $U = U_b$ 点的直线,与纵轴交于 U_b/R_L 的点上。由于串联回路中流过各回路元件的电流相等,负载线和对应于输入光通量为 Φ_0 时的器件伏安特性曲线的交点 Q 即为输入电路的静态工作点。当输入光通量由 Φ_0 改变 $\pm\Delta\Phi$ 时,在负载电阻 R_L 上会产生 $\mp\Delta U$ 的电压信号输出和 $\pm\Delta I$ 的电流信号输出。

上述图解法特别适用于大信号状态下的电路分析。例如,在大信号检测情况下可以定性地看到输出信号的波形畸变。在用做光电开关的情况下,可以借助图解法合理地选择电路参

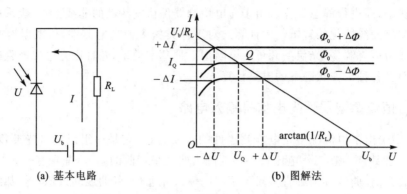

(a) 基本电路　　　　　　　　　　(b) 图解法

图 4 - 2　光电二极管输入电路的图解计算法

数使之能可靠地动作,同时保证不使器件超过其最大工作电流、最大工作电压和最大耗散功率。图 4 - 3 给出了电路输入参数和 U_b 对输出信号的影响。在图(a)中,当偏置电压 U_b 不变时,对于同样的输入光通量 $\Phi_0 \pm \Delta\Phi$,负载电阻 R_L 的减小会增大输出信号电流,而使输出电压减小。但 R_L 的减小会受到最大工作电流和功耗的限制。为了提高输出信号电压应增大 R_L,但过大的 R_L 会使负载线越过特性曲线的转折点 M 进入非线性区;而在非线性区光电灵敏度 $S = \Delta I / \Delta\Phi$ 不再是常数,这会使输出信号的波形发生畸变。另一方面,在图(b)中,对应于相同的 R_L 值,当偏置电压 U_b 增大时,输出信号电压的幅度也随之增大,并且线性度得到改善。但电路的功耗随之加大,并且过大的偏置电压会引起光电二极管的反向击穿。利用图解法确定输入电路的负载电阻 R_L 和反向偏压值 U_b 时,应根据输入光通量的变化范围和输出信号的幅度要求,使负载线稍高于转折点 M,以便得到不失真的最大电压输出,同时保证 U_b 不大于器件的最大工作电压 U_{max}。

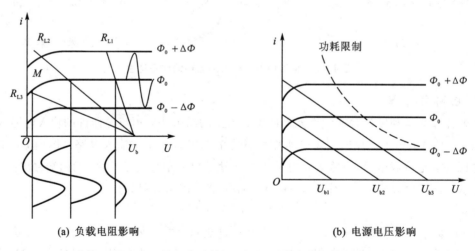

(a) 负载电阻影响　　　　　　　　　　(b) 电源电压影响

图 4 - 3　输入电路的 R_L 和 U_b 对输出信号的影响

2. 解析计算法

　　输入电路的计算也可以采用解析法。如果对实际非线性伏安特性按照一定的画法进行分段折线化,可以得到如图 4 - 4 所示的所谓折线化伏安特性,具体画法视伏安特性的形状而异。通常是在转折点 M 处将曲线分作两个区域。图 4 - 4(a)所示的情况是作直线与原曲线相切;

图 4-4(b)所示的情况是经过转折点 M 和原点 O 连线,得到折线化特性的非线性部分,再用一组平行的直线分别和实际曲线的恒流部分逼近,得到折线化特性的线性工作部分。

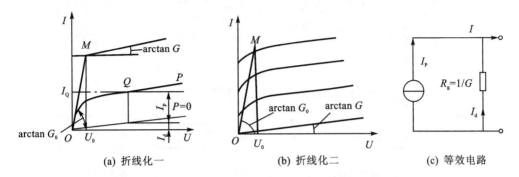

(a) 折线化一　　　　　　(b) 折线化二　　　　　　(c) 等效电路

图 4-4　伏安特性的分段折线化和微变等效电路

折线化伏安特性可用下列参数确定:

① 转折电压 U_0——对应于曲线转折点 M 处的电压值。

② 初始电导 G_0——非线性区近似直线的初始斜率。

③ 结间漏电导 G——线性区内各平行直线的平均斜率。

④ 光电灵敏度 S——单位输入光功率所引起的光电流值。设输入光功率为 P,对应的光电流为 I_P,则有

$$S = I_P/P$$

式中的光功率 P 可以是光通量 Φ,也可以是光照度 E。光通量和照度之间的关系为

$$\Phi = AE \tag{4-2}$$

式中,A 为器件光敏面的受光面积。

利用折线化的伏安特性,可将线性区内任意点 Q 处的电流值 I 表示为两个电流分量的组合。这两个电流分量分别是与二极管端电压 U 成正比,由结间漏电导形成的无光照电流(暗电流)I_d 和与端电压无关,仅取决于输入光功率的光电流 I_P。因此,在线性区内的伏安特性可以解析地表示为

$$I = f(U, \Phi) = I_d + I_p = GU + S\Phi \tag{4-3}$$

如图 4-4(c)所示,伏安特性满足式(4-3)的理想的光电二极管等效电路是由等效恒流源 I_p 和结间漏电阻 $R_g = 1/G$ 并联组成的。

在输入光通量变化范围 $\Phi_{min} \sim \Phi_{max}$ 为已知的条件下,可按下列步骤用解析法计算输入电路的工作状态。

(1) 确定线性工作区域

由对应最大输入光通量 Φ_{max} 的伏安曲线弯曲处即可确定转折点 M。相应的转折电压 U_0 或初始电导值 G_0 可由图 4-5(a)中的图示关系决定。在线段 $\overline{MN}$ 上有关系

$$G_0 U_0 = G U_0 + S\Phi_{max} \tag{4-4}$$

由此可解得

$$U_0 = \frac{S\Phi_{max}}{G_0 - G} \tag{4-5}$$

或

$$G_0 = G + \frac{S\Phi_{max}}{U_0} \tag{4-6}$$

式(4-6)给出了折线化伏安特性的四个基本参数 U_0、G_0、G 和 S 之间的关系。

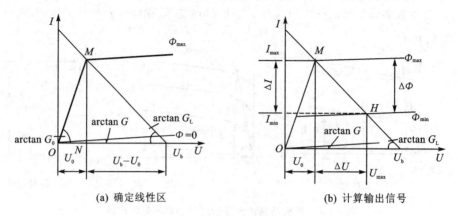

(a) 确定线性区   (b) 计算输出信号

图 4-5　用解析法计算输入电路

(2) 计算负载电阻和偏置电压

为保证最大线性输出条件,负载线和 Φ_{max} 与对应的伏安曲线的交点不能低于转折点 M。设负载线通过 M 点,此时由图 4-5(a) 中的关系可得

$$(U_b - U_0)G_L = G_0 U_0$$

当 U_b 已知时,可计算出负载电导 G_L 或电阻 R_L 为

$$G_L = G_0 \frac{U_0}{U_b - U_0} = \frac{S\,\Phi_{max}}{U_b\left(1 - \dfrac{G}{G_0}\right) - \dfrac{S\,\Phi_{max}}{G_0}} \tag{4-7}$$

当 $R_L = 1/G_L$ 为已知时,可计算出偏置电源电压 U_b 为

$$U_b = \frac{S\,\Phi_{max}(G_L + G_0)}{G_L(G_0 - G)} \tag{4-8}$$

(3) 计算输出电压幅度

由图 4-5(b) 所示,当输入光通量由 Φ_{min} 变化到 Φ_{max} 时,输出电压幅度为 $\Delta U = U_{max} - U_0$。其中,U_{max} 和 U 可由图中 M 和 H 点的电流值计算得到:

$$G_L(U_b - U_{max}) = G U_{max} + S\,\Phi_{min} \quad\quad (在 H 点)$$
$$G_L(U_b - U_0) = G U_0 + S\,\Phi_{max} \quad\quad (在 M 点)$$

解上两式得

$$U_{max} = \frac{G_L U_b - S\,\Phi_{min}}{G + G_L}, \quad\quad U_0 = \frac{G_L U_b - S\,\Phi_{max}}{G + G_L}$$

所以

$$\Delta U = S\,\frac{(\Phi_{max} - S\,\Phi_{min})}{G + G_L} = S\,\frac{\Delta\Phi}{G + G_L} \tag{4-9}$$

式(4-9)表明,输出电压幅度与输入光通量的增量和光电灵敏度成正比,与结间漏电导和负载电导之和成反比。

(4) 计算输出电流幅度

由图 4-5(b) 所示,输出电流幅度为

$$\Delta I = I_{max} - I_{min} = G_L \Delta U$$

将式(4-9)代入,可得

$$\Delta I = G_L \Delta U = S \frac{\Phi_{\max} - \Phi_{\min}}{1 + G/G_L} \qquad (4-10)$$

通常 $G_L \gg G$,式(4-10)可简化为

$$\Delta I = S(\Phi_{\max} - \Phi_{\min}) = S\Delta\Phi \qquad (4-11)$$

(5) 计算输出电功率

由功率关系 $P = \Delta I \Delta U$ 可得

$$P = G_L \Delta U^2 = G_L \left(\frac{S\Delta\Phi}{G + G_L} \right)^2 \qquad (4-12)$$

4.2.2　光伏型器件光电信号输入电路

图 4-6(a)所示为光伏型光电器件的伏安特性,是一组以入射光功率为参量的曲线簇,分布在伏安坐标系的第四象限。由于器件的端电压 U 和电流 I 的方向相反,对外电路形成电势,因此具有赋能元件的性质,可对负载供电。具有这种伏安特性的光电器件包括光电池和工作于光电池状态下的光电二极管等。

我们知道,光电池的输出电流可以写成如下形式:

$$I = I_0(e^{U/U_T} - 1) - I_p \qquad (4-13)$$

式中,$U_T = KT/q \approx 26 \text{ mV}(T = 300 \text{ K 时}),I_p = SE$。如果使伏安特性倒转到第一象限,即对电流的正方向作相反的规定,那么伏安特性可表示为

$$I = I_p - I_0(e^{U/U_T} - 1)$$

或

$$U = U_T \ln \frac{I - (I_p + I_0)}{I_0} \qquad (4-14)$$

相应的等效电路表示为图 4-6(b)。光伏型光电器件输入电路的计算将根据前述的表达式和相应的伏安曲线以及电路方程进行。

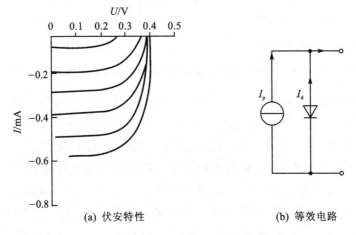

(a) 伏安特性　　　　　　　　(b) 等效电路

图 4-6　光伏型光电器件的伏安特性和等效电路

1. 光伏型器件输入电路的形式

对于光伏器件,输入电路的基本形式主要有三种,如图 4-7 所示。在图(a)的电路中,光

伏器件直接和负载电阻连接,这种电路称作无偏置电路;在图(b)的电路中,负载电阻上除串联光伏器件外尚有与器件端电压相反方向的偏置电源,组成反向偏置电路;图(c)是作为能量变换器使用的太阳能电池充电电路。通常光电池多采用图(a)和图(c)的电路,光电二极管多采用图(b)的电路。

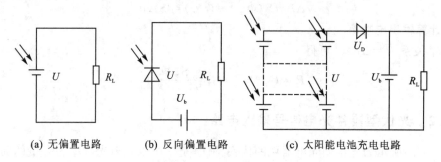

(a) 无偏置电路　　　　　(b) 反向偏置电路　　　　　(c) 太阳能电池充电电路

图 4 – 7　三种基本的光伏型光电输入电路

2. 无偏置输入电路的静态计算

图 4 – 8 给出了无偏置光电池输入电路的等效电路(图 a)及其计算图解(图 b)。对图(a)的回路建立电路方程,有

$$U = IR_\text{L}$$
$$I = I_\text{p} - I_0(\text{e}^{U/U_\text{T}} - 1) \tag{4-15}$$

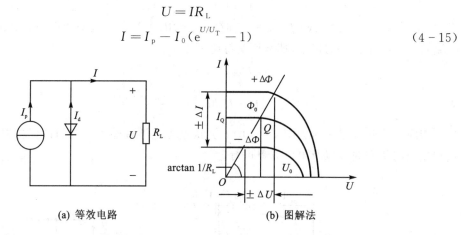

(a) 等效电路　　　　　　　　(b) 图解法

图 4 – 8　无偏置状态下光电池的输入等效电路和图解计算

利用图解计算法,对给定的输入光通量 Φ_0,只要选定负载电阻 R_L,工作点 Q 即可由负载线与光电池相应的伏安曲线的交点确定。该点处的电流 I_Q 与电压 U_Q 即为 R_L 上的输出值。相对 Φ_0 的光通量增量 $\pm\Phi$ 将形成对应的电流变化 $\pm\Delta I$ 和电压变化 $\pm\Delta U$。

由于光电池特性的非线性,负载电阻的选择会影响光电池的输出信号。例如在图 4 – 9 中,对应于光通量的增加量 $\Delta\Phi = \Phi_1 - \Phi_2$,在短路状态下(即 $R_\text{L} = 0$),输出电流增量 $\Delta I = I_\text{sc1} - I_\text{sc2}$,输出电压为零。随着 R_L 的增大,输出电压随之增大,直到某一临界电阻 R_M 之后负载上的电压变成饱和,而输出电流逐渐变小,如图 4 – 10 所示。另一方面,输入光通量也影响输入电路的工作状态。由图 4 – 9 中可以看出,对确定的负载电阻如 R_M,当输入光通量较小时,负载上的输出电流和电压近似地随入射光通量成正比例增加;而当入射光通量较大时,输出电流和电压逐渐呈现饱和状态。负载电阻愈大情况愈明显(如图中 R_2 的情况)。

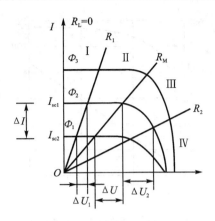

图 4 - 9　伏安特性曲线

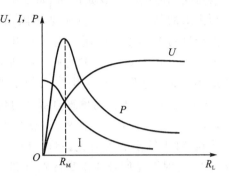

图 4 - 10　负载电阻对光电池输出电压、电流和功率的影响

可以利用式(4 - 15)定量地描述负载电阻和入射光通量对电路工作状态(I、U、P)的影响,即

$$I = I_p - I_0(e^{IR_L/U_T} - 1) \tag{4-16}$$

$$U = U_T \ln \frac{I_p - U/R_L + I_0}{I_0} \tag{4-17}$$

$$P = IU = \frac{U_T U}{R_L} \ln \frac{I_p - U/R_L + I_0}{I_0} \tag{4-18}$$

根据上述公式,在同一入射光通量下,负载电阻对光电池输出电压、电流、功率的影响曲线表示在图 4 - 10 中。

根据所选负载电阻的数值,光电池的工作状态可分为以下几种:

(1) 短路或线性电流放大

短路或线性电流放大是一种电流变换状态。在这种状态下,后续电流放大级作为负载从光电池中吸取最大的输出电流。为此要求负载电阻或后续放大电路的输入阻抗尽可能小。由图 4 - 9 中可看到:由于 R_L 很小,输出电流接近于短路电流,其工作区域为图 4 - 9 中的区域 I,它与光通量有良好的线性关系,即

$$I = I_p - I_0(e^{IR_L/U_T} - 1)\mid_{R_L \to 0} = I_{sc} = S\varPhi \tag{4-19}$$

和

$$\Delta I = S\Delta\varPhi \tag{4-20}$$

此外,在短路状态下,由于器件噪声电流较低,改善了信噪比,所以最适用于弱光信号的检测。短路电流随受光面积的大小而改变。同一片光电池的短路电流或低阻负载时的负载电流与受光面积的变化曲线表示在图 4 - 11 中,图中 A 为受光面积。

(2) 空载电压输出

空载电压输出是一种非线性电压变换状态。其工作区域为图 4 - 9 的区域 Ⅳ,此时光电池应通过高输入阻抗变换器与后续放大电路连接,相当于输出开路。开路电压可写成

$$U_{oc} = \frac{KT}{q} \ln\left(\frac{I_p}{I_0} + 1\right) \approx U_T \ln \frac{I_p}{I_0} = U_T \ln \frac{S\varPhi}{I_0} \tag{4-21}$$

式(4 - 21)表明光电池的开路电压随入射光通量增大并按对数规律增大,并且由于 I_p 与

光电池面积成正比,故同一光电池的开路电压与光
电池光敏面受光面积的对数成正比,如图4-11所
示。必须指出的是,开路电压并不会无限增大,它
的最大值受结势垒高度的限制。通常光电池的开
路电压为0.45～0.6 V,在入射光强从零到某一定
值做跳跃变化的光电开关等应用中,可简单地利用
U_{oc}的电压变化不需要加任何偏置电源即可组成控
制电路,这是它的一个优点。此外,由伏安特性曲
线可以看到,对于较小的入射光通量,开路电压输
出变化较大,这对弱光信号的检测特别有利。但光
电池开路电压与入射光功率呈非线性关系,同时受
温度影响大,其频率特性也不理想,如果希望得到

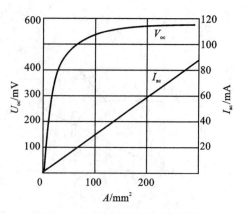

图4-11　短路电流和开路电压
随受光面积的变化曲线

大的电压输出,则不如采用光电二极管或光电三极管等。

(3) 线性电压输出

从图4-9中的区域Ⅱ可见,这种工作状态在串联的负载电阻上能得到与输入光通量近似
成正比的信号电压,负载电阻增大有助于提高输出电压。但当增大到一定的临界值时,输出信
号开始发生非线性畸变。为了确定负载电阻的临界条件,可将式(4-16)展开成幂级数形
式,得

$$I = S\Phi - \frac{IR_L}{U_T}I_0\left[1 + \frac{1}{2!}\left(\frac{IR_L}{U_T}\right) + \frac{1}{3!}\left(\frac{IR_L}{U_T}\right)^2 + \cdots\right]$$

当$\frac{IR_L}{U_T} \ll 1$时,忽略高阶项,上式可简化为

$$I = \frac{S\Phi}{1 + I_0R_L/U_T}$$

由于$I_0 \ll I$,故只要满足条件

$$\frac{IR_L}{U_T} \ll 1$$

就可以得到输出电流和输入光功率的线性关系,即$I = S\Phi$。

令最大线性允许光电流为I_M,相应的光通量为Φ_M,则可得到输出最大线性电压的临界负
载电阻R_M为

$$R_M \ll \frac{U_T}{I_M} = \frac{26\text{ mV}}{S\Phi_M} \tag{4-22}$$

对应于$\Phi_{max} \pm \Delta\Phi$的输入光功率变化,负载上的电压信号变化为

$$\Delta U = R_M\Delta I_p = \frac{26\text{ mV}}{S\Phi_M}S\Delta\Phi = 26\text{ mV}\frac{\Delta\Phi}{\Phi_{max}} \tag{4-23}$$

在线性关系要求不高的情况下,可以利用图解法简单地得到临界电阻R_M的值。如
图4-12所示,在电压轴上作临界电压$U_M = 0.7U_{oc}$的垂直线,与对应的伏安曲线相交于M
点,这样也可以得到临界电阻的负载线。

由于临界电阻R_M上的电压U_M为

$$U_M \approx R_M I_M = 0.7U_{oc}$$

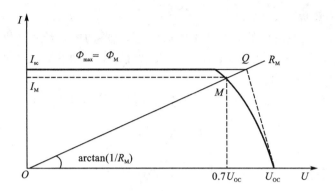

图 4 - 12　光电池近似线性区间的确定

因此,R_M 可近似计算为

$$R_M \leqslant \frac{0.7U_{oc}}{I_p} = \frac{0.7U_{oc}}{S\Phi_{max}} \qquad (4-24)$$

式中,U_{oc} 是对应 Φ_{max} 时的值,倍数 0.7 是经验数据。对应的输出电压变化为

$$\Delta U = R_M \Delta I_p = \frac{0.7U_{oc}}{S\Phi_{max}} S \cdot \Delta\Phi = 0.7U_{oc}\frac{\Delta\Phi}{\Phi_{max}} \qquad (4-25)$$

4.2.3　可变电阻型器体光电信号输入电路

图 4 - 13 给出了阻值随输入光通量改变的光敏电阻的伏安特性,是一组以输入光功率为参量的通过原点的直线簇。由图中可以看出,在一定范围内光敏电阻的阻值不随外加电压改变,仅取决于输入光通量 Φ 或光照度 E,并有

$$R = \frac{U}{I} = \frac{1}{G} = \frac{1}{G_p + G_d}$$

式中,G 为亮电导;G_p 为光电导;G_d 为暗电导。

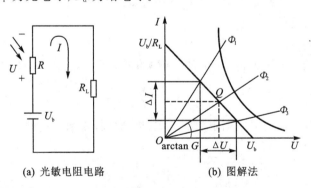

(a) 光敏电阻电路　　　　　(b) 图解法

图 4 - 13　最简单的光敏电阻电路和电路图解计算

阻值随温度改变的热敏电阻也属可变电阻型器件,其电阻值表达式为

$$R_T = R_0(1 + \alpha T)$$

式中,R_T 为温度 T 时的电阻;R_0 为温度 $T=0$ 时的电阻;α 为电阻温度系数,T 为温度。当温度变化 ΔT 时,电阻的变化量 ΔR_T 为

$$\Delta R_T = R_0 \alpha \Delta T$$

1. 简单输入电路

图 4-13(a)所示为最简单的光敏电阻输入电路,电路的图解计算法表示在图(b)中。由于是线性电路,故其图解计算比较简单,在建立负载线之后即可确定对应于输入光通量 $\Phi_1\sim\Phi_3$ 变化的负载电阻上的输出信号。

电路的工作状态也可以用解析法按线性电路规律计算,由图(a)有

$$I_{\mathrm{L}} = \frac{U_{\mathrm{b}}}{R+R_{\mathrm{L}}} \tag{4-26}$$

$$U_{\mathrm{L}} = \frac{R_{\mathrm{L}}}{R+R_{\mathrm{L}}} U_{\mathrm{b}} \tag{4-27}$$

当输入光通量变化时,光敏电阻阻值变化 ΔR,从而引起负载电流变化 ΔI;将式(4-26)对 R 求微分,可得

$$\Delta I_{\mathrm{L}} = \frac{-U_{\mathrm{b}}}{(R+R_{\mathrm{L}})^2}\Delta R$$

由于 G_{p} 可以写成下列形式:

$$G_{\mathrm{p}} = SE = S\Phi$$

由 $R = \dfrac{1}{G_{\mathrm{p}}+G_{\mathrm{d}}}$ 得

$$\Delta R = \frac{-S\Delta\Phi}{(G_{\mathrm{p}}+G_{\mathrm{d}})^2} = -R^2 S\Delta\Phi$$

故

$$\Delta I_{\mathrm{L}} = \frac{R^2 U_{\mathrm{b}} S^2}{(R+R_{\mathrm{L}})^2}\Delta\Phi \tag{4-28}$$

$$\Delta U_{\mathrm{L}} = R_{\mathrm{L}}\Delta I_{\mathrm{L}} = \frac{R^2 U_{\mathrm{b}} S}{(R+R_{\mathrm{L}})^2} R_{\mathrm{L}}\Delta\Phi \tag{4-29}$$

式(4-28)和式(4-29)给出了由于输出光通量的变化 $\Delta\Phi$ 引起的负载电流和电压的变化量。下面讨论两种典型的工作状态。

(1) 恒流偏置

在负载电阻比光敏电阻大得多(即 $R_{\mathrm{L}}\gg R$)的情况下,式(4-26)变成

$$I_{\mathrm{L}} = \frac{U_{\mathrm{b}}}{R_{\mathrm{L}}}$$

这时候可以认为负载电流与光敏电阻阻值无关,近似保持常数。这种电路称作恒流偏置电路。同样道理,式(4-28)可变成

$$\Delta I_{\mathrm{L}} = SU_{\mathrm{b}}\left(\frac{R}{R_{\mathrm{L}}}\right)^2\Delta\Phi \tag{4-30}$$

式(4-30)表明输出信号电流取决于光敏电阻和负载电阻的比值,与偏置电压成正比。此外可以证明恒流偏置的电压信噪比较高,因此适用于高灵敏度测量,这是它的优点。但是由于 R_{L} 很大,为使光敏电阻正常工作的偏置电压则需要很高(100 V 以上),这给使用带来不便。通常可用晶体管来实现恒流偏置。

(2) 恒压偏置

如果选取 $R_{\mathrm{L}}\ll R$,则加在光敏电阻上的电压近似为电源电压 U_{b},与 R 无关。这种偏置称

为恒压偏置。当响应度要求不是太高,而检测器本身噪声又比较大时,一般都采用这种偏置电路。负载 R_L 上的信号电压由式(4-29)变成

$$\Delta U_L = SU_b R_L \Delta \Phi \tag{4-31}$$

式(4-31)表明恒压偏置的输出信号与光敏电阻的阻值无关,仅取决于 $S\Delta \Phi$ 即光电导的相对变化。这样,检测电路在更换光敏电阻值时对电路初始状态影响不大,这是该种电路的优点。

2. 电桥输入电路

为避免可变电阻型器件受环境温度的影响常采用电桥电路(见图 4-14)。以热敏电阻为例,选择性能相同的两个热敏电阻 R_{T1} 和 R_{T2} 作电桥测量臂的电阻,普通电阻作为补偿臂电阻,外加电源电压为 U_b。在无外来辐射照射时,调节补偿电阻 R_2,使电桥平衡。此时

$$R_{T1} R_2 = R_{T2} R_1$$

电桥输出信号为 $U_o=0$。当有辐射作用于热敏电阻 R_{T1} 上时,温升 ΔT 引起电阻的改变为

$$R_{T1} = R_{01} + \Delta R$$

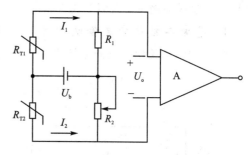

图 4-14　热敏电阻电桥电路

式中,R_{01} 为热敏电阻,R_{T1} 为暗电阻。此时电桥平衡破坏,开路电压 U_o 为

$$U_o = \frac{U_b(R_{01} + \Delta R)}{R_{01} + R_1 + \Delta R} - \frac{U_b R_{T2}}{R_{T2} + R_2} = \frac{U_b R_2 \Delta R}{(R_{01} + R_1 + \Delta R)(R_{T2} + R_2)}$$

在弱辐射作用下有 $\Delta R \ll R_{01} + R_1$,取 $R_1 = R_2 = R$ 和 $R_{01} = R_{02} = R_0$,其中 R_{02} 是 R_{T2} 的暗电阻。因此上式可改写为

$$U_0 = \frac{U_b R}{(R_0 + R)^2} \Delta R \tag{4-32}$$

由式(4-32)可见输出电压 U_o 与热敏电阻变化量 ΔR 成正比,并与补偿臂电阻 R 有关。令

$$\frac{dU_0}{dR} = 0$$

可计算出当 $R = R_0$ 时 U_o 取最大值为

$$U_{0,\max} = \frac{U_b}{4} \frac{\Delta R}{R} \tag{4-33}$$

4.3　光电信号检测电路的动态计算

在许多场合下,光电检测电路接收到的是随时间变化的光信号,如瞬变光信号或各种类型的调制光信号,这类信号称为交变光信号。其特点是信号中包含着丰富的频率分量,当信号微弱时,还需要多级放大等。与缓变光信号检测电路的设计不同,在分析和设计交变光信号检测电路时,需要解决下面的动态计算问题:

① 确定检测电路的动态工作状态,使在交变光信号作用下负载上能获得最小非线性失真的电信号输出;

② 使检测电路具有足够宽的频率响应,以能对复杂的瞬变光信号或周期光信号进行无频率失真的变换和传输。

本节将分别讨论这两方面的问题。

4.3.1　光电信号输入电路的动态计算

为提供光电检测器件正常的工作条件,首先要在交变光信号输入电路中建立直流工作点。另一方面输入电路和后续电路通常是依靠阻容连接等多种方式相耦合的,后续电路的等效输入阻抗将和输入电路的直流负载电阻并联作为检测器的交流负载。这是不同于上一节中静态计算的主要区别之一。现以光电二极管和光电池为例介绍其交流检测电路的动态计算方法。

1. 光电二极管交流检测电路

图 4 - 15(a)给出了反向偏置光电二极管交流检测电路的基本形式。

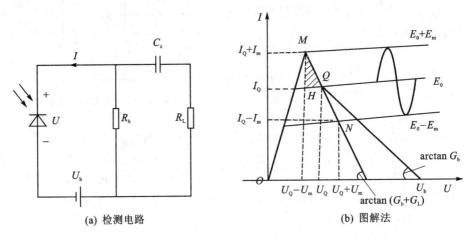

(a) 检测电路　　　　　　　　　(b) 图解法

图 4 - 15　反向偏置光电二极管交流检测电路及图解计算

首先确定在交变光信号作用下电路的最佳工作状态。假定输入光照度为正弦变化,即 $e = E_0 + E_m \sin \omega t$,光照度的变化范围为 $E_0 \pm E_m$。若在信号通频带范围内,耦合电容 C_c 可认为是短路,则等效交流负载电阻是 R_b 和 R_L 的并联。对应的交流负载线 MN 应该通过特性曲线的转折点 M(见图 4 - 15(b)),以便能充分利用器件的线性区间,其斜率由 R_b 和 R_L 的并联电阻决定。交流负载线与光照度 $E = E_0$ 对应的伏安特性相交于 Q 点。该点对应交变输入光照度的直流分量,是输入直流偏置电路的静态工作点。通过 Q 点作直流负载线可以图解得到偏置电阻 R_b 和电源 U_b 的值。下面计算负载 R_L 上的输出电压和输出功率值。

负载电阻上的输出电压峰值 U_m 可利用图(b)中阴影线三角形 MHQ 的数值关系计算。若交流负载线的斜率是 $-(G_L + G_b)$,设交流负载总电流峰值为 I_m,则有

$$U_m = \frac{I_m}{G_L + G_b}$$

此外,在图中的线段 $\overline{MN}$ 上有电流关系

$$I_m = S_E E_m - G U_m$$

代入上式,有

$$U_m = \frac{S_E E_m}{G_b + G_L + G} \tag{4-34}$$

负载电阻 R_L 上的输出功率 P_L 为

$$P_L = \frac{1}{\sqrt{2}} I_L \frac{1}{\sqrt{2}} U_m = \frac{1}{2} I_L U_m$$

式中，$I_L(I_L = U_m/R_L = G_L U_m)$ 是负载 R_L 上的电流峰值。将式(4-34)代入上式，有

$$P_L = \frac{G_L}{2} \left(\frac{S_E E_m}{G_b + G_L + G} \right)^2 \tag{4-35}$$

由 P_L 对 R_L 求偏微分，计算最大功率输出下的负载电阻 $R_{L0} = 1/G_{L0}$，可得

$$G_{L0} = G_b + G$$

把上式代入式(4-34)和式(4-35)，可得阻抗匹配条件下负载的输出电压峰值 U_{m0}、最大输出功率有效值 P_{Lm} 和输出电流峰值 I_{m0} 为

$$U_{m0} = \frac{S_E E_m}{2G_{L0}} \tag{4-36}$$

$$P_{Lm} = \frac{(S_E E_m)^2}{8G_{L0}} = \frac{1}{2} G_{L0} U_{m0}^2 \tag{4-37}$$

$$I_{m0} = 2P_{Lm}/U_{m0} = \frac{1}{2} S_E E_m \tag{4-38}$$

最大功率输出条件的直流偏置电阻 R_{b0} 和电源电压 U_b 可用解析法计算。静态工作点 Q 的伏安特性为

$$I_Q = G U_Q + S_E E_0$$

由直流负载线得

$$I_Q = (U_b - U_Q) G_b$$

求解以上二式，得

$$U_Q = \frac{G_b U_b - S_E E_0}{G + G_b}$$

此外，在电压轴上工作点 Q 处的电压 U_Q 为

$$U_Q = U_{m0} + U_M = \frac{S_E E_m}{2(G_b + G)} + U_M$$

比较前二式可计算出 G_{b0} 或 R_{b0} 为

$$G_{b0} = \frac{S_E(E_m + 2E_0) + 2G U_M}{2(U_b - U_M)}$$

或

$$R_{b0} = \frac{2(U_b - U_M)}{S_E(E_m + 2E_0) + 2G U_M} \tag{4-39}$$

2. 光电池交流检测电路

图 4-16(a)所示为光电池交流检测电路，图(b)所示为处于线性区域的工作特性图解，图中直流负载是通过原点且斜率为 G_b 的直线。当输入光照度为 $e = E_0 + E_m \sin \omega t$ 时，光电池特性曲线中对应于 $E = E_0$ 的曲线与直流负载线相交于 Q 点，Q 是静态工作点。交流负载线通过 Q 点，斜率为 $G_b + G_L$，该负载线与最大输入光照度 $e_m = E_0 + E_m$ 对应的光电池曲线相交于 M 点。M 点的电压 U_M 应满足

$$U_M = U_Q + U_m \leqslant 0.7 U_{oc} \tag{4-40}$$

式中,U_m 为与正弦输入的光照度相对应的输出电压峰值。

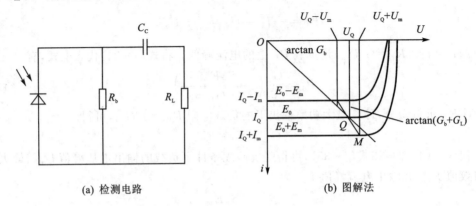

(a) 检测电路　　　　　　　　　　(b) 图解法

图 4 - 16　光电池交流检测电路及其图解计算

对于 $G_L = G_b = G_{L0}$ 的最大功率输出条件下的输出电压、功率和电流有类似式(4 - 36)、式(4 - 37)和式(4 - 38)的形式。偏置电阻的数值可计算为

$$R_{b0} = R_{L0} = \frac{2U_M}{S_E(2E_0 + E_m)} \qquad (4 - 41)$$

4.3.2　光电检测电路的频率特性

我们知道,由于光电器件自身的惯性和检测电路的耦合电容、分布电容等非电阻性参数的存在,故光电检测电路需要一个过渡过程才能对快速变化的输入光信号建立稳定的响应。通常采用时域分析法和频域分析法来表征这种动态响应能力,在检测技术中常采用频域分析法。需要指出的是,当光电器件以各种耦合方式和电路器件组成检测电路时,其综合动态特性不仅与光电器件本身有关,而且主要取决于电路的形式和阻容参数,需要进行合理的设计才能充分发挥器件的固有性质,达到预期的动态要求。工程上描述检测通道频率响应的参数是通道的通频带 ΔF,它是检测电路上限和下限截止频率所包括的频率范围。ΔF 愈大,信号通过能力愈强。本小节将以器件等效电路为基础,介绍检测电路的频率特性,并给出根据被测信号的技术要求设计检测电路的实例。

1. 光电检测电路的高频特性

除热释电检测器件外,大多数的光电、热电检测器件对检测电路的影响突出地表现在对高频光信号响应的衰减上,因此首先讨论光电检测电路的高频特性。现以图 4 - 15 所示的反向偏置光电二极管交流检测电路为例,而该电路的微变等效电路如图 4 - 17 所示。图中 $e = E_0 + E_m \sin \omega t$ 为输入光照度,i_L 为负载电流,C_j 为光电二极管的结电容,i_b 为偏置电流,i_j 为结电容电流,i_g 为光电二极管反向漏电流。

图中忽略了耦合电容 C_C 的影响,这是因为对于高频信号 C_C 可以认为是短路的。由图可得负载电压相量

$$\dot{U}_L = \frac{S_E \dot{E}}{g + G_L + G_b + \mathrm{j}\omega C_j}, \quad \dot{I}_L = \dot{U}_L / R_L \qquad (4 - 42)$$

式中各光、电量均为复数值。

将式(4 - 42)改写成下述形式:

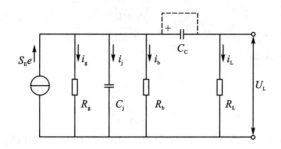

图 4 - 17　反向偏置光电二极管检测电路微变等效电路图

$$\dot{U}_L = \frac{S_E\dot{E}/(g+G_L+G_b)}{1+j\omega\left(\dfrac{C_j}{g+G_L+G_b}\right)} = \frac{S_E\dot{E}/(g+G_L+G_b)}{1+j\omega\,\tau} \qquad (4-43)$$

式中，$\tau = \dfrac{C_j}{g+G_L+G_b}$ 为检测电路的时间常数，上限频率 $f_H = \dfrac{1}{2\pi\tau}$。可见检测电路的频率特性不仅与光电二极管参数 C_j 和 g 有关，而且还取决于放大电路的参数 G_L 和 G_b。

对应检测电路的不同工作状态，频率特性式(4-43)可有不同的简化形式。

① 给定输入光照度，希望在负载上获取最大功率输出时，要求满足

$$R_L = R_b \quad 和 \quad g \ll G_b$$

此时

$$U_L = \frac{\dfrac{R_L}{2}S_E\dot{E}}{1+j\omega\tau} \qquad (4-44)$$

时间常数和上限频率分别为

$$\left.\begin{array}{l} \tau = \dfrac{R_L}{2}C_j \\[2mm] f_H = \dfrac{1}{2\pi\tau} = \dfrac{1}{\pi R_L C_j} \end{array}\right\} \qquad (4-45)$$

② 电压放大时，希望在负载上获得最大电压输出，要求满足

$$R_L \gg R_b（例如 R_L \geqslant 10R_b） \quad 且 g \ll G_b$$

此时

$$U_L = \frac{S_E\dot{E}R_b}{1+j\omega\,\tau} \qquad (4-46)$$

时间常数和上限频率分别为

$$\left.\begin{array}{l} \tau = R_bC_j \\[2mm] f_H = \dfrac{1}{2\pi R_b C_j} \end{array}\right\} \qquad (4-47)$$

③ 电流放大时，希望在负载上获取最大电流，要求满足

$$R_L \ll R_b \quad 且 g 很小$$

此时

$$U_L = \frac{S_E \dot{E} R_L}{1 + j\omega\,\tau} \qquad\qquad (4-48)$$

时间常数和上限频率分别为

$$\left.\begin{array}{l} \tau = R_L C_j \\[2mm] f_H = \dfrac{1}{2\pi R_L C_j} \end{array}\right\} \qquad (4-49)$$

由式(4-43)可见,为了从光电二极管中得到足够的信号功率和电压,负载电阻 R_L 和 R_b 不能很小。但阻值过大又会使高频截止频率下降,由此降低了通频带宽度,因此负载的选择要根据增益和带宽的要求综合考虑。只有在电流放大的情况下才允许 R_L 取得很小,并通过后级放大得到足够的信号增益。因此,常常采用低输入阻抗、高增益的电流放大器使检测器件工作在电流放大状态,以提高频率响应。而放大器的高增益可在不改变信号通频带的前提下提高信号的输出电压。

2. 光电检测电路的综合频率特性

在前面的讨论中为了强调说明负载电阻对频率特性的影响,忽略了电路中隔直电容和分布电容等的影响,而这些参数是确定电路通频带的重要因素。下面介绍检测电路的综合频率特性。

图4-18(a)所示为光电二极管交流检测电路,图(b)所示为其等效电路,图中 C_0 是电路的布线电容,C_i 是放大器的输入电容,C_c 是级间耦合电容。输入电路的频率特性可写成

$$W(j\omega) = \frac{\dot{U}_L(j\omega)}{E(j\omega)} = \frac{KT_0 j\omega}{(1 + jT_1\omega)(1 + jT_2\omega)} \qquad (4-50)$$

式中

$$K = \frac{S_E R_g R_b}{R_g + R_b}$$

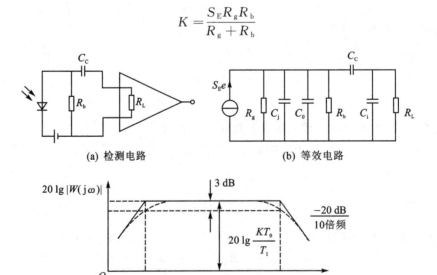

(a) 检测电路　　　　　　　　　　(b) 等效电路

(c) 对数频率特性

图 4-18　光电二极管交流检测电路及其等效电路和对数频率特性

当 $R_g \gg R_b$ 时,有 $K = S_E R_b$。式(4-50)中,$T_1 = T_2 = T(1 \pm \sqrt{1 - 4T_3^2/T^2})$;$T_3^2 = T_4 T_5 + T_4 T_6 + T_6 T_0$;$T_4 = C_i(R_L /\!\!/ R_b) = C_i/(G_L + G_b)$;$T_5 = C_C(R_b /\!\!/ R_g) = R_b C_C$;$T_6 = (C_0 + C_j)(R_b /\!\!/ R_g) = (C_0 + C_j)/(G_b + G_g)$;$T_0 = C_0 R_L$;$T = T_4 + T_5 + T_6 + T_0$;$KT_0 \approx S_E R_b R_L C_0$。

输入电路的振幅频率特性 $|W(j\omega)|$ 可表示为

$$|W(j\omega)| = \frac{KT_0 \omega}{\sqrt{(1 + T_1^2 \omega^2)(1 + T_2^2 \omega^2)}} \qquad (4-51)$$

将式(4-51)用对数表示时,可以得到对数频率特性,即

$$20\lg |W(j\omega)| = 20\lg(KT_0 \omega) - 20\lg(T_1 \omega) - 20\lg(T_2 \omega) \qquad (4-52)$$

式(4-52)的图解可表示在图4-18(c)中。图中的虚线表示实际的对数特性,折线是规整化的特性。

由图中可以看到综合对数频率特性可分为三个频段:高频段、中频段和低频段。

(1) 高频段（$\omega > \omega_2 = 1/T_2$）

在此频段内,频率特性可简化为

$$W_H(j\omega) = \frac{KT_0/T_1}{1 + jT_2 \omega} \qquad (4-53)$$

对应的对数频率特性曲线以 -20 dB/(10 倍频程)的斜率下降,在 $\omega = \omega_2 = 1/T_2$ 处曲线数值比中频段下降 3 dB。而 ω_2 称做高频或上限截止频率。频率特性的高频衰减主要是因为电路中各电容给出的容抗 $1/(j\omega C_0)$,$1/(j\omega C_j)$ 和 $1/(j\omega C_i)$ 随 ω 的增加而减少,电容分流作用的加大使输出信号变小的缘故。

(2) 中频段（$\omega_1 < \omega < \omega_2$）

在此频段的中心频率为 ω_0,频率满足 $\omega T_1 \gg 1$ 和 $\omega T_2 \ll 1$,相应的频率特性为

$$W_M(j\omega) = KT_0/T_1 = 常数 \qquad (4-54)$$

这表明在中频段范围内输入电路可看作理想的比例环节。通常将 $\omega_1 = 1/T_1$ 到 $\omega_2 = 1/T_2$ 之间的频率区间称做电路的通频带。

(3) 低频段（$\omega < \omega_1 = 1/T_1$）

在此频段内的频率特性可简化为

$$W_L(j\omega) = \frac{jKT_0 \omega}{1 + jT_1 \omega} \qquad (4-55)$$

相应的对数频率特性曲线以 20 dB/(10 倍频程)的斜率上升,在 $\omega = \omega_1 = 1/T_1$ 处曲线转平,曲线数值比中频段下降 3 dB,ω_1 称做低频或下限截止频率,这是检测电路可能检测的低频信号的极限。频率特性低频衰减的物理原因是电路中串联耦合电容 C_C 的容抗 $1/j\omega C_C$ 随 ω 的减少而增大,信号在电容上压降的提高使输出信号变小。

3. 光电检测电路频率特性的设计

在保证所需检测灵敏度的前提下获得最好的线性不失真和频率不失真是光电检测电路设计的两个基本要求,前者属于静态设计的基本内容,后者是检测电路频率特性设计需要解决的问题。多数情况下快速变化的复杂信号可以看做是若干不同谐波分量的叠加,对于确定的环节,描述它对不同谐波输入信号的响应能力的频率特性是唯一确定的,对于多级检测系统可以用其组成单元的频率特性间的简单计算得到系统的综合频率特性,有利于复杂系统的综合分析。

信号的频率失真会使某些谐波分量的幅度和相位发生变化导致合成波形的畸变。因此,为避免频率失真,保证信号的全部频谱分量不产生非均匀的幅度衰减和附加的相位变化,检测

电路的通频带应以足够的宽裕度覆盖住光信号的频谱分布。检测电路频率特性的设计大体包括下列三个基本内容：

　　① 对输入光信号进行傅里叶频谱分析，确定信号的频谱分布；

　　② 确定多级光电检测电路的允许通频带宽和上限截止频率；

　　③ 根据级联系统的带宽计算方法，确定单级检测电路的阻容参数。

　　下面通过一个实例说明频率特性设计的方法。

　　［例］　用 2DU1 型光电二极管和两级相同的放大器组成光电检测电路。被测光信号的波形如图 4 - 19 所示，脉冲重复频率 $f = 200$ kHz，脉宽 $t_0 = 0.5$ μs，脉冲幅度 1V，设光电二极管的结电容 $C_j = 3$ pF，输入电路的分布电容 $C_0 = 5$ pF，设计该电路的阻容参数。

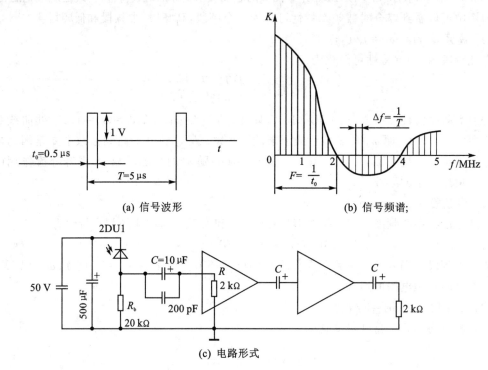

(a) 信号波形　　　　　　　　　　(b) 信号频谱;

(c) 电路形式

图 4 - 19　光电检测电路

　　解：(1) 首先分析输入光信号频谱，确定检测电路的总频带宽度。

　　根据傅里叶变换函数表，对应图 4 - 19(a) 的时序信号波形，可以得到如图 4 - 19(b) 所示的频谱分布图。周期为 $T = 1/f$ 的方波脉冲时序信号，其频谱是离散的，谱线的频率间隔为

$$\Delta f = 1/T = 1/5 \ \mu s = 200 \ kHz$$

频谱包络线零值点的分布间隔为

$$F = 1/t_0 = 1/0.5 \ \mu s = 2 \ MHz$$

　　选取频谱包络线的第二峰值作为信号的高频截止频率，如图所示对应第二波峰包含 15 个谐波成分，高频截止频率 f_{HC} 取为

$$f_{HC} = 200 \ kHz \times 15 = 3 \ MHz$$

此时可认为是不失真传输。

　　频谱的零频分量确定信号的直流成分，不影响变化的波形。但为采用交流放大可利用阻

容耦合电容隔直。可取低频截止频率为 200 Hz,则检测放大器的总频带宽由 $f_{HC}=3$ MHz,$f_{LC}=200$ Hz 可得,带宽近似为 $\Delta F\approx 3$ MHz。

（2）确定级联各级电路的频带宽

根据设计要求,检测电路由输入电路和两级相同的放大器串联而成。设三级带宽相同,根据电子学中系统频带宽的计算公式,相同的 n 级级联放大器的高频截止频率 f_{nHC} 为

$$f_{nHC}=f_H\sqrt{2^{1/n}-1} \tag{4-56}$$

式中,f_H 为单级高频截止频率。

将 $f_{nHC}=f_{HC}=3$ MHz 和 $n=3$ 代入上式,可算出单级高频截止频率 f_H,即

$$f_H=\frac{3}{\sqrt{2^{1/3}-1}}\text{ MHz}=\frac{3}{0.51}\text{MHz}\approx 6\text{ MHz}$$

即单级高频截止频率为 6 MHz。

类似地,单级低频截止频率 f_L 和多级低频截止频率 f_{nLC} 之间有下列关系：

$$f_{nLC}=\frac{f_L}{\sqrt{2^{1/n}-1}} \tag{4-57}$$

对于 $f_{nLC}=f_{LC}=200$ Hz,可据此计算出 $f_L=102$ Hz。

（3）计算输入电路参数

带宽为 6 MHz 的输入电路宜采用电流放大方式,此时利用前述有关式子可计算出

$$R_L=\frac{1}{2\pi f_H(C_j+C_0)}=\frac{1}{2\pi\times 6\times 10^6\times 8\times 10^{-12}}\ \Omega\approx 3.3\text{ k}\Omega$$

若选 R_L 为 2 kΩ,此处 R_L 为后级放大器的输入阻抗,为保证 $R_L\ll R_b$,取 $R_b=(10\sim 20)R_L$,即 $R_b=10R_L=20$ kΩ。

耦合电容 C 的值是由低频截止频率决定的。由

$$f_L=\frac{1}{2\pi(R_L+R_b)C}$$

和 $f_L=102$ Hz,计算 C 值为

$$C=\frac{1}{6.28\times 22\times 10^3\times 10^2}\text{ F}=0.07\ \mu\text{F}$$

取 $C=1$ μF,对于第一级耦合电容可适当增大 10 倍,取电容值为 10 μF。

（4）选择放大电路

选用二级通用的宽带运算放大器,放大器输入阻抗小于 2 kΩ,放大器通频带要求为 6 MHz,取为 10 MHz。

按前述计算得到的检测电路如图 4-19(c)所示。图中,输入电路的直流电源电压为 50 V,低于 2DU1 型光电二极管的最大反向电压。并联 500 μF 电容用以滤除电源的波动。为减少 C 电解电容寄生电感的影响,并联了 $C_p=200$ pF 的电容。

4.4　光电信号检测电路的噪声

检测器在光电转换过程中,不仅给出检测信号电压或信号电流,还会伴随输出无用或虚假的信号(即噪声电压或噪声电流)。噪声是一种随机过程,它的波形和瞬时振幅以及相位都随

时间无规则变化,因此无法精确测量,所以不能当做具体的处理对象,而只能用统计的理论和方法去处理。

根据噪声产生的原因,可以把噪声分为系统的外部噪声和内部噪声两种。外部噪声实际上属于外部扰动,包括辐射源的随机波动和附加的光调制、光路传输介质的湍流和背景起伏、杂散光的入射以及检测系统所受到的电磁干扰等。这些扰动可以通过稳定辐射光源、遮断杂光、选择偏振面或滤色光片以及电气屏蔽、电干扰滤波等措施加以改善或消除。系统的内部噪声主要是光电检测器件和检测电路等的器件固有噪声,这种噪声是基本物理过程所决定的,是不可能人为消除的。光电信号的处理过程中,核心问题之一就是有关噪声干扰的分析以及如何从噪声中提取微弱的有用信号。由于内部噪声是随机起伏的,覆盖在很宽的频谱范围内,它们和有用信号同时存在,相互混淆,这显然会影响到信号检测的准确性,限制了检测系统分辨率的提高。因此,在光电检测电路设计中要进行综合噪声估算,以确保可靠检测所必需的信噪比。

4.4.1　检测电路的噪声等效处理

光辐射检测器中存在的内部噪声主要有热噪声、散粒噪声、半导体中产生的复合噪声、温度噪声和闪烁(或 1/f)噪声。一个检测系统中,检测器产生的噪声对系统性能的影响比系统中前置放大器和其他信号处理部件所产生的噪声要大得多。所以了解这些噪声的性质,降低检测器的噪声,对系统的构成和性能的改善十分重要。一般光电检测器件中的主要噪声来源是热噪声和散粒噪声,下面对光电检测器件的噪声作一简要介绍,然后讨论等效噪声电路。

1. 噪　声

(1) 热噪声

在任何导电体中,由于电子不停地无规则热运动,形成与此相应的瞬时无规则电流。虽然该电流在长时间内平均值为零,但在短时间间隔或导体局部却可产生电流的无规则起伏而形成噪声。由于电子无规则热运动的均方速率与热力学温度成正比,所以称这样产生的噪声为热噪声,它是电阻性电路器件的共性噪声。噪声电压均方值取决于材料的温度,并有关系式

$$U_\mathrm{T}^2 = 4kT \int_{f_1}^{f_2} R(f)\mathrm{d}f \tag{4-58}$$

式中,k 为波耳兹曼常数;T 为材料的热力学温度;$R(f)$ 表示电阻随频率的变化关系;$\Delta f = f_2 - f_1$ 为热噪声的频谱分布宽度。

在纯电阻的简单情况下,R 与频谱无关,式(4-58)变为

$$U_\mathrm{T}^2 = 4kTR\Delta f \tag{4-59}$$

相应的噪声电流均方值为

$$I_\mathrm{T}^2 = 4kT\Delta f / R$$

在温度一定时,热噪声只与电阻和通带有关,故热噪声又称电阻噪声或白噪声。这种噪声在任何频率上单位带宽中的功率具有同样数值,与频率高低无关。其噪声功率随频率的分布是平坦的。当所取的带宽愈大,噪声功率也愈大。当然并不是带宽无限增高,噪声功率会无限增大。在常温下,式(4-59)可适合于 10^{12} Hz 频率以下范围。

当温度为 $T = 300$ K 时,$kT = 4.14 \times 10^{-21}$ J,电阻的噪声电压和电流有效值变成

$$U_\mathrm{T} = \sqrt{4kTR\Delta f} = 1.29\sqrt{R\Delta f} \times 10^{-10} \mathrm{J}^{\frac{1}{2}}$$

$$I_{\mathrm{T}} = 1.29\sqrt{\Delta f / R} \times 10^{-10}\,\mathrm{J}^{\frac{1}{2}}$$

例如,对于室温下的 1 MΩ 电阻,如果检测电路的放大倍数为 1,则在电路通频带为 $\Delta f =$ 30 kHz 时输出的热噪声电压有效值为 22.3 μV,通频带为 10 MHz 时为 400 μV,而整个白噪声的输出电压为 413 mV。由此可见,检测电路通频带对白噪声输出电压有很强的抑制作用,如图 4 - 20 (a)所示。

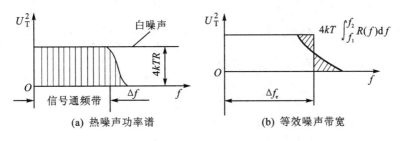

(a) 热噪声功率谱　　　　　　　　(b) 等效噪声带宽

图 4 - 20　热噪声的功率谱分布和等效噪声带宽

(2) 散粒噪声

光电检测器中的散粒噪声是光辐射和光电流的随机起伏造成的。在光电管中,光电子从材料表面逸出的随机性和 PN 结中载流子过结数目的随机性都是这种散粒噪声源。此外,光辐射中光子到达率的起伏在某些检测器光电转换后也表现为散粒噪声。散粒噪声还存在于晶体二极管和三极管中。

散粒噪声的量值不取决于温度,而由流过器件的平均电流决定。若器件的通频带为 Δf,它的散粒噪声电流均方值为

$$I_{\mathrm{n}}^2 = 2qI_{\mathrm{DC}}\Delta f$$

式中,q 为电子电荷量;I_{DC} 为光电流平均值。

相应的噪声电流有效值 I_{n} 和在负载电阻上引起的噪声电压 U_{n} 分别为

$$I_{\mathrm{n}} = \sqrt{2qI_{\mathrm{DC}}\Delta f} \tag{4-60}$$

$$U_{\mathrm{n}} = I_{\mathrm{n}}R = R\sqrt{2qI_{\mathrm{DC}}\Delta f} \tag{4-61}$$

可以看出,散粒噪声也是与频率无关的白噪声。

2. 等效噪声电路

光电检测器输入电路由光电器件和阻容元件组合而成,电路的噪声不仅来源于光电器件,而且受电路器件特别是前级输入电路器件的影响。对这些不同类型的元件,在作噪声估算时,为了计算方便,工程上常常要进行等效处理,即将各种器件的噪声等效为相同形式的均方值(或有效值)电流源的形式,这样便于与其他电路器件一起以统一的方式建立起等效噪声电路。

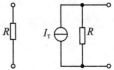

简单电阻的噪声等效电路表示在图 4 - 21 中,它由热噪声电流源 $I_{\mathrm{T}} = \sqrt{RkT\Delta f / R}$ 和电阻并联。对于由两个电阻 R_1 和 R_2 串(并)联组成的合成电路,可以证明,综合噪声电流等于合成电阻提供的噪声电流,并表示为

图 4 - 21　热噪声等效电流源

$$I_{\mathrm{T}}^2 = 4kT\Delta f / R_{\Sigma} \tag{4-62}$$

式中,在串联情况下 $R_{\Sigma} = R_1 + R_2$,在并联情况下 $R_{\Sigma} = R_1R_2 / (R_1 + R_2)$。在更为复杂的情况

下,应先将所有电阻合成,画出简化电路,然后根据式(4-62)确定噪声等效电流源。

在电阻和电容 C 并联的情况下,电容 C 的频率特性使合成阻抗随频率的增加而减少,合成电阻可表示为

$$R(f) = \frac{R}{1 + (2\pi f RC)^2} \tag{4-63}$$

将式(4-63)代入式(4-58)中,沿 $f = 0 \sim \infty$ 中对 $R(f)$ 积分得

$$U_T^2 = 4kT \int_0^\infty R(f) \mathrm{d}f = 4kT \int_0^\infty \frac{R}{1 + (2\pi fRC)^2} \mathrm{d}f \tag{4-64}$$

变换积分变量使 $\tan\theta = 2\pi fRC$,代入上式得

$$U_T^2 = \frac{4kTR}{2\pi RC} \int_0^{\frac{\pi}{2}} \mathrm{d}\theta = kT/C$$

将上式分子、分母同乘以因子 $4R$,则有

$$U_T^2 = 4kTR/(4RC)$$

比较式(4-64)和式(4-59)可以发现 $1/(4RC)$ 和 Δf 是对应的,定义 $1/(4RC)$ 为噪声等效带宽,并用 Δf_e 表示,即

$$\Delta f_e = \frac{1}{4RC} \tag{4-65}$$

上式表明,并联 RC 电路对噪声的影响相当于使电阻热噪声的频谱分布由白噪声变窄为等效噪声带宽 Δf_e。它的物理意义可以由图4-20(b)看到:频带变窄后的噪声非均匀分布曲线所包围的图形面积等于以 Δf_e 为带宽、$4kTR$ 为恒定幅值的矩形区的面积。也就是说,用均匀等幅的等效带宽代替了实际噪声频谱的不均匀分布。这样,式(4-64)可改写为

$$U_T^2 = 4kTR\Delta f_e \tag{4-66}$$

这就是阻容电路热噪声的一般表示式。顺便指出,等效带宽的概念同样适用于散粒噪声的计算。

4.4.2　典型光电检测电路的噪声估算

检测电路噪声估算的目的是:

① 确定器件和电路的固有噪声电平;

② 计算信噪比;

③ 估算出为保证可靠检测所必需的最小输入光功率值。

噪声估算的具体步骤是:

① 确定检测器件和前级电路的噪声源;

② 计算等效电阻和复合阻抗下的噪声等效带宽,画出检测电路的噪声等效电路;

③ 根据噪声等效电路计算噪声输出电压、信噪比和最小输入光功率值。

下面以光电倍增管为例介绍光电检测电路的噪声估算方法。

光电倍增管噪声的主要来源是阴极光电发射的随机性和各倍增极二次电子发射的随机性,同时也与背景光或信号光中的直流分量有关。光电倍增管阳极电流的散粒噪声有效值表示为

$$I_{NA} = \sqrt{2qMI_A\sigma\Delta f}$$

式中,M 为倍增系统放大倍数;对静电聚焦型结构而言,σ 为噪声增强因子,σ 一般在 1.5～3.0 之间。光电倍增管检测电路负载电阻 R_L 上的热噪声电流为

$$I_\text{n} = \sqrt{4kT\Delta f/R_\text{L}}$$

因此,负载电阻上总的噪声输出电流为

$$I_\text{N} = \sqrt{(2qMI_\text{A}\sigma + 4kT/R_\text{L})\Delta f}$$

可以证明,对大多数光电倍增管检测电路,上式中的第二项热噪声同第一项散粒噪声相比是很小的。例如,在 I_K(阴极电流的平均值)$=10^{-10}$ A,$M=10^5\sim10^6$,$R_\text{L}=10^4\sim10^5$ Ω 的条件下,关系式 $4kT/R_\text{L}\ll2qMI_\text{A}\sigma$ 就能成立,所以总的噪声输出电流 I_N 变成

$$I_\text{N} = \sqrt{2qMI_\text{A}\sigma\Delta f}$$

式中,阳极电流 I_A 是暗电流 I_d 和光电流直流分量 I_AO 的总和。

在检测阈值光通量的弱光情况下,有 $I_\text{AO}=0$,此时的总噪声电流 I_Nm 取决于暗电流 I_d,有

$$I_\text{Nm} = \sqrt{2qMI_\text{d}\sigma\Delta f}$$

负载电阻 R_L 上的噪声输出电压为

$$U_\text{Nm} = \sqrt{2qMI_\text{d}\sigma\Delta f R_\text{L}}$$

对于负载电阻 R_L 上有并联电容的情况,则根据式(4-65)有

$$\Delta f = \Delta f_\text{e} = 1/(4R_\text{L}C)$$

光电倍增管检测电路及噪声等效电路表示在图 4-22 中,图中 R 和 C_0 分别为光电倍增管等效电阻和等效电容。

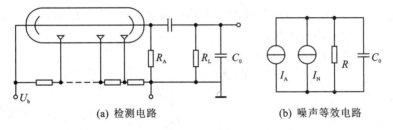

(a) 检测电路　　　　(b) 噪声等效电路

图 4-22　光电倍增管检测电路及噪声等效电路

阳极输出总信噪比 $(\text{SNR})_\text{A}$ 是直流光电流 I_A 与噪声电流有效值 I_N 之比值,即

$$(\text{SNR})_\text{A} = \frac{I_\text{A}}{\sqrt{2qMI_\text{A}\sigma\Delta f}} \tag{4-67}$$

灵敏阈 $\Phi_\text{s,min}$ 是暗电流噪声电流有效值 I_Nm 与阳极灵敏度之比值,即

$$\Phi_\text{s,min} = \frac{I_\text{Nm}}{S_\text{A}} = \frac{1}{S_\text{A}}\sqrt{2qMI_\text{d}\sigma\Delta f}$$

比灵敏阈为

$$\Phi_\text{s}^* = \frac{\Phi_\text{s,min}}{\sqrt{\Delta FA}} = \frac{I_\text{Nm}}{S_\text{A}}\cdot\frac{1}{\sqrt{\Delta FA}} = \frac{\sqrt{2qMI_\text{d}\sigma\Delta f}}{S_\text{A}\cdot\sqrt{\Delta FA}} \tag{4-68}$$

式中,对于纯电阻情况下 $\Delta f=\Delta F$ 是后级放大器的通频带;在只有并联电容的情况下,有 $\Delta f=\Delta f_\text{e}=1/(4RC)$,$\Delta F=1/2\pi RC$。$A$ 为光电阴极光敏面积。

4.5　前置放大器

光电系统中,光电检测器件所接收的光信号十分微弱,光电检测器件输出的信号,往往被深埋在噪声之中,要有效地利用这种信号,就必须对其进行放大。光电检测系统中,光电器件的输出端都紧密连接一个低噪声前置放大器。它的任务是:放大光电检测器件所输出的微弱电信号;匹配后置处理电路与检测器件之间的阻抗。对前置放大器的要求是:低噪声、高增益、低输出阻抗、足够的信号带宽和负载能力以及良好的线性和抗干扰能力。在结构上要求紧凑,靠近检测器件,良好的接地与屏蔽。通常要求性能良好的低噪声放大器作为光检测器件的前置放大器。因此如何设计和应用低噪声放大器,如何将一定偏置状态下的检测器件与前置放大器耦合是必须考虑的重要问题。

4.5.1　放大器的噪声

1. 放大器的噪声模型

放大器由许多个元器件组成,每一个元器件在工作时都是一个噪声源,所以难以从噪声的观点进行分析。为了简化噪声分析,提出了一个放大器噪声模型。如图 4-23 所示,放大器内的所有噪声源都折算到输入端,这就是阻抗为零的噪声电压源 E_n 串联在输入端和阻抗为无限大噪声电流源 I_n 与输入端并联。而放大器内部成为一个无噪声的放大器,噪声电压 E_n 和噪声电流 I_n 可以通过测量得到。这样等效之后,对放大器内部噪声过程的研究可以简化为分析 E_n 和 I_n 在电路中的作用,这种等效的模型称为放大器的 E_n-I_n 噪声模型。该模型也适用于晶体管、电子管以及集成电路。

图 4-23 中,R_s 为信号源电阻,E_t 为信号源电阻的热噪声电压,U_s 为信号源电压,Z_i 为放大器的输入电阻。

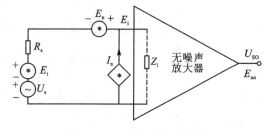

图 4-23　放大器噪声模型

2. 等效输入噪声

采用 E_n-I_n 模型后,一个信号源与放大器组成的系统的噪声源可归结为三个,即 E_n、I_n 和 E_t。进一步考虑这三个噪声源共同作用的效果,可以将它们等效为信号源的位置,用
"等效输入噪声 E_{ni}"来表示。为了得到 E_{ni} 与 E_n、I_n 和 E_t 的关系,必须求得各噪声源在放大器输出端产生的总的噪声电压。

图 4-23 的放大器输入端噪声电压 E_i 可以用分压原理和分流原理求出,即

$$E_i^2 = \frac{(E_n^2 + E_t^2)Z_i^2}{(R_s + Z_i)^2} + \frac{I_n^2 Z_i^2 R_s^2}{(R_s + Z_i)^2}$$

设放大器的电压增益为 A_u,则放大器输出端总噪声为

$$E_{n0}^2 = A_u^2 E_i^2 = A_u^2 \left[\frac{(E_n^2 + E_t^2)Z_i^2}{(R_s + Z_i)^2} + \frac{I_n^2 Z_i^2 R_s^2}{(R_s + Z_i)^2} \right] \tag{4-69}$$

从信号源到放大器输出端的传输函数称为系统的增益 A_t,定义为

$$A_t = \frac{U_{s0}}{U_s} \tag{4-70}$$

式中，U_s 为输入信号电压；U_{s0} 为放大器输出端信号电压，即

$$U_{s0} = A_u \frac{U_s Z_i}{R_s + Z_i} \tag{4-71}$$

将式（4-71）代入式（4-70）得

$$A_t = \frac{A_u Z_i}{R_s + Z_i} \tag{4-72}$$

可以看出，系统增益 A_t 与放大器电压增益 A_u 不同，A_t 不仅与放大器有关，还与信号源内阻有关。

　　根据等效输入噪声 E_{ni} 定义，把放大器所有噪声源折算到信号源处，所以总输出噪声除以系统增益就得到等效输入噪声 E_{ni}，即等效输入噪声的平方为

$$E_{ni}^2 = \frac{E_{no}^2}{A_t^2} \tag{4-73}$$

将式（4-69）和式（4-72）代入式（4-73）得到

$$E_{ni}^2 = E_n^2 + E_t^2 + I_n^2 R_s^2 \tag{4-74}$$

这就是等效输入噪声的常见形式，适用于任何有源网络。式中，E_t 为源电阻的热噪声，可表示为

$$E_t = \sqrt{4kTR_s \Delta f} \tag{4-75}$$

它可以通过计算或通过测量得到，而放大器的噪声电压源 E_n 和电流源 I_n 值可以用测量方法得到，所以系统的等效输入噪声 E_{ni} 是确定的。

　　如果考虑 E_n 和 I_n 之间的相关性，则必须引入相关项加以考虑，此时等效输入噪声为

$$E_{ni}^2 = E_n^2 + E_t^2 + I_n^2 R_s^2 + 2C E_n I_n R_s \tag{4-76}$$

式中，C 为相关系数。

3. E_n 和 I_n 的测量

　　广泛采用 E_n-I_n 模型的另一个原因是其参数 E_n 和 I_n 值容易测量。从式（4-76）可以看出，如果使 R_s 等于零，E_t 和 $I_n R_s$ 两项为零，这样得到的等效输入噪声就是噪声电压源 E_n。因此，在 $R_s = 0$ 的条件下测量放大器的总输出噪声，得到的就是 $A_u E_n$，总输出噪声除以增益 A_u，就可得到 E_n。

　　在式（4-74）中，等式右边的 E_n^2 项与源电阻 R_s 无关，另外两项都与 R_s 有关。当 R_s 很小时，E_{ni}^2 中主要是 E_n^2 占优势，即

$$E_{ni}^2 \big|_{R_s \to \text{很小}} \approx E_n^2$$

当 R_s 很大时，E_{ni}^2 中以 E_t^2 和 $I_n^2 R_s^2$ 为主，而且 $E_t^2 \propto R_s$，$I_n^2 R_s^2 \propto R_s^2$，所以当 R_s 足够大时，E_{ni}^2 中主要是 I_n^2 起作用，即

$$E_{ni}^2 \big|_{R_s \to \text{很大}} \approx I_n^2 R_s^2$$

这样得到 E_n 和 I_n 的测量方法如下：

　　① 放大器输入端短路，即 $R_s = 0$，测得放大器输出端的噪声电压均方根值为 $A_u \cdot E_n$，用 A_u 除之，得 E_n；

　　② 取一个很大的电阻作为源电阻 R_s，测得放大器输出端的噪声电压均方根值为 $A_u I_n R_s$，

用 A_uR_s 除之，得 I_n。

放大器的 E_n-I_n 噪声模型在理论上和实践中都有重要的意义。在理论上可以用 E_n-I_n 模型对放大器的噪声性能进行具体的分析；在实践中 E_n-I_n 模型是选用低噪声放大器的重要依据。

4. 噪声系数

一个无噪声的理想放大器，其输出端的噪声仅仅是放大了的输入噪声。由于实际的放大器本身还存在着噪声，所以其输出噪声必然大于上述理想情况。放大器本身的噪声越大，则这种差别就越大。这种情况不仅存在于放大器中，而且也存在于系统或元件中。为了描述放大器或其他电路的噪声性能，采用噪声系数 F 定义为放大器总的输出噪声功率与源电阻在放大器输出端的噪声功率之比，可表示为

$$F = \frac{P_{no}}{A_P \cdot P_{ni}} \qquad (4-77)$$

式中，A_P 为放大器的功率增益；P_{ni} 为放大器的输入噪声功率，即源电阻产生的噪声功率；$A_P \cdot P_{ni}$ 表示了源电阻在放大器输出端产生的噪声功率；P_{no} 为放大器输出端总的噪声功率。

功率增益 A_P 可以表示为输出信号功率 P_{so} 与输入信号 P_{si} 之比，故式（4-77）又可以表示为

$$F = \frac{P_{no}}{(P_{so}/P_{si}) \cdot P_{ni}} = \frac{P_{si}/P_{ni}}{P_{so}/P_{no}} = \frac{\text{输入信噪比}}{\text{输出信噪比}} \qquad (4-78)$$

噪声系数是对放大器引起信噪比恶化程度的量度。一个好的放大器应该是在源热噪声的基础上增加尽可能少的噪声，使噪声系数 F 接近于 1。或者说，使放大器的输出信噪比接近于输入信噪比。

如果式（4-77）分子、分母同除放大器的功率增益 A_P，并应用式（4-74）式（4-75），则有

$$F = \frac{\text{放大器总的等效输入噪声功率}}{\text{输入端源电阻噪声功率}} = \frac{E_{ni}^2}{E_t^2} = 1 + \frac{E_n^2}{4kTR_s\Delta f} + \frac{I_n^2 R_s}{4kT\Delta f} \qquad (4-79)$$

式中，Δf 为放大系统的噪声等效带宽。因为噪声系数是功率比，所以也可用分贝表示，即

$$NF = 10\lg F$$

称为对数噪声系数。

噪声系数主要用于比较放大器的噪声性能，它不一定是放大器噪声特性最佳的合适标志。因为同样一个放大器，如果源电阻增大，其热噪声随之增加，由此使得噪声系数减小，但是放大器本身的噪声性能并没改变，所以这种噪声系数的变小，对放大器本身的设计并没有什么意义。只有在源电阻相同的情况下，减小噪声系数才有意义。

5. 噪声匹配

由式（4-79）表明，噪声系数与源电阻 R_s 有关。当 R_s 较小时，放大器的噪声电压 E_n 项大于其他两项——E_t 和 I_nR_s 项。随着源电阻 R_s 的增加，源的热噪声增加，所以噪声系数由于源电阻 R_s 的热噪声的增大而减小。当 R_s 增加到足够大时，放大器的噪声电流项 I_nR_s 成为主要项，以至噪声系数随着源电阻的增加而增加。在其中某个 R_s 值时，噪声系数存在一个最小值，此时放大器在源热噪声的基础上噪声增加最小，把这个源电阻称做最佳源电阻 R_0。为求得最佳源电阻，可将式（4-79）求导数，然后令其等于零，则

$$\frac{\mathrm{d}F}{\mathrm{d}R_\mathrm{s}} = \frac{\mathrm{d}}{\mathrm{d}R_\mathrm{s}}\left(1 + \frac{E_\mathrm{n}^2}{4kTR_\mathrm{s}\Delta f} + \frac{I_\mathrm{n}^2 R_\mathrm{s}}{4kT\Delta f}\right) = 0$$

由此可以得到

$$R_0 = R_\mathrm{s} = \frac{E_\mathrm{n}}{I_\mathrm{n}} \qquad\qquad (4-80)$$

式(4-80)表明,当源电阻等于放大器噪声电压与噪声电流的比值时,噪声系数最小,这个特殊的源电阻为最佳源电阻,用 R_0 表示。并把式(4-80)称之为噪声匹配条件,此时得到的噪声系数最小值为

$$F_{\min} = 1 + \frac{E_\mathrm{n} I_\mathrm{n}}{2kT\Delta f} \qquad\qquad (4-81)$$

式(4-81)表明,满足噪声匹配条件时的最小噪声系数与放大器的 E_n 和 I_n 的乘积有关,$E_\mathrm{n} I_\mathrm{n}$ 愈大,最小噪声系数 $F_{\min}$ 也愈大。

要注意的是,不要将噪声匹配与功率匹配相混淆,因为最佳源电阻 R_0 并不是功率传输最大时的电阻。R_0 和放大器的输入阻抗 Z_i 之间没有直接关系,而是和放大器的噪声电压源 E_n、噪声电流 I_n 有关。

4.5.2 前置放大器的低噪声设计

一个实际放大器常常是由许多单级电路组合起来的,可以推导,如果级联放大器的第一级功率增益或电压增益足够大,那么总的噪声系数 F 则主要由第一级的噪声系数 F_1 决定。因此,设计级联放大器时,要尽量提高第一级的功率增益或电压增益,尽量压低第一级的噪声。

低噪声前置放大器的设计同一般放大器设计的根本区别是首先满足放大器的噪声指标,因此要考虑器件的选取和低噪声工作点的确立,注意满足信号源阻抗与放大器间的噪声匹配;其次要考虑电路的组态、级联方式及负反馈等以满足对放大器增益、频响、输入输出阻抗等方面的要求。另外,为了获得良好的噪声性能,通常还要采取避免外来干扰的多种措施。

1. 噪声匹配的方法

要使前置放大器获得最佳的噪声性能,就必须满足噪声匹配的条件,即要求信号源阻抗等于最佳源阻抗,此时放大器的噪声系数才能最小。实现噪声匹配,要从以下几个方面考虑。

(1) 有源器件的选取

对于信号源电阻较小的情况(如热电偶、光电池等),一般选用晶体管构成低噪声前置放大器,因为晶体管的电流噪声 I_n 较大,具有较小的最佳源电阻(100 Ω～1 MΩ)。对于源电阻较大的情况(如热电阻),则多采用场效应管,因为它有较小的电流噪声 I_n 和较大的最佳源电阻(1 kΩ～10 MΩ)。运算放大器有和晶体管大致相同的最佳源电阻值,而 MOS 场效应管的最佳源电阻可达 1 MΩ～10 GΩ。

有源器件的最佳源电阻 R_0 是频率的函数。上述给出的器件最佳源电阻范围是指较低频率时的情况,随着频率的升高,场效应管的 R_0 迅速减小,一般在几十兆赫兹时,结型场效应管的最佳源电阻仅几千欧,所以也仅适于源电阻较小的情况。PNP 晶体管,基极电阻小,电压噪声小,最佳源电阻小,适于源电阻较小的情况;而 NPN 晶体管的 R_0 较大,因此适用于源电阻较大的情况。

（2）采用输入变压器实现噪声匹配

这种方法主要用来解决信号源电阻 R_s 小于最佳源电阻 R_0 时的噪声匹配问题，采用热电偶检测器件时就是这样。在这种情况下，如变压器初、次级匝数比为 $1:n$，则初级反射到次级电路的信号电压、源噪声、源电阻分别为 nU_s、nE_t、n^2R_s。在理想变压器情况下（见图 4-24），经变压器变换后，次级上的信噪比没有变化，仍为 U_s^2/E_t^2，然而这时的等效源电阻却增为 n^2R_s，通过适当选择升压比 n，可以使得 $n^2R_s=R_0$，从而实现了噪声匹配。

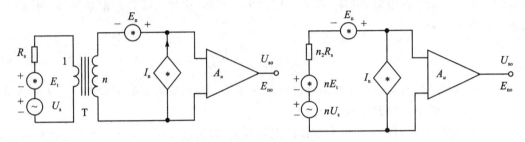

图 4-24 输入变压器噪声匹配

（3）利用并联放大器的方法实现噪声匹配

设有 N 个全同的放大器并联连接，E_n、I_n 分别为各放大器的噪声模型，Z_i 为各放大器的输入阻抗，R_0 为单个放大器时的最佳源电阻，R'_0 为并联放大器的最佳源电阻，若满足条件

$$Z_i \gg 2\left(1-\frac{1}{N}\right)\frac{E_n}{I_n}$$

则有
$$R'_0=\frac{E_n}{I_n}/N=R_0/N \tag{4-82}$$

因而可以适当选择级数 N，使 $R'_0=R_s$，实现噪声匹配。

（4）无源器件的选取

无源器件包括电阻、电容、耦合变压器等。低噪声电路一般选用金属膜电阻器和绕线电阻器，而不使用碳质与碳膜电阻。因为碳质或碳膜电阻的噪声指数（电阻两端每伏直流压降在 10 倍频程内产生的均方根噪声微伏值）一般为十几到几十微伏/伏以上；而金属膜电阻器则可做到小于 $0.2\sim1\ \mu V/V$ 左右。电容器的选择，主要选用损耗角小的云母电容和瓷介电容来降低噪声。在大容量的电容中则选用漏电流很小的钽电解电容。耦合变压器的构成，主要考虑在外加磁场作用下，由于磁化的不连续性而表现出的磁起伏噪声和外界干扰引入的噪声，因此要有好的磁屏蔽和静电屏蔽。

2. 低噪声放大器的屏蔽与接地

理想情况下，所有彼此连接的接地点与大地间应具有零阻抗。但实际上由于两接地点间或接地点与大地间有一定的阻抗，地回路中的电流，会使它们间形成一定的电位差，从而形成了干扰源。这种接地点之间形成的干扰源称为差模源。该差模源无法用差动输入的前置放大器来加以克服。解决的办法是改多点接地为单点接地，如图 4-25 所示，这样就切断了地环流的干扰，一般情况下，称此为浮地技术。通常在浮地端再用一个 $1\sim10\ k\Omega$ 的电阻或一个小电容接地，以加强对空间电磁场的屏蔽效果。

为更好地消除接地干扰和空间电磁场干扰，还经常采用双屏蔽技术。其中内屏蔽采用浮空方式以消除接地干扰，外层屏蔽采用多点接地以消除电磁场干扰，如图 4-26 所示。

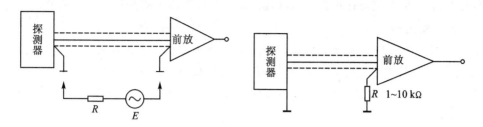

图 4 - 25　接地干扰的形成和抑制

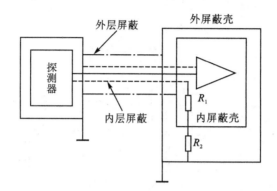

图 4 - 26　抑制地环流的双屏蔽结构

3. 低噪声电路对电源电路的要求

对电源电路的要求是具有高的稳定度和良好的共模干扰电压抑制能力。一般稳压电源的稳定度为 $10^{-4} \sim 10^{-2}$,而低噪声系统要求电源稳定度为 $10^{-6} \sim 10^{-5}$。因此必须采取相应措施提高稳压电源的稳定度。

克服变压器共模干扰电压的办法是在初、次级间采用良好的静电屏蔽和单端接地,以避免共模干扰电压形成循环通路。

4.5.3　检测器件和放大电路的连接

随着集成电路技术的发展,各种类型的集成放大器广泛应用于光电检测中。下面以光电二极管为例,介绍三种典型的与 IC 放大电路连接的方法。

1. 电流放大型

图 4 - 27(a)所示为电流放大型 IC 检测电路。运算放大器两输入端间的输入阻抗 Z_i 是光电二极管的负载电阻,可表示为

$$Z_i = \frac{R_f}{A + 1}$$

式中,A 为放大器的开环放大倍数;R_f 为反馈电阻。当 $A = 10^4$,$R_f = 100$ kΩ 时,$Z_i = 10$ Ω,则可以认为光电二极管处于短路工作状态,能取出近似理想的短路电流。处于电流放大状态的运算放大器,其输出电压 U_o 与输入短路光电流成比例,并有

$$U_o = I_{sc} R_f = R_f S \Phi$$

即输出电压信号与输入光通量成正比。此外,电流放大器因输入阻抗低而响应速度较高,并且

放大器噪声较低,所以信噪比提高。这些优点使其广泛应用于弱光信号的检测中。

2. 电压放大型

图 4－27(b)所示为电压放大型 IC 检测电路。光电二极管的正端接在运算放大器的同相输入端,运算放大器的漏电流比光电流小得多,具有很高的输入阻抗。当负载电阻 R_L 取 1 MΩ 以上时,工作在光电池状态下的光电二极管处于接近开路状态,可以得到与开路电压成比例的输出信号,即

$$U_o = AU_{oc} \approx AU_T \ln(S\Phi/I_o)$$

式中,$A = \dfrac{R_2 + R_1}{R_1}$,为该电路的电压放大倍数。

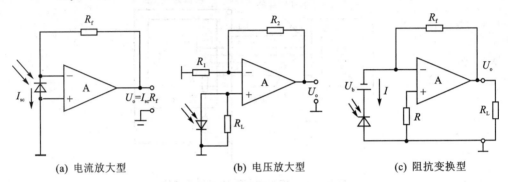

(a) 电流放大型　　　　　　　　(b) 电压放大型　　　　　　　(c) 阻抗变换型

图 4－27　光电二极管和 IC 放大器的连接

3. 阻抗变换型

反向偏置光电二极管或 PIN 光电二极管具有恒流源性质,内阻很大,且饱和光电流和输入光通量成正比,在有很高的负载电阻的情况下可以得到较大的信号电压。但如果将这种处于反向偏置状态下的光电二极管直接接到实际的负载电阻上,则会因阻抗的失配而削弱信号的幅度。因此需要有阻抗变换器将高阻抗的电流源变换成低阻抗的电压源,然后再与负载相连。图 4－27(c)所示的以场效应管为前级的运算放大器就是这样的阻抗变换器。该电路中场效应管具有很高的输入阻抗,光电流是通过反馈电阻 R_f 形成压降的。电路的输出电压 U_o 为

$$U_o = +IR_f \approx +I_P R_f = +R_f S\Phi \tag{4-83}$$

即 U_o 与输入光通量成正比。当实际的负载电阻 R_L 与放大器连接时,由于放大器输出阻抗 R_o 较小,$R_L \gg R_o$,则负载功率 P_o 为

$$P_o = \frac{U_o^2 R_L}{(R_o + R_L)^2} \approx \frac{U_o^2}{R_L} = \frac{R_f^2 I_P^2}{R_L}$$

另一方面,计算光电二极管直接与负载电阻相连时负载上的功率 $P_1 = I_P^2 R_L$,比较两种情况可见,采用阻抗变换器可以使功率输出提高 $(R_f/R_L)^2$ 倍。例如,当 $R_L = 1$ MΩ,$R_f = 10$ MΩ 时,功率提高 100 倍。这种电路的时间特性较差,但用在信号带宽没有特殊要求的缓变光信号检测中,可以得到很高的功率放大倍数。此外,用场效应管代替双极性晶体管作前置级,其偏置电流很小,因此适用于光功率很小的场合。

4.6　光电检测电路举例

利用各种光电器件可以构成许多实用的光电检测电路,其电路具有结构简单,体积小,使用安全及灵敏度高等优点。下面结合实际给出两种实用的光电检测电路。

图 4-28 所示为路灯、霓虹灯的自动控制电路。在简单的小功率路灯的自动控制中,利用光敏电阻或光敏三极管作为光电敏感器件比较合适,因为它们的灵敏度高,加上采用小功率的继电器,可省去放大器,因此设备较简单。如图 4-28(a)所示,电源由二极管 V_D 整流和电容 C 滤波后提供,R 为降压电阻。光敏电阻 R_G 与继电器 J 串联,白天当光敏电阻 R_G 的光照较强时,它的阻值小,继电器 J 动作,它的常闭触点 J_1 断开,路灯 GY 熄灭。当天暗时,光敏电阻 R_G 无光照射时,它的阻值变大,电流不能维持继电器 J 动作,常闭触点 J_1 闭合,路灯 GY 自动点亮。

如要求路灯控制灵敏,可采用图 4-28(b)所示的电路。白天锗光敏三极管 GG 受光照射,它的阻值较小,晶体管 V_1 的基极电位向正值升高,V_1 截止,晶体管 V_2 导通,继电器 J 动作,其常闭触点 J_1 断开,接触器的线圈 JC 无电,而常开触点 JC_1 断开,路灯 GY 熄灭。V_1 和 V_2 组成斯密特电路。因为光照的变化是缓慢的,黄昏时的光虽变暗,但还有一定的亮度,会使 V_1 处于不完全截止状态,如果采用直接耦合的放大器就会不稳定,故采用斯密特电路。

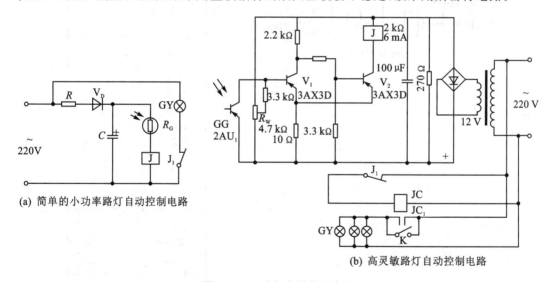

(a) 简单的小功率路灯自动控制电路

(b) 高灵敏路灯自动控制电路

图 4-28　路灯自动控制电路

当天暗或无光照射时,光敏三极管 GG 的阻值增大,V_1 的基极电位变负,V_1 导通,V_2 截止,继电器 J 的线圈无电流而释放,其常闭触点 J_1 闭合,接触器 JC 的线圈通电流,常开触点 JC_1 闭合,路灯 GY 自动点亮。调整电位器 R_w 能使天暗至某种程度时自动点燃灯。开关 K 在控制线路失效时供手动操作用。

图 4-29 所示为一个红外线防盗报警电路,由发射电路(见图 4-29(a))和接收电路(见图 4-29(b))组成。其特点是灵敏可靠,抗干扰,可在强光下工作。在发射电路中,由 F_1、F_2 和 R_1、C_1 组成多谐振荡器,并产生 $1 \sim 15$ kHz 的高频信号,经 V 放大后驱动红外发光二极管 VL 发出高频红外光(IR)信号。在接收电路中,当发射头前方有人阻挡或通过时,由发射机发

出的高频 IR 信号被人体反射回来一部分,光敏二极管 VD 接收到这一信号后,经 V_1、V_2、V_3 及阻容元件组成的放大电路放大 IR 信号,然后送入音频译码器 LM567 进行识别译码,在 IC_1 的 8 号引脚产生一低电位,使 V_4 截止。电源经 R_9、VD_1 向 C_7 充电,TWH8778 立即导通,使音响电路发出报警声。这时,即使人已通过"禁区",光敏二极管 VD 无信号接收,使 V_4 导通,VD 截止;但由于 C_7 的放电作用,仍可在 10 s 时间内维持 IC_2 导通,实现报警的记忆。

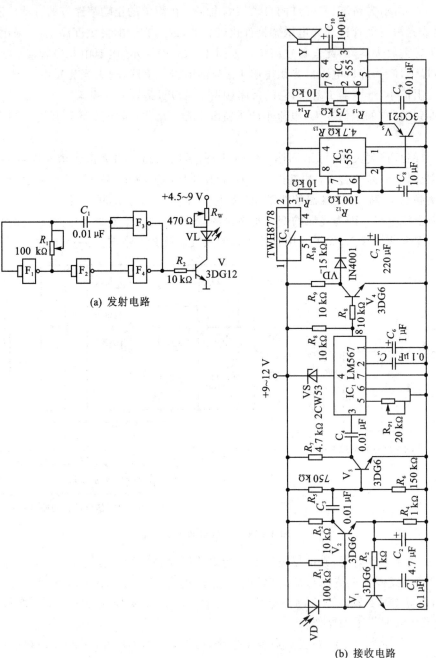

(a) 发射电路

(b) 接收电路

图 4 - 29   红外线防盗报警电路

思考题与习题

4 - 1　总结不同类型光电检测器静态工作状态是如何确定的。

4 - 2　在图 4 - 30 所示电路中,设电源电压 U_b＝9 V,光敏二极管的伏安特性曲线见图(b),光敏二极管上的光通量在 0～150 μm 范围内变化。若光通量在此范围内作正弦变化,要使输出交变电压的幅值为 3 V,求所需的负载电阻 R_L,并作出负载线。

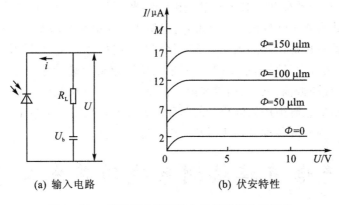

(a) 输入电路　　　　　　　　　(b) 伏安特性

图 4 - 30　光敏感二极管输入电路及其伏安特性

4 - 3　已知某 Si 光电二极管的灵敏度为 0.5 μA/μW,结间电导 G＝0.01 μs(微西),转折电压 U_0＝10 V,入射光功率从 P''＝15 μW 变到 P'＝25 μW,偏压 U_b＝50 V。求最大输出功率时的最佳负载 R_L、输出电流 ΔI、输出电压 ΔU 和输出功率 P_L。

4 - 4　已知某 Si 光电二极管的灵敏度为 0.5 μA/μW,结间电导 G＝0.01 μs(微西),转折电压 U_M＝10 V,入射光功率 P＝5＋3sin ωt (μW),偏压 U_b＝40 V。试求:电信号输出送到放大器时,取得最大功率的电阻 R_{b0}、放大器的输入电阻 R_i 以及输送到放大器的电压及功率。

4 - 5　如图 4 - 22 所示,光电倍增管的阴极积分灵敏度 S_K＝30 μA/lm,阳极积分灵敏度 S_A＝10 A/lm,阳极暗电流 I_d＝4 μA,输入电路是电阻 R＝10^5 Ω 和电容 C_0＝0.1 μF 的并联,阴极面积为 80 mm²,要求信号电流为 I_L＝10^{-4} A,计算阳极噪声电流、负载电阻上的噪声电压和信噪比。

4 - 6　简述前置放大器噪声系数达到最小值的条件。

4 - 7　总结检测器和前置放大器连接时的阻抗匹配方法。

第5章 光电直接检测系统

把被测信号加载于光载波可采用多种方法,如强度调制、幅度调制、频率调制、相位调制和偏振调制等。在光电检测系统中,根据光波对信息信号(或被测未知量)的携带方式分,可分为直接检测(非相干检测)系统和光外差检测(相干检测)系统。不论光源是自然光源或人造光源,是非相干光源或是相干性好的激光光源,直接检测方式都是利用光源出射光束的强度去携带信息,光电检测器直接把接收到的光强度变化转换为电信号变化,最后用解调电路检出所携带的信息。在很多场合常常采用强度调制,而偏振调制也很容易转化为强度调制。光外差检测方式则是利用光波的振幅、频率、相位来携带信息,而不是利用光强度。所以只有相干光可用来携带信息,检出信息时须用光波相干的原理。与光外差检测方法相比,直接检测是一种简单而又实用的方法,现有的各种光检测器都可用于这种检测方法。

5.1 光电直接检测系统的基本工作原理

所谓光电直接检测是将待测光信号直接入射到光检测器光敏面上,光检测器响应于光辐射强度(幅度)而输出相应的电流或电压。一种典型的直接检测系统模型方框图如图 5-1 所示。

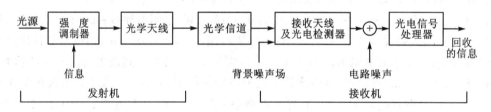

图 5-1 强度调制直接检测模型

检测系统可经光学天线或直接由检测器接收光信号,在其前端还可经过频率滤波(如滤光片)和空间滤波(如光阑)等处理。接收到的光信号入射到光检测器的光敏面上(若无光学天线,则仅以光检测器光敏面积接收光场);同时光学天线也接收到背景辐射,并与信号一起入射到检测器光敏面上。

假定入射的信号光电场为 $E_s(t) = A\cos\omega t$,式中,A 是信号光电场振幅,ω 是信号光的频率。平均光功率为

$$P_s = \overline{E_s^2(t)} = A^2/2$$

光检测器输出的电流为

$$I_s = \alpha P_s = \frac{e\eta}{h\nu}\overline{E_s^2(t)} = \frac{e\eta}{2h\nu}A^2 \tag{5-1}$$

式中,$\overline{E_s^2(t)}$ 表示 $E_s^2(t)$ 的时间平均值;α 为光电变换比例常数,且有

$$\alpha = \frac{e\eta}{h\nu} \tag{5-2}$$

η 为量子效率，$h\nu$ 为光子能量。若光检测器的负载电阻为 R_L，则光检测器输出电功率为

$$P_o = I_s^2 R_L = \left(\frac{e\eta}{h\nu}\right)^2 P_s^2 R_L \tag{5-3}$$

式(5-3)说明，光检测器输出的电功率正比于入射光功率的平方。从这里可以看到光检测器的平方律特性，即光电流正比于光电场振幅的平方，电输出功率正比于入射光功率的平方。

如果入射光是调幅波，即

$$E_s(t) = A[1 + d(t)] \cos \omega t$$

式中，$d(t)$ 为调制信号。仿照式(5-1)的推导可得

$$i_s = \frac{1}{2}\alpha A^2 + \alpha A^2 d(t) \tag{5-4}$$

式中，第一项为直流项。若光检测器输出端有隔直流电容，则输出光电流只包含第二项，这就是包络检测的意思。

5.2　光电直接检测系统的基本特性

5.2.1　直接检测系统的信噪比

众所周知，任何系统都需要一个重要指标——信噪比来衡量其质量的好坏，其灵敏度的高低与此密切相关。模拟系统的灵敏度可以用信噪比表示。

设入射到光检测器的信号光功率为 P_s，噪声功率为 P_n，光检测器输出的信号电功率为 P_o，输出的噪声功率为 P_{no}，由式(5-3)可知

$$P_o + P_{no} = (e\eta/h\nu)^2 R_L (P_s + P_n)^2 = (e\eta/h\nu)^2 R_L (P_s^2 + 2P_s P_n + P_s^2) \tag{5-5}$$

考虑到信号和噪声的独立性，则有

$$P_o = (e\eta/h\nu)^2 R_L P_s^2, \quad P_{no} = (e\eta/h\nu)^2 R_L (2P_s P_n + P_n^2)$$

根据信噪比的定义，输出功率信噪比为

$$(\mathrm{SNR})_p = \frac{P_o}{P_{no}} = \frac{P_s^2}{2P_s P_n + P_n^2} = \frac{(P_s/P_n)^2}{1 + 2(P_s/P_n)} \tag{5-6}$$

从上式可以看出：

① 若 $P_s/P_n \ll 1$，则有

$$(\mathrm{SNR})_P \approx \left(\frac{P_s}{P_n}\right)^2 \tag{5-7}$$

这说明输出信噪比等于输入信噪比的平方。由此可见，直接检测系统不适用于输入信噪比小于 1 或者微弱光信号的检测。

② 若 $P_s/P_n \gg 1$，则有

$$(\mathrm{SNR})_P \approx \frac{1}{2}\frac{P_s}{P_n} \tag{5-8}$$

这时输出信噪比等于输入信噪比的一半，即经光电转换后信噪比损失了 3 dB，这在实际应用

中还是可以接受的。

从以上讨论可知,直接检测方法不能改善输入信噪比,与后面即将讨论的光外差检测方法相比,这是它的弱点。但它对不是十分微弱光信号的检测则是很适宜的检测方法。这是由于这种检测方法比较简单,易于实现,可靠性高,成本较低,所以得到广泛应用。

对于数字式光电系统,因为是用"0""1"两态脉冲传输信息,当系统不存在噪声时,系统输出信号能准确复现发射的信号编码规律,如图5-2(a)所示。在有噪声随机叠加在信号上时,使信号产生畸变,如图5-2(b)所示。在给定阈值条件下,脉冲高于某阈值电流(或电压)时,电路输出为脉冲高电位"1"态;低于某阈值电流(或电压)时,电路输出为脉冲低电位"0"态。由图5-2(c)可以看出:由于负向噪声叠加在脉冲"1"上使脉冲输出为"0";同样,噪声也有可能使脉冲输出"0"误变为"1"。"0""1"码出现错误的概率称为误

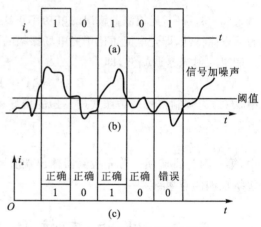

图5-2 数字信号与噪声叠加

码率。显然,这仍然与信噪比有关。当信噪比高时,误码率就低,只是不用信号噪声功率比来衡量,而由噪声的概率分布规律考虑它超过阈值的概率来衡量。

5.2.2 直接检测系统的检测极限及趋近方法

如果考虑直接检测系统存在的所有噪声,则输出噪声总功率为

$$P_{no} = (\overline{i_{NS}^2} + \overline{i_{NB}^2} + \overline{i_{ND}^2} + \overline{i_{NT}^2}) R_L \tag{5-9}$$

式中,$\overline{i_{NS}^2}$、$\overline{i_{NB}^2}$ 和 $\overline{i_{ND}^2}$ 分别为信号光、背景光和暗电流引起的噪声。$\overline{i_{NT}^2}$ 为负载电阻和放大器热噪声之和。输出信号噪声比为

$$(SNR)_p = \frac{P_o}{P_{no}} = \frac{(e\eta/h\nu)^2 P_s^2}{\overline{i_{NS}^2} + \overline{i_{NB}^2} + \overline{i_{ND}^2} + \overline{i_{NT}^2}} \tag{5-10}$$

当热噪声是直接检测系统的主要噪声源,而其他噪声可以忽略时,可以说直接检测系统受热噪声限制,这时的信噪比为

$$(SNR)_{p热} = \frac{(e\eta/h\nu)^2 P_s^2}{4kT\Delta f/R} \tag{5-11}$$

当散粒噪声远大于热噪声时,热噪声可以忽略,则直接检测系统受散粒噪声限制,这时的信噪比为

$$(SNR)_{p散} = \frac{(e\eta/h\nu)^2 P_s^2}{\overline{i_{NS}^2} + \overline{i_{NB}^2} + \overline{i_{ND}^2}} \tag{5-12}$$

当背景噪声是直接检测系统的主要噪声源,而其他噪声可以忽略时,可以说直接检测系统受背景噪声限制,这时的信噪比为

$$(SNR)_{p背} = \frac{(e\eta/h\nu)^2 P_s^2}{2e\Delta f\left(\frac{e\eta}{h\nu} P_B\right)} = \frac{\eta}{2h\nu\Delta f} \frac{P_s^2}{P_B} \tag{5-13}$$

式中，P_B 为背景辐射功率。扫描热检测系统的理论极限即由背景噪声极限所决定。

当入射的信号光波所引起的散粒噪声是直接检测系统的主要噪声源，而其他噪声可以忽略时，可以说直接检测系统受信号噪声限制，这时的信噪比为

$$(SNR)_{p信} = \frac{\eta P_s}{2h\nu \Delta f} \qquad (5-14)$$

该式为直接检测在理论上的极限信噪比，也称为直接检测系统的量子极限。若用等效噪声功率 NEP 值表示，在量子极限下，直接检测系统理论上可测量的最小功率为

$$(NEP)_{量} = \frac{2h\nu \Delta f}{\eta} \qquad (5-15)$$

假定检测器的量子效率 $\eta = 1$，测量带宽 $\Delta f = 1$ Hz，由式(5-15)得到系统在量子极限下的最小可检测功率为 $2h\nu$，此结果已接近单个光子的能量。

应当指出，式(5-14)和式(5-15)是当直接检测系统做到理想状态，即系统内部的噪声都抑制到可以忽略程度时得到的结果。但在实际的直接检测系统中，很难达到量子极限检测。因为实际系统的视场不能是衍射极限对应的小视场，于是背景噪声不可能为零，任何实际的光检测器总会有噪声存在，光检测器本身具有电阻以及负载电阻等都会产生热噪声，放大器也不可能没有噪声。

但是如果使系统趋近量子极限则意味着信噪比的改善。可行的方法就是在光电检测过程中利用光检测器的内增益获得光电倍增。例如，对于光电倍增管，由于倍增因子 M 的存在，信号功率 i_s^2 在增加 M^2 的同时，散粒噪声功率也倍增 M^2 倍，于是式(5-10)变为

$$(SNR)_p = \frac{(e\eta/h\nu)^2 P_s^2 M^2}{(i_{NS}^2 + i_{NB}^2 + i_{ND}^2)M^2 + i_{NT}^2} \qquad (5-16)$$

当 M^2 很大时，热噪声可以忽略。如果光电倍增管加制冷、屏蔽等措施以减小暗电流及背景噪声，光电倍增管达到散粒噪声限是不难的。在特殊条件下，它可以趋近量子限。人们曾用光电倍增管测到 10^{-19} W 光信号功率。需要注意的是，应选用无倍增因子起伏的内增益器件，否则倍增因子的起伏又会在系统中增加新的噪声源。

一般地说，在直接检测中，光电倍增管、雪崩管的检测能力高于光电导器件。采用有内部高增益的检测器是直接检测系统可能趋近检测极限的唯一途径。但由于增益过程将同时使噪声增加，故存在一个最佳增益系数。

5.2.3 直接检测系统的视场角

视场角亦是直接检测系统的性能指标之一，它表示系统能"观察"到的空间范围。对于检测系统，被测物看作是在无穷远处，且物方与像方两侧的介质相同。在此条件下，检测器位于焦平面上时，其半视场角（见图5-3）为

$$\omega = \frac{d}{2f} \qquad (5-17a)$$

或视场角立体角 Ω 为

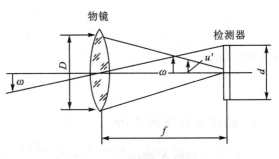

图5-3 直接检测系统视场角

$$\Omega = \frac{A_d}{f^2} \tag{5-17b}$$

式中,d 为检测器直径;A_d 为检测器面积;f 为焦距。

从观察范围而言,即从发现目标的观点考虑,希望视场角愈大愈好。但一方面由式(5-17b)可看出,增大视场角 Ω 时,可增大检测器面积或减小光学系统的焦距,这对检测系统的影响都不利:第一,增加检测器的面积意味着增大系统的噪声,因为对大多数检测器而言,其噪声功率和面积的平方根成正比;第二,减小焦距使系统的相对孔径加大,这也是不允许的。另一方面视场角加大后引入系统的背景辐射也增加,使系统灵敏度下降。因此,在设计系统的视场角时要全面权衡这些利弊,在保证检测到信号的基础上尽可能减小系统的视场角。

5.2.4 系统的通频带宽度

频带宽度 Δf 是光电检测系统的重要指标之一。检测系统要求 Δf 应保存原有信号的调制信息,并使系统达到最大输出功率信噪比。

系统按传递信号能力,可有以下几种方法确定系统频带宽度。

1. 等效矩形带宽

令 $I(\omega)$ 为信号的频谱,则信号的能量为

$$E = \frac{1}{2\pi}\int_{-\infty}^{\infty}|I(\omega)|^2 \mathrm{d}\omega \tag{5-18}$$

等效矩形带宽 $\Delta\omega$ 定义为

$$E = |I(\omega_0)|^2 \Delta\omega$$

式中,$I(\omega_0)$ 为 $\omega = \omega_0$ 时的频谱分量,如图 5-4 所示。$I(\omega_0) = I(0)$ 为最大频谱分量。例如,以钟形波表示的脉冲激光信号的等效矩形带宽,激光波形为

$$I(t) = A\mathrm{e}^{-\beta^2 t^2}$$

式中,β 为脉冲峰值,$\beta \approx 1.66/\tau_0$;$\tau_0$ 为激光脉冲宽度。$I(t)$ 的频谱 $I(\omega)$ 为

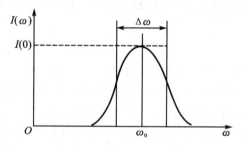

图 5-4 等效矩形带宽

$$I(\omega) = \int_{-\infty}^{\infty}I(t)\mathrm{e}^{-\mathrm{j}\omega t}\mathrm{d}t = \frac{A\sqrt{\pi}}{\beta}\mathrm{e}^{-\omega^2/4\beta^2} \tag{5-19}$$

激光脉冲能量 E 为

$$E = \frac{1}{2}\int_{-\infty}^{\infty}\left|\frac{A\sqrt{\pi}}{\beta}\mathrm{e}^{-\omega^2/4\beta^2}\right|^2 \mathrm{d}\omega = \frac{A^2}{\beta}\sqrt{\frac{\pi}{2}}$$

等效矩形带宽 $\Delta\omega_1$ 为

$$\Delta\omega_1 = \frac{E}{|I(0)|^2} = \frac{\beta}{\sqrt{2\pi}} = \frac{0.06}{\tau_0} \tag{5-20}$$

2. 频谱曲线下降 3 dB 的带宽

将式(5-19)代入 $20\lg\dfrac{I(\omega)}{I(0)} = -3\left(或 \dfrac{I(\omega)}{I(0)} = \dfrac{1}{\sqrt{2}}\right)$,可得

$$\omega = \sqrt{4}\beta\sqrt{\ln\sqrt{2}}\ , \quad \Delta\omega_2 = 2\omega = 4\beta\sqrt{\ln\sqrt{2}}$$

$$\Delta f_2 = \frac{\Delta\omega_2}{2\pi} = \frac{0.62}{\tau_0} \tag{5-21}$$

3. 包含90%能量的带宽

在90%处能量的带宽为

$$\frac{E(\Delta\omega)}{E} = 0.9$$

式中

$$E(\Delta\omega) = \frac{1}{2\pi}\int_{-\Delta\omega}^{\Delta\omega} | I(\omega) |^2 \mathrm{d}\omega = \frac{1}{2\pi}\int_{-\Delta\omega}^{\Delta\omega} \left| \frac{A\sqrt{\pi}}{\beta} e^{-\omega^2/4\beta^2} \right|^2 \mathrm{d}\omega =$$

$$\frac{\sqrt{2}A^2}{\beta}\int_0^{\Delta\omega} e^{-\left(\frac{\omega}{\sqrt{2}\beta}\right)^2} \mathrm{d}\left(\frac{\omega}{\sqrt{2}\beta}\right) = \frac{A^2}{\beta}\sqrt{\frac{\pi}{2}}\,\phi(x)$$

式中

$$x = \frac{\omega}{\sqrt{2}\beta} \tag{5-22}$$

$$\frac{E(\Delta\omega)}{E} = \phi(x) = 0.9$$

当给定误差函数 $\phi(x)$ 的值时,由误差函数表可求出 x 值,根据式(5-22)求出 ω 值,即 $\Delta\omega = 2\omega$。下面计算出 $E(\Delta\omega)/E$ 的几种带宽 Δf 值(见表5-1)。

表 5 - 1　$E(\Delta\omega)/E$ 的几种带宽 Δf 值

$E(\Delta\omega)/E$	0.9	0.8	0.7	0.6	0.5
Δf	$\dfrac{0.89}{\tau_0}$	$\dfrac{0.68}{\tau_0}$	$\dfrac{0.58}{\tau_0}$	$\dfrac{0.45}{\tau_0}$	$\dfrac{0.38}{\tau_0}$

由以上分析可知,频带宽度 Δf 愈宽,通过信号的能量愈多,但系统的噪声功率也增大。为保证系统有足够的信噪比,Δf 的取值不能太宽。如果要求复现信号的波形,则必须加宽频带宽度。

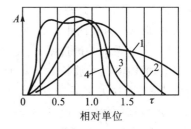

图 5 - 5　矩形波通过滤波器的波形

图 5-5 所示的输入信号为矩形波时,通过不同带通滤波器的波形,曲线 1 是 $\Delta f = 0.25/\tau_0$ 的波形曲线,它的输出峰值功率很低。曲线 2 是 $\Delta f = 0.5/\tau_0$ 的波形,这时输出峰值功率基本达到最大值。从信噪比观点出发,系统有这样的带宽足够了。曲线 3 是 $\Delta f = 1/\tau_0$ 时的输出波形。此时脉冲峰值功率已达到最大值,脉冲上升沿也较陡,波形亦接近方波。曲线 4 是 $\Delta f = 4/\tau_0$ 的输出波形,这一指标达到了复现输入信号波形的要求。可见,要复现输入信号波形,必须使系统带宽 $\Delta f = 4/\tau_0$。

若系统的输入信号是调幅波,则一般情况下取其频带宽度 $\Delta f = f_0 \pm f_1$。其中,f_0 为载波频率,f_1 为包络波(边频)频率,即 $\Delta f = 2f_1$。如果系统的输入信号为调频波,由于调频波的边频分量较多,为保证有足够的边频分量通过系统,要求滤波器加宽频带宽度。

5.3　直接检测系统的距离方程

用信噪比可以表示出光电检测系统的灵敏度。实际上,由于检测系统的用途不同,灵敏度的表达形式亦不尽相同。在对地测距、搜索和跟踪等系统中,通常也用检测距离来评价系统的灵敏度。对于其他系统的灵敏度亦可由距离方程推演出来。

5.3.1　被动检测系统的距离方程

设被测目标的光谱辐射强度为 $I_{e\lambda}$,经大气传播后到达接收光学系统表面的光谱辐射照度 $E_{e\lambda}$ 为

$$E_{e\lambda} = \frac{I_{e\lambda}\tau_{1\lambda}}{L^2}$$

式中,$\tau_{1\lambda}$ 为被测距离 L 内的大气光谱透过率;L 为目标到光电检测系统的距离。入射到检测器上的光谱功率 $P_{e\lambda}$ 为

$$P_{e\lambda} = E_{e\lambda}A_0\tau_{0\lambda} = \frac{I_{e\lambda}\tau_{1\lambda}}{L^2} \cdot A_0\tau_{0\lambda}$$

式中,A_0、$\tau_{0\lambda}$ 分别为接收光学系统的入射孔径面积及光谱透过率。

根据目标辐射强度最大的波段范围及所选取检测器光谱响应范围共同决定选取的 $\lambda_1 \sim \lambda_2$ 的辐射波段,可得到检测器的输出信号电压为

$$V_s = \frac{A_0}{L^2}\int_{\lambda_1}^{\lambda_2} I_{e\lambda}\tau_{1\lambda}\tau_{0\lambda}R_{V\lambda}\,\mathrm{d}\lambda$$

式中,$R_{V\lambda}$ 为检测器的光谱响应度。令检测器的方均根噪声电压为 V_n,则它的输出信噪比为

$$\frac{V_s}{V_n} = \frac{A_0}{V_nL^2}\int_{\lambda_1}^{\lambda_2} I_{e\lambda}\tau_{1\lambda}\tau_{0\lambda}R_{V\lambda}\,\mathrm{d}\lambda \tag{5-23}$$

式中,$I_{e\lambda}$、$\tau_{1\lambda}$、$\tau_{0\lambda}$ 和 $R_{V\lambda}$ 都是波长的复杂函数,很难用确切的解析式表达。通常的处理方法是对上述各量作简化处理:

① 取 $\tau_{1\lambda}$ 为被测距离 L 在 $\lambda_1 \sim \lambda_2$ 区域内的平均透过率 τ_1。

② 光学系统的透过率 $\tau_{0\lambda}$ 也取在 $\lambda_1 \sim \lambda_2$ 光谱范围内的平均值。

③ 把检测器对波长 $\lambda_1 \sim \lambda_2$ 内的响应度看成是一个矩形带宽,即认为 $\lambda_1 > \lambda > \lambda_2$ 的光谱响应度为零;而在 $\lambda_1 < \lambda < \lambda_2$ 的光谱范围内响应度为常值 $R_{V\lambda}$。

④ 根据物体的温度 T 查表,可计算出在考查波段范围内的黑体辐射强度,再乘以物体的平均比辐射率,可得到物体在 $\lambda_1 \sim \lambda_2$ 范围内的辐射强度 I_e。

把上述各值代入式(5-23)内得

$$\frac{V_s}{V_n} = \frac{A_0}{V_nL^2}I_e\tau_1\tau_0R_V$$

所以

$$L = \left(\frac{A_0I_e\tau_1\tau_0R_V}{V_n\dfrac{V_s}{V_n}}\right)^{\frac{1}{2}} \tag{5-24}$$

又因为

$$R_V = \frac{V_n D^*}{\sqrt{A_d \Delta f}}$$

将上式代入式(5-24)得

$$L = \left(\frac{A_0 I_e \tau_1 \tau_0 D^*}{\frac{V_s}{V_n} \sqrt{A_d \Delta f}} \right)^{\frac{1}{2}}$$

式中,A_d 为检测器面积;Δf 为系统的带宽;D^* 为检测器的归一化检测度;$A_0 I_e = P_0$ 是入射到接收光学系统的平均功率。

在这里,为了能清楚地看出系统各部件对作用距离的影响,把调制特性考虑为对入射功率的利用系数,则上式改写为

$$L = (I_e \tau_1)^{\frac{1}{2}} (A_0 \tau_0)^{\frac{1}{2}} \left(\frac{D^*}{\sqrt{A_d}} \right)^{\frac{1}{2}} \left[\frac{k_m}{\sqrt{\Delta f} (V_s/V_n)} \right]^{\frac{1}{2}} \qquad (5-25)$$

式中,第一个括号是目标辐射特性及大气透过率对作用距离的影响;第二和第三个括号表示光学系统及检测器特性对作用距离的影响;第四个括号是信息处理系统对作用距离的影响。

5.3.2　主动检测距离方程

主动检测系统的光源主要为激光光源。令其发射功率为 $P_s(\lambda)$,发射束发散立体角为 Ω,发射光学系统透过率为 $\tau_{01}(\lambda)$,经调制的光能利用率为 k_m,则发射机发射的功率 $P_T(\lambda)$ 为

$$P_T(\lambda) = P_s(\lambda) \tau_{01}(\lambda) k_m$$

激光在大气中传播时,能量若为按指数规律衰减,令衰减系数为 $k(\lambda)$,经传播距离 L 后光斑面积为 $S_L = \Omega L^2$,光斑 S_L 的辐射照度 E_e 为

$$E_e(\lambda) = \frac{P_T(\lambda)}{S_L} e^{-k(\lambda)L} = \frac{P_T(\lambda)}{\Omega L^2} e^{-k(\lambda)L}$$

设在距光源为 L 处有一目标,其反射面积为 S_a。普通情况下,把反射体看作是朗伯反射,即在半球内均匀反射,其反射系数为 r。在此条件下,单位立体角的反射光辐射强度 $I_e(\lambda)$ 为

$$I_e(\lambda) = \frac{1}{\pi} r S_a E_e(\lambda) = \frac{P_T(\lambda)}{\pi \Omega L^2} r S_a e^{-k(\lambda)L}$$

假定接收机和发射机在一处,反射光经大气传输到接收器的过程仍遵守指数规律衰减,衰减系数仍为 $k(\lambda)$,则接收功率为

$$P(\lambda) = I_e(\lambda) \Omega' = \frac{P_T(\lambda) D_0^2}{4 \Omega L^4} r S_a e^{-2k(\lambda)L}$$

式中,D_0 为光学系统接收口径;$\Omega' = \pi D_0^2 / 4L^2$ 为接收光学系统的立体角。如果接收光学系统的透过率为 τ_{02},则检测器上接收到的总功率为

$$P_d(\lambda) = \tau_{02} P(\lambda) = \frac{P_s(\lambda) k_m k S_a D_0^2}{4 \Omega L^4} e^{-2k(\lambda)L}$$

式中,$k = \tau_{01}(\lambda) \tau_{02}(\lambda) r$。

检测器上的输出电压为

$$V_s = P_d(\lambda)R_V(\lambda) = \frac{P_s(\lambda)k_m k S_a D_0^2}{4\Omega L^4} e^{-2k(\lambda)L} R_V(\lambda)$$

式中，$R_V(\lambda)$ 为检测器相对光谱响应度，把 $R_V(\lambda) = V_n D^* / \sqrt{A_d \Delta f}$ 代入上式得距离 L 为

$$L = \left[\frac{P_s(\lambda)k_m k S_a D_0^2 D^*}{4\Omega(V_s/V_n)\sqrt{A_d \Delta f}} e^{-2k(\lambda)L} \right]^{\frac{1}{4}}$$

如果目标反射面积 S_a 等于光斑照射面积 ΩL^2，则上式可化为

$$L = \left[\frac{P_s(\lambda)k_m k D_0^2 D^*}{4(V_s/V_n)\sqrt{A_d \Delta f}} e^{-2k(\lambda)L} \right]^{\frac{1}{2}} \tag{5-26}$$

由式(5-26)看出，影响检测距离的因素很多。发射系统、接收系统的大气特性以及目标反射特性都将影响检测距离。

前面计算距离时，在被动检测系统中，由于光谱范围较宽，把大气衰减作用以透过率 τ_0 表示；而在主动检测系统中，绝大多数系统以激光作光源，激光光谱较窄，衰减系数以 $e^{-k(\lambda)L}$ 表示，这两种表示法的物理意义是等价的。

5.4 光电直接检测系统举例

5.4.1 莫尔条纹测长仪

1. 测长原理

若两块光栅(其中一块称为主光栅，另一块称为指示光栅)互相重叠，并使它们的栅线之间形成一个较小的夹角，当光栅对之间有一相对运动时，透过光栅对看另一边的光源，就会发现有一组垂直于光栅运动方向的明暗相间的条纹移动，这就形成莫尔条纹。

组成莫尔条纹的两块计量光栅的相邻刻线之间的宽度称为光栅的节距。常用的光栅节距大于 0.01 mm，称为黑白栅。这时光栅节距与波长相比是极大的，当使用更小节距的位相光栅时，莫尔条纹就由衍射和干涉形成。图 5-6 所示为长光栅莫尔条纹的形成图。下面讨论常用的黑白光栅形成的条纹的性质。

在图 5-6(a)中，取主光栅 A 的零号栅线为 y 轴，垂直于主光栅 A 的栅线的方向为 x 轴。x 轴和 y 轴在零号线的交点为原点。主光栅刻线序列用 $i = 0, 1, 2, 3, \cdots$ 表示，指示光栅刻线用 $j = 0, 1, 2, 3, \cdots$ 表示，则两光栅的交点为 $[i, j]$。如莫尔条纹中线 1 由两光栅同各刻线交点 $[0,0]$，$[1,1]$，$\cdots$ 连线构成。在图 5-6(b)中设主光栅的节距为 P_1，指示光栅的节距为 P_2，光栅 A 的刻线方程为

$$x = iP_1 \tag{5-27}$$

指示光栅 B 的刻线 j 与 x 轴交点的坐标为

$$x_j = \frac{jP_2}{\cos\theta} \tag{5-28}$$

莫尔条纹 1 是由光栅 A、B 同各 $i = j$ 刻线的交点连接而成，故莫尔条纹的方程是

$$x_{i,j} = iP_1$$

$$y_{i,j} = (x_j - x_{i,j})\cot\theta = \left(\frac{jP_2}{\cos\theta} - iP_1 \right)\cot\theta = \frac{jP_2}{\sin\theta} - iP_1\cot\theta$$

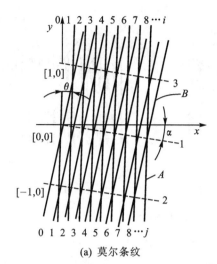

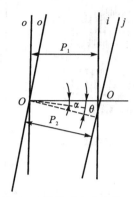

(a) 莫尔条纹　　　　　　　　　　　(b) 光栅A、B刻线与莫尔条纹的几何位置

图 5 - 6　长光栅莫尔条纹形成

莫尔条纹 $1(i=j)$ 的斜率为

$$\tan \alpha = \frac{y_{i,j} - y_{0,0}}{x_{i,j} - x_{0,0}} = \frac{P_2 - P_1 \cos \theta}{P_1 \sin \theta} \qquad (5-29)$$

莫尔条纹 1 的方程可表示为

$$y_1 = x \tan \alpha = \frac{P_2 - P_1 \cos \theta}{P_1 \sin \theta} x \qquad (5-30)$$

同样可求得莫尔条纹 2 和 3 的方程为

$$y_2 = \frac{P_2 - P_1 \cos \theta}{P_1 \sin \theta} x - \frac{P_2}{\sin \theta} \qquad (5-31)$$

$$y_3 = \frac{P_2 - P_1 \cos \theta}{P_1 \sin \theta} x + \frac{P_2}{\sin \theta} \qquad (5-32)$$

　　由上述式(5-30)~式(5-32)可以得出结论:莫尔条纹是周期函数,其周期 $T = P_2/\sin \theta$,也叫莫尔条纹的宽度 B。

　　当 $P_1 = P_2$ 时,莫尔条纹中线斜率为

$$\tan \alpha = \frac{1 - \cos \theta}{\sin \theta} = \tan \frac{\theta}{2}$$

就得到"横向莫尔条纹"。横向莫尔条纹与 x 轴的交角为 $\theta/2$。实用中 θ 很小,因此可以认为横向莫尔条纹几乎与 y 轴垂直,如图 5-7(a)所示。

　　当 $P_2 = P_1 \cos \theta$ 时,即 $\theta \neq 0$ 时就得到严格的横向莫尔条纹。因此,当两光栅节距不同时,总能找到一个 θ 角,便得到横向莫尔条纹。

　　当 $\theta = 0$, $P_1 \neq P_2$ 时,就得到如图 5-7(b)所示的纵向莫尔条纹。

　　其他情况下都是斜向莫尔条纹,如图 5-7(c)所示。

　　一束恒定不变的光照射到运动的光栅对上时,通过光栅对的光强就变成固定周期的交变光。在某一点观察时,能看到随着光栅的移动,某点的透过光强作明暗交替变化,光栅对光起了调制作用。假如两个计量光栅的节距相等,且两光栅栅线夹角很小,当主光栅相对于指示光栅移动一个节距时,莫尔条纹就移动了一个条纹间隔,即移动了一个莫尔条纹的宽度 B,即

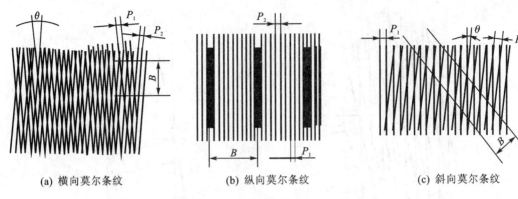

(a) 横向莫尔条纹　　　　　　　(b) 纵向莫尔条纹　　　　　　　(c) 斜向莫尔条纹

图 5-7　光栅莫尔条纹的示意图

$B = P/\sin\theta$。由此可见,莫尔条纹有放大作用,放大倍数 $K = B/P = 1/\sin\theta$。例如,$\theta = 20'$,则 $K = 172$。虽然光栅节距很小,但是它移动一个节距,莫尔条纹一个周期在空间尺寸上要大几百倍,这样就便于安装光电测量头进行测量。

　　一维长光栅莫尔条纹与电子电路配合形成光学自动测长系统,已广泛应用于机械测长和数控机床中。一般情况下,指示光栅与工作台固定在一起。工作台前后移动的距离由指示光栅和长光栅形成的莫尔条纹测长系统进行计数得到。指示光栅相对于长光栅移过一个节距,莫尔条纹变化一周。工作台移动进行长度测量时,指示光栅移动的距离为

$$x = NP + \delta \qquad (5-33)$$

式中,P 为光栅节距;N 为指示光栅移动距离中包含的光栅线对数;δ 为小于 1 个光栅节距的小数。

　　最简单的形式是以指示光栅移过的光栅线对数 N 进行直接计数。但实际系统并不单纯计数,而是利用电子学的方法,把莫尔条纹的一个周期再进行细分,于是可以读出小数部分 δ,使系统的分辨能力提高。目前电子细分可分到几十分之一到百分之一。如果单纯从光栅方面去提高分辨率,光栅节距要再做小几十倍,工艺上是难以达到的。

2. 四倍频细分判向原理

　　电子细分方式用于莫尔条纹测长中有好几种,四倍频细分是普遍应用的一种。

　　在光栅一侧用光源照明两光栅,在光栅的另一侧用四个聚光镜接收光栅透过的光能量,这四个聚光镜布置在莫尔条纹一个周期 B 的宽度内,它们的位置互相差 1/4 个莫尔条纹周期。在聚光镜的焦点上各放一个光电二极管,进行光电转换用,结构如图 5-8 所示。

　　当指示光栅移动一个节距时,莫尔条纹变化一个周期,四个光电二极管输出四个相位相差 90°的近似于正弦的信号 $A\sin t$,$A\cos t$,$-A\sin t$ 和 $-A\cos t$,这四个信号称为取样信号,把它送到如图 5-9 所示的方块电路中去。

　　四个正弦信号经整形电路以后输出为相位互差 90°的方波脉冲信号,便于后面计数器对信号脉冲进行计算。于是莫尔条纹变化一个周期,在计数器中就得到四个脉冲,每一个脉冲就反映 1/4 莫尔条纹周期的长度,使系统的分辨能力提高了 4 倍。计数器采用可逆计数器是为了判断指示光栅运动的方向。当工作台前进时,可逆计数器进行加法运算,后退时进行减法计算。整形、细分、判向电路的更详细的方块图如图 5-10 所示。

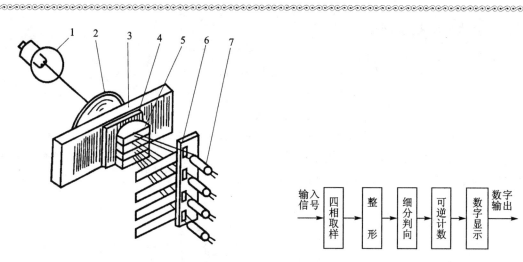

1—灯泡；2—聚光镜；3—长光栅；4—指示光栅；
5—四个聚光镜；6—狭缝；7—四个光电二极管

图 5 - 8　四倍频细分透镜读数头　　　　　图 5 - 9　信号处理框图

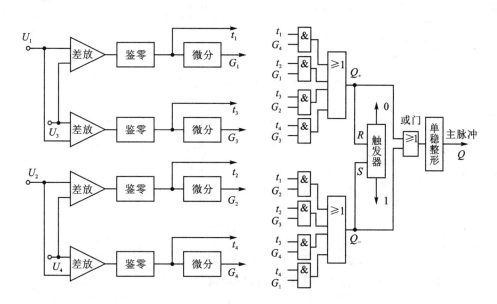

图 5 - 10　四倍频整形细分判向电路方块图

四个取样信号是包含直流分量的电信号，可表达为

$$
\begin{aligned}
U_1 &= U_0 + U_A \sin(\omega t + 0) = U_0 + U_A \sin \omega t \\
U_2 &= U_0 + U_A \sin\left(\omega t + \frac{\pi}{2}\right) = U_0 + U_A \cos \omega t \\
U_3 &= U_0 + U_A \sin(\omega t + \pi) = U_0 - U_A \sin \omega t \\
U_4 &= U_0 + U_A \sin\left(\omega t + \frac{3\pi}{2}\right) = U_0 - U_A \cos \omega t
\end{aligned}
\qquad (5-34)
$$

经差分放大后滤去直流分量得到

$$
\left.\begin{aligned}
U_{13} &= U_1 - U_3 = 2U_A \sin \omega t \rightarrow \sin \omega t \\
U_{24} &= U_2 - U_4 = 2U_A \cos \omega t \rightarrow \cos \omega t \\
U_{31} &= U_3 - U_1 = -2U_A \sin \omega t \rightarrow -\sin \omega t \\
U_{42} &= U_4 - U_2 = -2U_A \cos \omega t \rightarrow -\cos \omega t
\end{aligned}\right\}
\qquad (5-35)
$$

　　鉴零器的作用是把正弦波变成方波,它工作于开关状态,输入的正弦波每过零一次,鉴零器就翻转一次。它为后面的数字电路提供判向信号(t_i),同时它还经过微分电路微分后输出尖脉冲提供计数的信号(G_i),波形如图 5-11 所示。

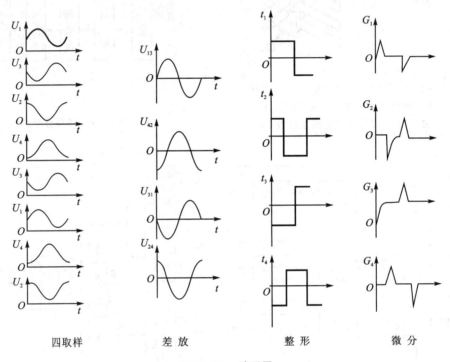

図 5-11　波形图

　　由 8 个“与”门和 2 个“或”门再加触发器构成了判向电路,经由触发器输出 0 或 1,加到可逆计数器的“加”或“减”控制线上。若令“与”门输出信号 q,则逻辑表达式为

$$
q = t\,G
\qquad (5-36)
$$

即逻辑乘。当输入都是高电平“1”时,“与”门输出为高电平“1”;否则输出为低电平“0”,即“或”门的逻辑是加法运算,可称为

$$
Q = q_1 + q_2 + q_3 + q_4
$$

于是“或”门输出为

$$
\left.\begin{aligned}
Q_+ &= t_1 G_4 + t_2 G_1 + t_3 G_2 + t_4 G_3 \\
Q_- &= t_1 G_2 + t_2 G_3 + t_3 G_4 + t_4 G_1 p
\end{aligned}\right\}
\qquad (5-37)
$$

　　由图 5-12 所示的细分判向电路波形图可看出 Q_+ 和 Q_- 输出波形,Q_+、Q_- 控制触发器的输出电平加到可逆计数器的加减控制线上。Q_+ 和 Q_- 经“或”门再经单稳整形后输出到可逆计数器的计数时钟线上进行计数,最后由数字显示器显示。莫尔条纹信号的细分电路还可

有其他形式的电路去实现,也可由单片机去实现。细分程度与波形的规则程度有关。要求信号最好是严格的正弦波,谐波成分少,否则细分的精度也不可能提高,目前一般测长精度是 $1\ \mu m$。

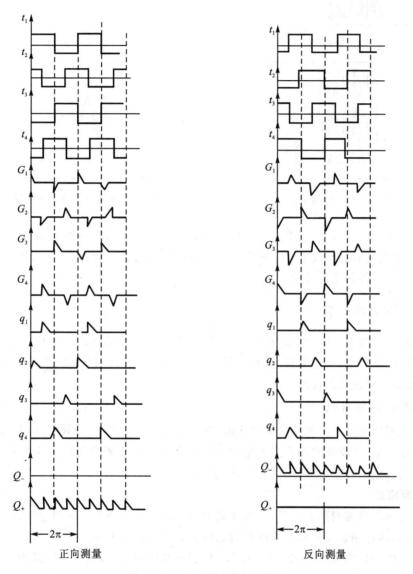

正向测量　　　　　　　　　　　　　反向测量

图 5 - 12　细分判向电路波形图

3. 置零信号

要知道测长的绝对数值,必须在测长的起始点给计数器以置零信号,这样计数器最后的指示值就反映了绝对测量值。这个起始信号一般是在指示光栅和长光栅上面另加一组零位光栅,再加光电转换系统和电子线路来给出计数器的置零信号。考虑到光电二极管能得到足够的能量,一般零位光栅不采用单缝而采用一组非等宽的黑白条纹,如图 5 - 13 所示。当另一对零位光栅重叠时,就能给出单个尖三角脉冲,如图 5 - 14 所示,此尖脉冲作为测长计数器的置零信号。

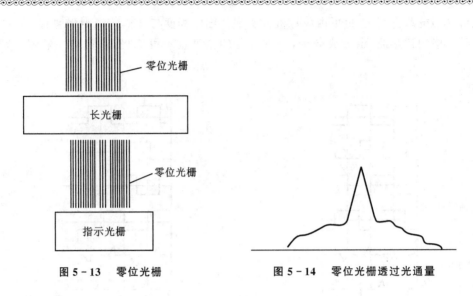

图 5-13　零位光栅　　　　　　　图 5-14　零位光栅透过光通量

如果工作台可沿 x、y、z 三个坐标方向运动,在其 x、y、z 三个坐标方向安置三对莫尔光栅尺,配合电子线路后就形成了三坐标测量仪,可以自动精读工作台三维运动的长度,或者自动测出工作台上工件的三维尺寸。

5.4.2　激光测距仪

激光测距无论在军事应用还是在科学研究、生产建设方面都起着重要作用。由于激光方向性好、亮度高、波长单一,故测程远、测量精度高。激光测距仪结构小巧、携带方便,是目前高精度、远距离测距最理想的仪器。

1. 脉冲激光测距仪

脉冲激光测距是远距离测距的重要手段,它用光速进行测距,测量速度快、精度高,不受地形的限制。在军事、气象研究和人造卫星的运动研究方面有重要的地位。其主要缺点是在近地面使用时受气象条件的影响较大(与雷达测距相比)。

(1) 测距原理

脉冲激光测距仪的测距原理是:由激光器对被测目标发射一个光脉冲,然后接收目标反射回来的光脉冲,通过测量光脉冲往返所经过的时间算出目标的距离。

光在空气中传播的速度 $c \approx 3 \times 10^8$ m/s。设目标的距离为 L,光脉冲往返所走过的距离即为 $2L$,若光脉冲往返所经过的时间为 t,则

$$t = 2L/c \tag{5-38}$$

测距仪即按式(5-38)算出所测的距离。

(2) 脉冲测距仪原理

脉冲激光测距仪的原理如图 5-15 所示。它由激光发射系统、接收系统、门控电路、时钟脉冲振荡器及计数器等组成。

其工作过程为:当按动启动按钮 10 时,复原电路 9 给出复原信号使整机复原,准备进行测量;同时触发脉冲激光器 1,产生激光脉冲(见图 5-16(a)、(b)),该激光脉冲除一小部分能量由取样器 2 直接送到接收器(把此信号称为参考信号)外,绝大部分激光能量射向被测目标,由

被测目标把激光能量反射回接收系统得到回波信号(或测距信号),如图 5 - 16(c)所示。参考信号及回波信号先后经小孔光阑 3 和干涉滤光片 4 聚焦到光电检测器 5 上变换成电脉冲信号。小孔光阑 3 的作用是限制视场角,阻挡杂光进入系统。干涉滤光片 4 一般只允许激光光谱信号进入系统,阻止背景光谱进入检测器,从而有效地降低背景噪声,提高信噪比。

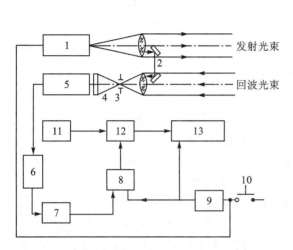

1—激光器;2—取样器;3—小孔光阑;4—干涉滤光片;
5—光电检测器;6—放大电路;7—整形电路;8—控制电路;
9—复原电路;10—启动按钮;11—时钟振荡器;
12—电子门;13—计数器

图 5 - 15　脉冲测距仪原理方块图

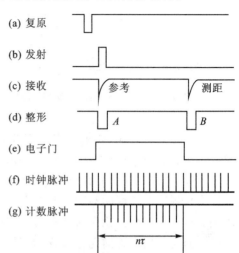

图 5 - 16　脉冲测距波形

由光电检测器件 5 得到的电脉冲,经放大电路 6 和整形电路 7,输出一定形状的负脉冲到控制电路 8。由参考信号产生的负脉冲 A(见图 5 - 16(d))经控制电路 8 去打开电子门 12(见图 5 - 16(e))。这时振荡频率一定的时钟振荡器 11 产生的时钟脉冲可以通过电子门 12 进入计数显示电路 13,计时开始(见图 5 - 16(f))。当反射回来经整形后的测距信号 B 到来时,关闭电子门 12,计时停止。计数和显示的脉冲数如图 5 - 16(g)所示。

在参考脉冲及回波信号之间,计数器接收到的时钟脉冲个数代表了被测距离。设计数器在参考脉冲和回波脉冲接收到 n 个时钟脉冲,时钟脉冲的重复周期为 τ,则被测距离为

$$L = \frac{t}{2}c = \frac{n\tau}{2}c \qquad\qquad (5-39)$$

由式(5 - 39)可以看出,时钟振荡频率取得愈高,则测量分辨率愈高。但是最小分辨距离并不是单独由计数系统提高,它主要取决于激光脉冲的上升时间。

脉冲激光测距仪的原理和结构较简单,测程远;主要缺点是绝对测量精度较低。

2. 相位激光测距仪

所谓用相位法测距就是通过测量从测距仪器发出的连续调制光在待测距离上往返所产生的相位移来计算待测距离的方法。相位测距法比脉冲测距法有更高的测距精度,但是它必须加合作目标。相位激光测距仪适合于民用测量,如大地测量和地震测量等。

(1) 相位测距原理

测距用的调制光波形如图 5 - 17 所示。若其调制频率为 f,光速为 c,则波长 λ 为

$$\lambda = c/f$$

由于调制光波在传播过程中其相位是不断变化的,如果设光波从 A 到 B 点的传播过程中相位变化(又称为相位移)为 φ,则由图 5-17 看出,φ 可由 2π 的倍数来表示,即

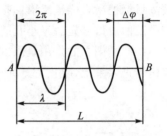

$$\varphi = N \cdot 2\pi + \Delta\varphi = (N + \Delta n)2\pi, \qquad N = 0,1,2,\cdots$$
$$(5-40)$$

式中,Δn 是个小数,即 $\Delta n = \dfrac{\Delta\varphi}{2\pi}$。

图 5-17　用"光尺"测量距离

从图 5-17 可以看出,光波每前进一个波长 λ,相当于相位变化了 2π,因此距离 L 为

$$L = \lambda(N + \Delta n) \tag{5-41}$$

由上述分析可知,如果测得光波相位移 φ 中 2π 的整数和小数,就可以确定出被测距离值,所以调制光波可以被认为是一把"光尺",其波长 λ 就是相位式激光测距仪的"测尺"长度。

实际上,测距仪由光源发出一定的光强度并按某一频率 f 变化的正弦调制光波,光波的强度变化规律与光源的驱动电源的变化完全相同,出射的光波到达被测目标时,通常在被测距离上放有一块反射棱镜作为被测的合作目标,这块棱镜能把入射光束反射回去,而且保证反射光的方向与入射光方向完全一致,如图 5-18 所示。在仪器的接收端就获得调制光波的回波,经光电转换后得到与接收到的光波调制波频率完全相同的电信号。此电信号经放大后与光源的驱动电压相比较,测得两个正弦电压的相位差,根据所测相位差就算得所测距离。

为了便于理解测距仪的测相系统对光波往返两倍距离后的相位移进行测量,图 5-19 说明了光波在距离 L 上往返后的相位变化。在 B 点设置反射器,假设测距仪的接收系统置于 A'(实际上测距仪的发射和接收系统都是在 A 点),并且 $AB = BA'$,$AA' = 2L$,则由图可见

$$2L = \lambda(N + \Delta n), \qquad N = 0,1,2,\cdots$$
$$L = \lambda(N + \Delta n)/2 = L_s(N + \Delta n) \tag{5-42}$$

式中,Δn 为小数,$\Delta n = \dfrac{\Delta\varphi}{2\pi}$,此时测尺长度 $L_s = \lambda/2 = c/2f$。由此可知,只要能测得 N 和 $\Delta\varphi$,就可算得距离 L。

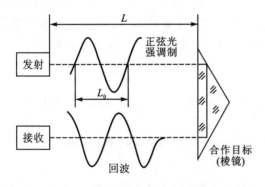

图 5-18　光波经合作目标返回

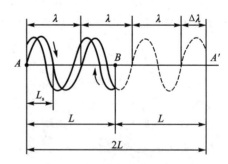

图 5-19　光波经 2L 后的相位变化

这种测距方法形象地说是用 L_s 的调制波来测置距离,就好像人们通常用 50 m(或 100 m 等)长的钢尺丈量某段距离一样。先记录几个整尺长,然后再记录其尾数,最后将两者加起来就是所求长度。例如,有一段距离 $L = 278.34$ m,用 50 m 钢尺去丈量,可知共含有 5 个整尺,

所余尾数为 28.34 m,则得 $L=(50\times5+28.34)$ m$=278.34$ m。

与式(5-42)相对照,50 m 就相当于 L_s,N 相当于 5,ΔnL_s 就是尾数 28.34 m。但是,目前相位测距仪只能求相位的尾数 $\Delta\varphi$,不能求整周期数 N。因此,上式中的 N 值不能确定,使该式产生多值解,距离 L 就无法确定。换句话说,当距离 L 大于测尺长度 L_s 时,仅用一把"光尺"是无法测定距离的。但当距离 L 小于测尺长度 L_s,即 N 等于零时,L 不存在多值解的问题。

由此可知,如果被测距离较长,则可选用一个较低的测尺频率,使其测尺长度 L_s($L_s=c/2f$)大于待测距离,那么在这种情况下就不会出现距离的多值解。但又由于仪器的测相系统存在测量误差,因此会造成测距误差,并且选用 L_s 愈大,则测距误差越大。例如,仪器的测相误差为 0.1%,当测尺长度 $L_s=10$ m 时,会引起 1 cm 的距离误差;而当 $L_s=1\,000$ m 时,所引起的误差就可达 1 m。若要在仪器最大测程内获得距离单值解而选用较低测尺频率,测距误差就会很大。为了得到较高的测距精度而采用较短的测尺长度,即较高的测尺频率,使仪器的单值测定距离相应变短。例如,距离精度要求达到 1 cm,根据 0.1% 的测相精度,测尺长度 $L_s=10$ m;当被测距超过 10 m 时,距离就无法确定了。显然,这样的测距仪没有任何实际意义。在测距仪中,能否采用几个精度不同的"光尺"配合使用,就像钟表的时、分、秒三个指针那样,精确地测定较长的距离呢?实践证明这是一个可行的办法。一般来说,当被测距离大于基本测尺长度 L_{sa}(决定仪器测距精度的测尺)时,可再选一个或几个辅助测尺 L_{sb}(又叫粗测测尺),然后将各测尺的测距读数组合起来得到单一的和准确的距离值。例如,选用两把测尺,其中 $L_{sa}=10$ m, $L_{sb}=1\,000$ m,用它们分别测量某一段长度为 386.57 m 的距离时,用 L_{sa} 测量时可得到不足 10 m 的尾数 6.57 m,用 L_{sb} 测量可得不足 1 000 m 的尾数 386 m,将两者组合起来就可得 386.57 m。

由 $\lambda=c/f$ 可知,对于两个测尺 $L_{sa}=10$ m 和 $L_{sb}=1\,000$ m 的相应频率为 $f_{sa}=c/2L_{sa}=15$ MHz, $f_{sb}=c/2L_{sb}=150$ kHz。

以上分析说明,用一组测尺共同对距离 L 进行测量就可以解决距离的多值解,其实质是解决了测距仪高精度和长测程的矛盾。在这组测尺中,最短的测尺保证了必要的测距精度,而较长的测尺则保证了仪器所必要的测程。

(2) 相位测距仪原理

图 5-20 所示为一种最简单的相位测距仪原理图。仪器采用半导体发光二极管作为光源,它出射的光通量近似地与注入的驱动电流成正比。当驱动电流为某频率的正弦电流时,发光二极管输出光通量(光强度)也为正弦变化,其初始相位与驱动电流同相。出射光波经发射光学系统准直后射向合作目标。由合作目标反射回来的光波经接收物镜后会聚于光电二极管上,转换为正弦电压信号。测尺长度取 10 m 和 1 000 m(对应精度为 1 cm 和 1 m),则测尺频率就取 $f_1=15$ MHz 和 $f_2=150$ kHz。仪器中有精主振驱动电源 f_1 和粗主振电源 f_2,由开关依次控制对发光二极管供电,发射测距信号,进行两次测相。由于最后比较驱动信号和光电二极管输出信号的检相器只能工作于较低频率,因而要把高频率电压转换到低频电压。所以仪器中又设两个本振信号发生器,精本振频率为 $\omega_{R1}=2\pi(f_1-f_c)$, $f_c=4$ kHz,粗本振频率为 $\omega_{R2}=2\pi(f_2-f_c)$,将主振和本振电压输出到基准混频器去进行外差,输出频率为 f_c 的低频基准电压。同时,精本振输出电压又与接收放大器输出信号在信号混频器中进行外差,得到 f_c 频率的信号电压。信号电压和基准电压的频率都降为 4 kHz,但其相位仍保持高频信号的

相位。这两个信号进入检相电路检出相位差,最后进入计算电路进行计算。将 f_1 和 f_2 的两次测量结果在计算电路中综合以后,由显示器显示出测距结果。

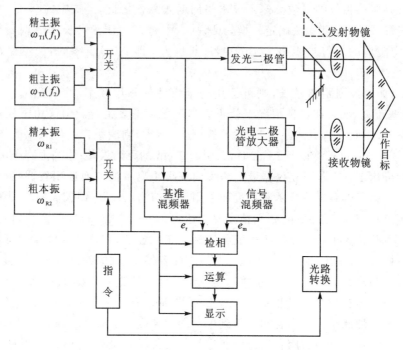

图 5-20   相位测距仪原理方块图

例如,如果主振和本振频率分别为 ω_T 和 ω_R,则发光二极管发射主振信号的相位为 $\omega_T t + \varphi_T$,测量光束经合作目标反光镜返回后由光检测器接收的信号的相位就为 $\omega_T t + \varphi_T + \varphi_s$,光检测器输出信号在信号混频器中与本振信号混频,产生相位计的测量信号 e_m。它的相位为

$$\varphi_m = (\omega_T - \omega_R)t + \varphi_T + \varphi_s - \varphi_R \qquad (5-43)$$

式中,φ_T 和 φ_R 分别为主振和本振的初始相位;φ_s 为接收与发射信号的相位差。

主振和本振信号在基准混频器中混频后产生相位计的测相基准信号 e_r,其相位为

$$\varphi_r = (\omega_T - \omega_R)t + \varphi_T - \varphi_R \qquad (5-44)$$

由式(5-43)和式(5-44)可以看出,差频后得到的两个低频信号的相位差 φ_s 和直接测量高频调制信号的相位差是一样的。

由此可见,相位计测得的相位即主振信号发射后往返两次被测距离而产生的相位移,相位计工作在低频 4 kHz,降低了测相频率,容易保证相位计的精度。由于实际仪器中电路各环节总会有时间延迟而引入相移,仪器内部光学系统中有一段光路长度,并且光学器件有折射率等,这些相移将引入误差,但这个数值是固定的。在测量以前,把三角棱镜放在发光二极管前面并对内光路测一次,然后把这个测量结果在正式测距结果中减去,就可得到校正值。当然,仪器要达到精确测量还需要做多项修正。有关资料可参阅相关文献。

5.4.3   环境污染监测系统

随着工业的迅速发展,排放出大量的有害物质污染空气和水,严重地影响着人们的身心健康。因此,检测环境污染已是人们十分关心的问题。对于大气中的污染物质,如 CO、CO_2 和

SO_2 等对红外辐射都有确定的吸收波段,如表 5-2 所列。利用气体分析仪可测量出它们在空气中的浓度。

表 5-2　CO、CO_2 和 SO_2 等有害气体与吸收波长的关系

气体分子	CO	CO_2	NO	NO_2	SO_2	H_2S	HF	HCl
吸收波长 /μm	4.7 ,	2.7 4.35 14.5	5.3	3.4 6.2	7.35 8.7 18.5	2.6 7.7	2.3	3.6
气体分子	NH_3	CH_4	C_2H_2	C_2H_4	C_4H_{10}	O_3	H_2O	
吸收波长 /μm	10.5	3.35 7.7	13.7	10.52	3.4	9.6	2.7 6.3	

下面以 CO_2 气体分析仪为例说明分析仪的工作原理。由表中可看出,CO_2 的红外吸收带包括 2.7 μm、4.35 μm 及 14.5 μm。其中,2.7 μm 受到大气吸收带的干扰,而 14.5 μm 的吸收带较弱,因而选择 4.35 μm 的吸收带为工作波长。

分析仪的结构原理如图 5-21 所示,它由红外光源、调制部件、标准气室、测量气室、检测器件及信号处理部分组成。

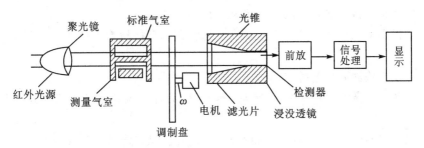

图 5-21　分析仪结构原理

红外光源可用掺有 15% 的氧化钇粉状锆压制成的白炽条灯,这种灯的发光峰值波长为 2 μm。红外检测器可选用无选择性的热敏电阻,为提高它的灵敏度采用了光锥及浸没透镜,并在它的前端加了干涉滤光片。干涉滤光片的透过波长为 $(4.3 \pm 0.15)\mu$m。换句话说,只有 $(4.3 \pm 0.15)\mu$m 的红外光才能照射到检测器上,其他波长的光全被滤除掉。

被测量的大气连续地流过测量气室。标准室里充满不含 CO_2 的大气或含有一定量的 CO_2 的大气。从光源发出的红外辐射经准直镜准直成平行光,分别进入标准室及测量室,经调制器调制后,再经干涉滤光片后进入到检测器上转变成电信号。

调制盘为齿轮式圆盘,如图 5-22 所示。

调制盘的透光位置应这样安排:当调制盘的齿正好遮住测量室出来的辐射时,从标准室出来的辐射正好通过齿间隙;当测量室出来的光正好通过齿间隙时,标准室出来的辐射正好被齿挡住,这样检测器交替地接收通过标准室及测量室的辐射。如果标准室里和测量室里的气体都不含 CO_2,且调节光路使两束光的强度及截面积全相等,那么检测器接收

图 5-22　调制盘

到的光通量恒定不变,检测器只有直流响应,接在检测器后面的交流选频放大器的输出为零。如果进入测量室的气体中含有 CO_2 气体,对 $4.35~\mu m$ 的辐射就有吸收,于是两束光辐射的强度就不相等,检测器接收到的辐射按强、弱交替变化,这时放大器输出的信号不再为零,且测量室中 CO_2 的浓度愈高,出射光的强度愈弱,调制深度愈深,选频放大器的输出信号愈强。经过适当标定,可测量出 CO_2 的含量。选频放大器的中心频率等于电机转速和调制盘齿数的乘积。Q 值可做得高一些,以便抑制噪声。

水质污染亦可采用分析仪器测定。例如,河流、海洋受到原油污染时,利用水中饱和直链烃 CH_3— 和 CH_2—基团在 $3.5~\mu m$ 处的吸收峰设计分析仪中的检测部件。测量时,将水中的油用四氯化碳萃取,脱水后直接放在分析仪上测量。这一测量方法快速、灵敏。或者把水放在纯氧中燃烧,使水中的碳变成 CO_2,再通入仪器中分析。因为水质污染后,有机碳含量比较高,CO_2 含量愈高,说明污染愈严重。

思考题与习题

5-1 直接检测系统的基本原理是什么?为什么说直接检测又称为包络检测?

5-2 对直接检测系统来说,如何提高输入信噪比?

5-3 什么是直接检测系统的量子极限?说明其物理意义。

5-4 试根据信噪比分析具有内增益光电检测器的直接检测系统为什么存在一个最佳倍增系数。

5-5 对于点检测光电系统,怎样提高系统的作用距离?

5-6 何谓莫尔条纹?应用几何光学原理解释,为什么说莫尔条纹测试技术具有光学放大的作用?

5-7 在莫尔条纹测长中,除了四倍频细分方法外,试给出另一种细分方法。

5-8 在脉冲激光测距仪中,为了得到 1 m/脉冲的测距脉冲当量,应该选用多少频率的主时钟振荡源?

5-9 比较脉冲激光测距和相位激光测距的技术特点。

5-10 用相位测距法测量距离,设被测距离最大范围为 10 km,要求测距精度为 1 cm,而各尺的测量精度为 1‰,试给出测尺的个数以及各测尺的长度和频率。

第6章 光外差检测系统

光外差检测在激光通信、雷达、测长、测速、测振和光谱学等方面用途广泛。其检测原理与微波及无线电外差检测原理相似。光外差检测与光直接检测比较,其测量精度要高7~8个数量级。它的灵敏度达到了量子噪声限,其 NEP 值可达 10^{-20} W,可以检测单个光子,进行光子计数。显然,用外差检测目标或外差通信的作用距离比直接检测远得多。遗憾的是,外差检测要求相干性极好的光波——激光才能进行测量。而激光受大气湍流效应影响严重,破坏了激光的相干性,因而目前远距离外差检测在大气中的应用受到限制,但在外层空间特别是卫星之间通信联系已达到实用阶段。

在光电信息检测中,当光波频率很高时(如频率 $\nu \geqslant 10^{16}$ Hz),每个光子的能量很大,很容易被检测出来,这时光外差检测技术并不特别有用。相反,由于直接检测不需要稳定激光频率,也不需要本振激光器,在光路上不需要精确的准直,因此,在这种情况下直接检测更为可取。在波长较长的情况下(如近红外和中红外波段),已经有了高效率、大功率的光源(如 10.6 μm 的 CO_2 激光器和波长为 1.30 μm 和 1.55 μm 的半导体激光器)可供利用。但在这个波段缺少像在可见光波段那样极高灵敏度的检测器。因此,用一般的直接检测方法无法实现接近量子噪声限的检测,光外差检测技术就显示了它的优越性。

6.1 光外差检测原理

光外差检测与直接检测相比较有许多优点,在直接检测中由于光的振动频率高达 $2 \times 10^{13} \sim 7.5 \times 10^{14}$ Hz,振动周期 T 为 $5 \times 10^{-14} \sim 1.3 \times 10^{-15}$ s(可见光到中近红外),而检测器响应时间最短 10^{-10} s,只能响应其平均能量或平均功率。在直接检测中,设光波动的圆频率为 ω,振幅为 A,则光波 $f(t)$ 写成

$$f(t) = A \cos \omega t$$

那么平均光功率 P_{cp} 为

$$P_{cp} = \frac{1}{2\pi} \int_0^{2\pi} A^2 \cos^2 \omega t \, \mathrm{d}(\omega t) = \frac{A^2}{2} \tag{6-1}$$

显然,光波直接检测只能测量到振幅值。下面讨论外差检测原理。

光外差检测原理如图 6-1 所示。图中,f_s 为信号光波,f_L 为本机振荡(本振)光波,这两束平面平行的相干光经过分光镜和可变光阑入射到检测器表面进行混频,形成相干光场。经检测器变换后,输出信号中包含 $f_c = f_s - f_L$ 的差频信号,故又称相干检测。

图 6-2 所示为外差检测的实验装置,光源是经过稳频的 CO_2 激光器。由分光镜把入射光分成两路:一路经过反射作为本振光波,其频率为 f_L;另一路经过

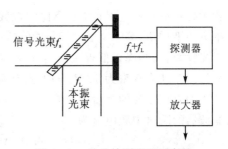

图 6-1 外差检测原理示意图

转镜反射,并由透镜聚焦到可变光阑上作为信号光束。转镜轮转动相当于目标沿光波方向并有一运动速度,光的回波就产生了多普勒频移,其频率为 f_s。可变光阑用来限制两光束射向光电检测器的空间方向。线栅偏振镜用来使两束光变为偏振方向相同的相干光,然后两束光垂直投射到检测器上。

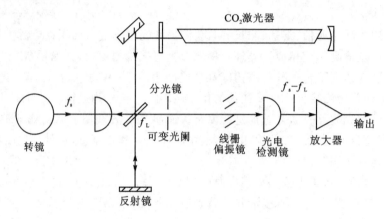

图 6 - 2　外差检测实验装置

下面用经典理论来分析两光束外差后的结果。设入射到检测器上的信号光场为

$$f_s(t) = A_s\cos(\omega_s t + \varphi_s) \tag{6-2}$$

本机振荡光场为

$$f_L(t) = A_L\cos(\omega_L t + \varphi_L) \tag{6-3}$$

那么,入射到检测器上的总光场为

$$f(t) = A_s\cos(\omega_s t + \varphi_s) + A_L\cos(\omega_L t + \varphi_L) \tag{6-4}$$

由于光检测器的响应与光电场的平方成正比,故光检测器的光电流为

$$i_p(t) \propto \overline{f^2(t)} = \overline{[f_s(t) + f_L(t)]^2}$$

式中的横线表示在几个光频周期上的平均。将上式展开后,则有

$$i_p(t) = \alpha\overline{f^2(t)} = \alpha\overline{[f_s(t) + f_L(t)]^2} =$$
$$\alpha\left\{\underbrace{A_s^2\overline{\cos^2(\omega_s t + \varphi_s)}}_{①} + \underbrace{A_L^2\overline{\cos^2(\omega_L t + \varphi_L)}}_{②} +\right.$$
$$\left.\underbrace{A_s A_L\overline{\cos[(\omega_L + \omega_s)t + (\varphi_s + \varphi_L)]}}_{③} + \underbrace{A_s A_L\overline{\cos[(\omega_L - \omega_s)t + (\varphi_L - \varphi_s)]}}_{④}\right\}$$
$$\tag{6-5}$$

式中,$\alpha = e\eta/(h\nu)$ 为光电变换比例常数,$\omega_C = \omega_L - \omega_s$ 称为差频。式中第①、②项为余弦函数平方的平均值,等于 1/2。第③项(和频项)频率太高,光混频器不响应。而第④项(差频项)相对光频而言,频率要低得多。当差频 $(\omega_L - \omega_s)/(2\pi) = \omega_C/(2\pi)$ 低于光检测器的截止频率时,光检测器就有频率为 $\omega_C/(2\pi)$ 的光电流输出。

如果把信号的测量限制在差频的通常范围内,则可以得到通过以 ω_C 为中心频率的带通滤波器的瞬时中频电流为

$$i_C(t) = \alpha A_s A_L\cos[(\omega_L - \omega_s)t + (\varphi_L - \varphi_s)] \tag{6-6}$$

从式(6-6)可以看出,中频信号电流的振幅 $\alpha A_s A_L$,频率 $(\omega_L - \omega_s)$ 和相位 $(\varphi_L - \varphi_s)$ 都随信号

光波的振幅、频率和相位成比例地变化。在中频滤波器输出端,瞬时中频信号电压为

$$V_C = \alpha A_s A_L R_L \cos[(\omega_L - \omega_s) + (\varphi_L - \varphi_s)] \qquad (6-7)$$

式中,R_L 为负载电阻。中频输出有效信号功率就是瞬时中频功率在中频周期内的平均值,即

$$P_C = \frac{\overline{V_C^2}}{R_L} = 2\left(\frac{e\eta}{h\nu}\right)^2 P_s P_L R_L \qquad (6-8)$$

式中,$P_s = A_s^2/2$ 为信号光的平均功率;$P_L = A_L^2/2$ 为本振光的平均功率。

当 $\omega_L = \omega_s$,即信号光频率等于本振光频率时,则瞬时中频电流为

$$i_C(t) = \alpha A_s A_L \cos(\varphi_L - \varphi_s) \qquad (6-9)$$

这是外差检测的一种特殊形式,称为零差检测。

可以看到,差频信号是由具有恒定频率(近于单频)和恒定相位的相干光混频得到的。如果频率、相位不恒定,无法得到确定的差频光。这就是为什么只有激光才能实现外差检测的原因。

6.2 光外差检测特性

6.2.1 光外差检测可获得全部信息

由上述讨论可看出,外差检测中,光检测器输出的电流不仅与信号光和本振光的光波振幅成正比,而且输出电流的频率与相位还和合成光振动频率和相位相等。因此,外差检测不仅可检测振幅和强度调制的光信号,还可检测频率调制及相位调制的光信号。这种在光检测器输出电流中包含有信号光的振幅、频率和相位的全部信息,是直接检测所不可能有的。

6.2.2 光外差检测转换增益高

由式(6-8)可知,光外差检测中频输出有效信号功率为

$$P_C = 2\left(\frac{e\eta}{h\nu}\right)^2 P_s P_L R_L$$

在直接检测中,检测器输出的电功率为

$$P_o = \left(\frac{e\eta}{h\nu}\right)^2 P_s^2 R_L$$

在两种情况下,都假定负载电阻为 R_L。在同样信号光功率 P_s 下,这两种方法所得到的信号功率比 G 为

$$G = \frac{P_C}{P_o} = \frac{2P_L}{P_s} \qquad (6-10)$$

式中,G 称为转换增益。

由于在外差检测中,本机振荡光功率 P_L 比信号光功率大几个数量级是容易达到的,所以外差转换增益可以高达 $10^7 \sim 10^8$。例如,假定 $P_L = 0.5$ mW,那么在不同的 P_s 值下,G 值将发生明显变化,如表 6-1 所列。可以看出,在强光信号下,外差检测并没有多少好处;而在微弱光信号下,外差检测表现出十分高的转换增益,转换增益可达 $10^7 \sim 10^8$ 倍。所以可以说,光外差检测方式具有天然的检测微弱信号的能力。

表 6 - 1　　$P_L=0.5$ mW 时 P_s 与 G 的关系

P_s/W	10^{-3}	10^{-4}	10^{-5}	10^{-6}	10^{-7}	10^{-8}	10^{-9}	10^{-10}	10^{-11}
G	1	10	10^2	10^3	10^4	10^5	10^6	10^7	10^8

6.2.3　良好的滤波性能

如果取差频信号宽度 $(\omega_L-\omega_s)/(2\pi)$ 为信息处理器的通频带 Δf，即 $\Delta f=(\omega_L-\omega_s)/(2\pi)=f_L-f_s$，那么只有与本机振荡光束混频后在此频带内的杂光可以进入系统，其他杂光所形成的噪声均被信号处理器滤掉。因此，外差检测系统中不需要加光谱滤光片，其效果甚至比加滤光片的直接检测系统还好得多。例如，目标沿光束方向的运动速度 $v=0\sim15$ m/s，对于 10.6 μm 的 CO_2 激光，经目标反射后回波的多普勒频率 f_s 为

$$f_s=f_L\left(1+\frac{2v}{c}\right) \tag{6-11}$$

式中，f_L 为本机振荡频率；c 为光速。回波(信号光束)与本机振荡光束之频差(即频移)为

$$\Delta f_1=f_s-f_L=f_L\frac{2v}{c}=\frac{c}{\lambda_L}\cdot\frac{2v}{c}=\frac{2v}{\lambda_L}$$

代入 λ_L 及 v 的数值得

$$\Delta f_1=\frac{2v}{\lambda_L}=\frac{2\times15\times10^6}{10.6}\text{ Hz}=3\times10^6\text{ Hz}$$

所以，取差频放大器的带宽 $\Delta f_1=3$ MHz。

如果直接检测加光谱滤光片，滤光片带宽若为 10×10^{-10} m(10 Å)(即 $\Delta\lambda=10$ Å)，则所对应的带宽 Δf_2 为

$$\Delta f_2=f_2-f_1=\frac{c}{\lambda_2}-\frac{c}{\lambda_1}=\frac{c(\lambda_2-\lambda_1)}{\lambda_2\lambda_1}\approx\frac{c}{\lambda_2^2}\Delta\lambda=\left[\frac{3\times10^{18}}{(10.6\times10^4)^2}\times10\right]\text{ Hz}=3\times10^9\text{ Hz}$$

上述两种情况的带宽之比为

$$\frac{\Delta f_2}{\Delta f_1}=\frac{3\times10^9}{3\times10^6}=10^3$$

可见，外差检测对背景光有强抑制作用。

6.2.4　信噪比损失小

如果入射到检测器上的光场不仅存在信号光波 $f_s(t)$，还存在背景光波 $f_B(t)$，则可由式(6-6)推理得出检测器的输出电流为

$$I_C=2\alpha\sqrt{(P_s+P_B)P_L}$$

输出信噪比为

$$\frac{I_s}{I_n}=\frac{2\alpha\sqrt{P_sP_L}}{2\alpha\sqrt{P_BP_L}}=\sqrt{\frac{P_s}{P_B}}=\frac{A_s}{A_B} \tag{6-12}$$

式(6-12)说明，外差检测的输出信噪比等于信号光波和背景光波振幅的比值，输入信噪比等于输出信噪比，因此，输出信噪比没有任何损失。式(6-12)中噪声仅包含输入背景噪声，没有计及检测器本身的噪声。

6.2.5　最小可检测功率

由式(6-8)可知，内部增益为 M 的光外差检测器的输出有效信号功率为

$$P_C = 2\left(\frac{e\eta}{h\nu}M\right)^2 P_s P_L R_L \qquad (6-13)$$

式中，M 是检测器的内增益，对于光导检测器 $M=0\sim1\,000$；对于光伏检测器 $M=1$；对于光电倍增管 M 在 10^6 以上。

在光外差检测系统中遇到的噪声与直接检测系统中的噪声基本相同，存在许多可能的噪声源。在外差检测中，外界输入检测器的噪声及检测器本身的噪声通常都比较小，并可消除。但有两种噪声难以消除，因此，应主要考虑不可能克服或难以消除的散粒噪声和热噪声。外差检测中输出的散粒噪声和热噪声表示为

$$P_n = 2M^2 e\left[\frac{e\eta}{h\nu}(P_s + P_B + P_L) + I_d\right]\Delta f R_L + 4kT\Delta f \qquad (6-14)$$

式中，P_B 为背景辐射功率；I_d 为检测器的暗电流；Δf 为外差检测中频带宽。式(6-14)表示，外差检测系统中的噪声由信号光、本振光和背景辐射所引起的散粒噪声、检测器暗电流引起的散粒噪声以及检测器和电路产生的热噪声组成。于是功率信噪比为

$$(\text{SNR})_P = \frac{\left(\frac{e\eta}{h\nu}M\right)^2 P_s P_L R_L}{M^2 e\left[\frac{e\eta}{h\nu}(P_s + P_B + P_L) + I_d\right]\Delta f R_L + 2kT\Delta f}$$

当本征功率 P_L 足够大时，上式分母中本征散粒噪声功率远远超过所有其他噪声，则上式变为

$$(\text{SNR})_P = \frac{\eta P_s}{h\nu \Delta f} \qquad (6-15)$$

这就是光外差检测系统中所能达到的最大信噪比极限，一般称为光外差检测的量子检测极限或量子噪声限。对于热噪声是主要噪声源的系统来说，可以导出实现量子噪声限检测的条件

$$\frac{e^2 \eta R_L}{h\nu} P_L \Delta f > 2kT\Delta f$$

即

$$P_L > \frac{2kTh\nu}{e^2 \eta R_L} \qquad (6-16)$$

例如，对于光伏型 HgCdTe 检测器，取 $R_L = 50\ \Omega$，$T = 300\ \text{K}$，$\nu = 2.03 \times 10^{23}\ \text{Hz}$。当 $\eta = 0.1$ 时，计算得到 $P_L > 1.2\ \text{mW}$；$\eta = 0.3$ 时，$P_L > 0.4\ \text{mW}$。

综上所述，为了克服由信号光引起的噪声以外的所有其他噪声，从而获得高的转换增益，增大本振光功率是有利的。但是，也不是越大越好。这是因为本振光本身也要引起噪声。当本振光功率足够大时，本振光产生的散粒噪声远大于其他噪声；本振光功率继续增大时，由本振光所产生的散粒噪声也随之增大，从而使光外差检测系统的信噪比降低。所以，在实际的光外差检测系统中要合理选择本振光功率的大小，以便得到最佳信噪比和较大的中频转换增益。

若用最小可检测功率(等效噪声功率)NEP 表示，则在量子检测极限下，由式(6-15)求得

光外差检测的等效噪声功率 NEP 值,即

$$\text{NEP} = \frac{h\nu\Delta f}{\eta} \qquad\qquad (6-17)$$

这个值有时又称为光外差检测的灵敏度,是光外差检测的理论极限。

将光外差检测量子极限公式(6-15)与直接检测量子极限公式(5-14)比较发现,在滤波器带宽相同的情况下,外差检测的量子极限是直接检测的量子极限的2倍。这里应特别注意的是,直接检测量子极限公式表示一个理想光检测器在理想条件(即光检测系统不存在噪声)下所能达到的最大信噪比;而式(6-15)则是在本振光足够强的情况下导出的(并没有把光检测器看成是理想光检测器),两者有着本质的区别。在实际情况下,直接检测系统中的光检测器不可能是理想光检测器,总是存在着可观的热噪声、暗电流噪声和背景辐射噪声等。所以,对于直接检测系统来说,量子极限所描述的结果是无法实现的。而式(6-15)所描述的结果,利用足够强的本振光是很容易实现的。所以,不能只从公式的形式上就认为光外差检测的中频最大信噪比极限,只不过比直接检测的最大信噪比极限大一倍而已,要从两种检测方法的本质去理解。

在式(6-17)中,如果光混频器的量子效率 $\eta=1$,$\Delta f=1$ Hz,则光外差检测灵敏度的极限是一个光子。虽然实际上达不到这样高的检测灵敏度,但光外差检测方法十分有利于检测微弱的光信号是无疑的。检测灵敏度高是光外差检测的突出优点。

6.2.6　光外差检测系统对检测器性能的要求

光外差检测系统的性能在很大程度上取决于检测器的性能。因此,外差检测对检测器的要求一般比直接检测对检测器的要求高得多。其主要要求如下。

1. 响应频带宽

外差检测是利用运动目标与检测仪器之间因相对运动而产生的多普勒频移来实现其测距、测速和跟踪的。被检测的目标不同,其产生的多普勒回波特性也将不同,即使同一目标,它的运动速度也是在不断变化的。这样,多普勒频移的变化范围就很宽,因此要求检测器的响应范围要相当宽,甚至达上千兆赫兹。

2. 均匀性好

在外差检测中检测器即为混频器,信号光束和本机振荡光束直接在检测器上发生相干而产生差频信号。为了使信号光和本机振荡光在光敏面上的每一处都得到相同的外差效果,必须保证检测器的光电性能在整个光敏面上都是一致的。特别是用于跟踪系统的四象限列阵检测器,每个象限间的性能差别应很小,才能得到高的跟踪精度。

3. 工作温度高

用于实验室工作时,因对设备的复杂性及体积大小没有苛刻要求,故可选用工作温度低的检测器,如 Ge∶Cu 工作在 4.2 K 是可行的。但如果在室外工作,特别是在空间应用时,不允许有庞大的设备装置,则须选工作温度高的检测器。如 HgCdTe,一般工作温度在 77 K,并能在 105~195 K 范围内工作。因此,在地面工作选 HgCdTe 器件就比 Ge∶Cu 好得多,在空间方面,HgCdTe 器件也是较为适宜的。表 6-2 为一些单元外差检测器的性能表。

表 6-2　一些单元外差检测器性能

检测器	类　型	激光波长 $\lambda/\mu m$	等效噪声功率 NEP/W	量子效率	工作温度 T/K	响应时间 t/s
InAs	PV	3.39	1.25×10^{-19}	0.25	300	10^{-8}
InSb	PC	3.39	—	0.5	77	10^{-8}
Ce：Au	PC	3.39	—	0.08	77	10^{-8}
Ce：Hg	PC	10.6	1.73×10^{-19}	0.5	4.2	3.3×10^{-9}
Ce：Hg(Sb)	PC	3.39	—	0.5	4.2	$< 3.7 \times 10^{-10}$
Ce：Cu	PC	10.6	1.3×10^{-19}	0.5	4.2	2×10^{-6}
Ce：Hg(Sb)	PC	10.6	7.3×10^{-20}	0.56	77	2×10^{-6}
HgCdTe	PC	10.6	7×10^{-20}	—	77	$(0.5 \sim 2.5) \times 10^{-10}$
HgCdTe	PV	10.6	2.2×10^{-19}	0.09	77	—
PbSnTe	PV	10.6	1.0×10^{-18}	0.085	77	—
PbSnTe	PV	—	—	0.4	77	—
TGS	热检测器	10.6	8×10^{-16}	—	300	—
GsSb	发射型	0.5	4×10^{-18}	0.21	300	—

6.3　影响光外差检测灵敏度的因素

　　影响外差检测灵敏度的因素很多,诸如本振场的频率稳定度、噪声、信号光波和本振光波的空间调准及场匹配、光源的多模、传输通道的干扰以及电子噪声等都影响检测灵敏度。

　　本节只考虑光外差检测的空间条件和频率条件,其他影响因素请参阅有关书籍。

6.3.1　光外差检测的空间条件(空间调准)

　　在前面的讨论中,是假定信号光束和本振光束平行并垂直入射到光电检测器表面上,即信号光和本振光的波前在光检测器光敏面上保持相同的相位关系,据此导出了式(6-6)。由于光的波长比光检测器光敏面积小得多,实质上混频作用是在一个个小面积元上产生的,即总的中频电流等于光敏面上每一微分面积元所产生的微分中频电流之和。显然,只有当这些微分中频电流保持恒定的相位关系时,总的中频电流才会达到最大值。这就要求信号光和本振光的波前必须重合。也就是说,必须保持信号光和本振光在空间上的角准直。为了研究两光束波前不重合对光外差检测的影响,假设信号光和本振光都是平面波,现在考虑信号光束和本振光束之间的夹角为 θ,且信号光束的波阵面平行于光敏面(见图 6-3)的情况。

　　设信号光束 $f_s(t) = A_s e^{j(\omega_s t + \varphi_s)}$,本振光束 $f_L(t) =$

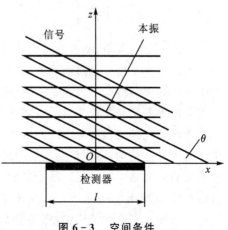

图 6-3　空间条件

$A_L \mathrm{e}^{\mathrm{j}(\omega_L t + \varphi_L)}$，那么本振光束到达光敏面时，在不同点 x 处有着不同的波前，即有不同的相位差 $\Delta\varphi$。相位差等于光程差波数之乘积，即

$$\Delta\varphi = \frac{2\pi}{\lambda_L} x \sin\theta = \beta x$$

式中，$\beta = \frac{2\pi}{\lambda_L}\sin\theta$，并认为折射率 $n=1$。

于是，本振光波可表示为

$$f_L(t) = A_L \exp[\mathrm{j}(\omega_L t + \varphi_L - \beta x)]$$

上述两束光投射到检测器上时，根据检测器的输出特性，其 x 点的响应电流为

$$\mathrm{d}i = \alpha A_s A_L \cos[\omega_c t + (\varphi_s - \varphi_L) + \beta x]\mathrm{d}x$$

整个光敏面总响应电流为

$$i = \int_{A_d} \alpha A_s A_L \cos[\omega_c t + (\varphi_s - \varphi_L) + \beta x]\mathrm{d}x\mathrm{d}y =$$

$$\alpha' A_s A_L \cos[\omega_c t + (\varphi_s - \varphi_L)] \cdot \frac{\sin\beta\frac{l}{2}}{\beta\frac{l}{2}} \tag{6-18}$$

式中，A_d 为检测器的面积；l 为 x 方向的长度。由式(6-18)知，当 $\frac{\sin\beta l/2}{\beta l/2}=1$ 时，即 $\sin\beta l/2 = \beta l/2$ 时，中频电流 i 最大。很显然，为满足此关系，必须使 $\beta l/2 > 0 \to 0$ 或 $\beta l/2 \ll 1$。又因为 $\beta = \frac{2\pi}{\lambda_L}\sin\theta$，因此

$$\sin\theta \ll \frac{\lambda_L}{\pi l} \tag{6-19}$$

式(6-19)即为外差检测的空间相位条件，即要求本振光和信号光波阵面的相位 $\theta \ll \arcsin\frac{\lambda_L}{\pi l}$。显然波长愈短或口径愈大，要求相位差角 θ 愈小，愈难满足外差检测的要求。例如，当 $\lambda_L = 10^{-4}$ cm，检测器光敏面 $l=0.1$ cm 时，则 $\sin\theta \ll 3.2 \times 10^{-4}$，$\theta \ll 3.2 \times 10^{-4}$ rad。实验证明，用稳频的 10.6 μm 的 CO_2 激光器作外差检测实验，只有当 $\theta < 2.6$ mrad 时，才能看到清晰的差频信号。

由以上分析看出，要形成强的差频信号，必须使信号光束和本振光束在空间准直得很好。而背景杂散光总是来自四面八方，各个方向都有，绝大部分背景光不与本振光准直，也就不能产生明显的差频信号。因此，外差检测在空间上能很好地抑制背景噪声，具有很好的空间滤波性能。但外差检测要求严格的空间条件也带来了不便，即调准两个光束困难。

为降低光外差检测对空间准直条件的要求，一种行之有效的方法是采用如图 6-4 所示的聚焦光束外差结构，即用聚焦透镜降低空间准直要求。这种结构本质上相当于把不同传播方向的信号光束集中在一起。理论分析证明，如果用聚焦透镜聚焦到衍射限，那么这时的失配角可由系统的视场角 θ_r 来决定。在图中，本振光束被发散，以便使本振光束均匀地覆盖光检测器的光敏面。在这种结构中，视场角 θ_r 为

$$\theta_r = D_p/f$$

式中，f 是透镜的焦距，D_p 是检测器光敏面直径。

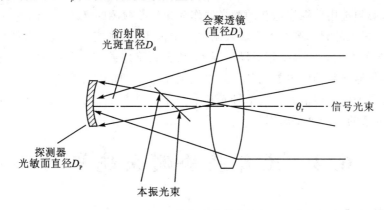

图 6-4　聚焦光束的光混频

这样一来，可通过增大透镜孔径 D_r 来增大有效孔径 D_{eff}。但是，透镜孔径 D_r 与衍射限光斑直径 D_d 有关，因而 D_r 的增大受到限制。对于理想光学系统，衍射线光斑直径 D_d 为

$$D_d = \frac{2.44\lambda f}{D_r}$$

而有效孔径 D_{eff} 为

$$D_{eff} = \left(\frac{D_d}{D_p}\right) D_r$$

故

$$D_{eff}\theta_r = \left(\frac{D_d}{D_p}\right) D_r \frac{D_p}{f} = \frac{D_d D_r}{f} = 2.44\,\lambda$$

由此求得

$$\theta_r = \frac{2.44\lambda}{D_{eff}} = 2.44\lambda\,\frac{D_p}{D_d D_r} \tag{6-20}$$

下面举例说明聚焦透镜的作用。设 $\lambda = 10^{-4}$ cm，$D_p = 0.1$ cm（检测器直径），由上例可知，$\theta \ll 3.2\times10^{-4}$ rad。如果采用会聚透镜，其孔径 $D_r = 10$ cm（在光外差检测系统中，作为接收天线的会聚透镜，这个透镜的孔径数值具有代表性），取 $f = 100$ cm，则衍射限光斑直径 $D_d = 2.44\times10^{-3}$ cm，将这些参数代入式（6-20），求得

$$\theta_r = 2.44\times10^{-4}\,\frac{0.1}{2.44\times10^{-3}\times10}\ \text{rad} = 1\times10^{-3}\ \text{rad}$$

由此可见，它比未加透镜时失配角放宽了 3 倍多。这对光外差检测的实际应用来说是十分重要的，因为这意味着光外差检测系统的接收光学天线的瞄准精度可以低得多。

6.3.2　光外差检测的频率条件

为了获得高灵敏度的光外差检测，还要求信号光和本振光具有高度的单色性和频率稳定度。从物理光学的观点来看，光外差检测是两束光波叠加后产生干涉的结果。显然，这种干涉取决于信号光束和本振光束的单色性。所谓光的单色性是指这种光只包含一种频率或光谱线极窄的光。激光的重要特点之一就是具有高度的单色性。由于原子激发态总有一定的能级宽

度,激光谱线总有一定的宽度 $\Delta\nu$。一般来说,$\Delta\nu$ 越窄,光的单色性就越好。为了获得单色性好的激光输出,必须选用单纵模运转的激光器作为光外差检测的光源。

信号光和本振光的频率漂移如不能限制在一定范围内,则光外差检测系统的性能就会变坏。如果信号光和本振光的频率相对漂移很大,两者频率之差就有可能大大超过中频滤波器带宽,因此光混频器之后的前置放大和中频放大电路对中频信号不能正常地加以放大。在光外差检测中,需要采用专门措施稳定信号光和本振光的频率,这也是使光外差检测方法比直接检测方法更为复杂的一个重要原因。

6.4　光外差检测系统举例

6.4.1　干涉测量技术

应用光的干涉效应进行测量的方法称为干涉测量技术。一般干涉测量主要由光源、干涉系统、信号接收系统和信号处理系统几部分组成,这几部分根据测量对象及测量要求的不同而各有不同的组合,并由此形成了各种结构形式的干涉仪。

测量参量一般是通过改变干涉仪中传输光的光程而引起对光的相位调制。由干涉仪解调出来的信息是一幅干涉图样,它以干涉条纹的变化反映被测参量的信息。干涉条纹是由于干涉场上光程差相同的场点的轨迹形成的。干涉条纹的形状、间隔、颜色及位置的变化均与光程的变化有关。因此根据干涉条纹上述诸因素的变化可以进行长度、角度、平面度、折射率、气体或液体含量、光学元件面形、光学系统像差、光学材料内部缺陷等各种与光程有确定关系的几何量和物理量的测量。本节以长度测量系统为例,介绍干涉测量系统的原理和设计中的基本问题。

1. 激光干涉测长的基本原理

激光干涉测长的基本原理如图 6-5 所示,它以激光光波的波长为基准对各种长度量进行精密测量,主要由以下几部分组成。

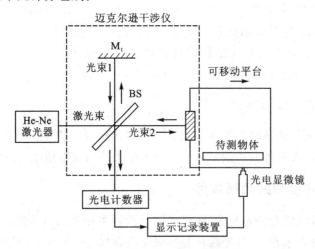

图 6-5　激光干涉测长的基本原理

① 激光光源:它一般采用单模稳频 He-Ne 气体激光器,使用输出波长为 $\lambda=0.632\,8\,\mu m$

的红光。这种激光器的频宽达 10^3 Hz,其相干长度可达到 300 km。

② 干涉系统:它是基于迈克尔逊干涉的原理,被测长度位移量通过干涉仪的移动臂引入,对光波的位相进行调制,再由干涉仪中两臂光波的干涉实现对位移量的解调。

③ 光电显微镜:它用于给出被测长度量的起始位置,实现对被测长度或位移的精密瞄准,使干涉仪的干涉信号处理部分和被测量之间实现同步。

④ 干涉信号处理部分:这部分主要包括干涉信号的光电控制、信号放大、判向、细分以及可逆计数和显示记录等。

由激光器发出的光经分束镜分为两束:一束射向干涉仪的固定参考臂,经参考反射镜返回后形成参考光束;另一束射向干涉仪的测量臂,测量臂中的反射镜将随被测长度位移而移动,这一束光从测量反射镜返回后形成测量光束。测量光束和参考光束的相互叠加干涉形成干涉信号。干涉信号的明暗变化次数直接对应于测量镜的位移,可表示为

$$L = N \cdot \frac{\lambda}{2} \tag{6-21}$$

因此,由光电显微镜发出对 N 的起始计数点,便可以通过对 N 的计数得出被测位移 L 的数值。

2. 激光干涉测长仪的光路设置

一种实际应用的激光干涉测长仪的简化光路设置如图 6-6 所示。

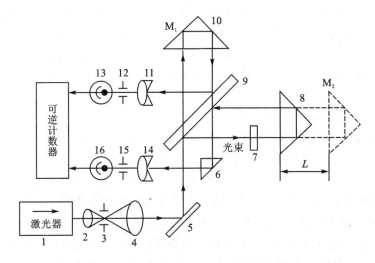

1—激光器;2—透镜;3—小孔光阑;4—透镜;5—反射镜;6—反射棱镜;
7—位相板;8—角锥反射棱镜;9—分束镜;10—角锥反射棱镜;11—透镜;
12—光阑;13—光电检测器;14—透镜;15—光阑;16—光电检测器

图 6-6　一种激光干涉测长仪的简化光路

由 He-Ne 激光器 1 发出的光经由 2、4(透镜)和 3(小孔光阑)部分组成的准直光学系统使激光束的截面扩大,并压缩光束的发散角。准直光学系统由一倒置的望远系统组成,其小孔光阑 3 位于透镜 2、4 的焦点处,形成一种空间滤波器,用于减小光源中的杂散光影响。从准直光学系统出来的光经反射镜 5 的光路转折到达分束镜 9。分束镜 9 将入射光分为两部分:一部分射向角锥反射棱镜 10 形成参考光束;另一部分射向角锥反射棱镜 8 形成测量光束,其中

角锥反射棱镜 10 固定不动,作为干涉仪的参考臂,而角锥反射棱镜 8 则作为干涉仪的测量臂,随着被测位移的变化而移动。经参考臂上的角锥反射棱镜 10 反射的参考光束与经测量臂上的角锥反射棱镜 8 反射的参考光束再经分束镜 9 合成后分为两路干涉信号:一路由透镜 11 聚焦和光阑 12 滤除杂散光后由光电检测器 13 接收;另一路则经反射棱镜 6 反射转折后经透镜 14 和光阑 15,最后由光电检测器 16 接收。

图中测量光束中的光学元件 7 称为位相板,它的作用是使通过光路的部分光束产生附加的位相移动,以使由光电检测器 13 和 16 接收到的干涉信号在位相上相差 $\pi/2$。利用这组信号间的关系经电路处理后就可以实现对测量臂位移方向的判别,在计数器上进行加减可逆计数。

该光路中,使用角锥棱镜代替了平面反射镜作为反射器,一方面避免了反射光束反馈回激光器而对激光器带来的不利影响;另一方面由于角锥棱镜的特点,使得出射光束与入射光束平行,而棱镜绕任一转轴的转动均不影响出射光束的方向,当它绕光学中心转动的角度不大时,它对光程的影响可以忽略。角锥棱镜的形状相当于立方体切下来的一个角,它的三个内表面作为光学反射面并相互垂直。当光从基面入射,可在三个直角面上依次反射,仍从基面出射。出射光线与入射光线总保持平行。沿着入射光线方向看去,光在基面上的入射点与出射点相对于角锥棱镜的角点对称分布。角点到基面的垂直距离称为棱镜高度。凡垂直入射基面的光线,在棱镜内部的光程恒为棱镜高度的两倍。

为消除线偏振光在三个直角面上反射时变成椭圆偏振光的影响,可在反射面上镀银膜。目前,角锥棱镜被广泛应用于激光干涉仪中,作为反射器。在使用中应注意,反射光束的方向由三个反射面间的实际角度决定。如图 6-6 所示的光路,当参考反射镜和测量反射镜都采用角锥棱镜时,所形成的干涉条纹将完全取决于棱镜的加工结果,无法再调整。因此,对棱镜的角度偏差要求严格,常须配对加工。此外,由于光束在棱镜中的反射,还应注意它对光束偏振性的影响。

下面再介绍其他几种干涉光路的设置。

在考虑干涉仪的光路设置时,应系统地考虑到干涉信号的质量、稳定性以及测量精度和对结构的要求等方面,图 6-7 所示为其他几种激光干涉测长的光路布局。

在图 6-7(a)中,只用一个角锥棱镜作为测量中的移动镜。从光源发出的光束由分束镜 BS_1 分束后直接形成参考光束,而另一束则由测量臂调制后由分束镜 BS_2 与参考光束合成干涉。在实用上 BS_1 和 BS_2 还可以做成一体,形成较稳定的结构。

图 6-7(b)所示为一种双程干涉仪结构。角锥棱镜 M_2 仍作为测量反射镜,反射镜 M_1 是固定的参考反射镜,而反射镜 M_3 是测量臂上的固定反射镜。因为测量光束在移动镜 M_2 中往返两次,所以对位移的灵敏度提高了一倍,产生了光学两倍频效应。这种结构还可设计成采用立方分光棱镜的组件布局结构,如图 6-7(c)所示,图中把图 6-7(b)中的 M_1、M_3 和 BS 合成为一体,在分束棱镜上镀以反射膜形成了 M_2 和 M_3。这种结构使整个系统对外界的抗干扰性得到提高。

图 6-7(d)所示为一种光学倍频的布局。这种结构使测量光束在测量移动镜内多次往返,实现了对位移灵敏度的提高,使之产生光学多倍频效应。此时,当 M_2 每移动 $\lambda/(4k)$ 位就产生干涉信号的一个周期的变化(k 为光束在移动镜中的往返次数),其灵敏度提高了 k 倍。应用这种干涉系统可以通过简单的干涉信号可逆计数方式工作,无须依靠对信号的电子细分技术。

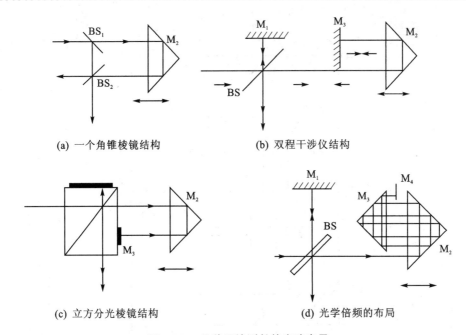

(a) 一个角锥棱镜结构　　　　　　　(b) 双程干涉仪结构

(c) 立方分光棱镜结构　　　　　　　(d) 光学倍频的布局

图 6-7　几种干涉测长的光路布局

3. 干涉信号的方向判别与计数

以上提到,要使激光干涉仪能进行实际工作,必须对测量反射镜的位移方向进行判别以实现对干涉信号的可逆计数。由于测量反射镜在测量过程中可能需要进行正、反两个方向的移动,或在测量过程中由于各种干扰因素的影响(如外界振动、拖动测量镜移动的导轨误差以及机械传动机构的不稳定等),可能使测量镜在正向移动过程中产生一些偶然的反向移动。这种正、反方向的移动均使干涉信号产生明、暗的变化。此时,若测量系统中没有判向能力,则由光电检测器接收信号后,由计数器所显示的计数值将是测量镜正反移动的总和,而不是真正的被测长度。这就使干涉仪无法可靠工作,带来很大的测量误差。为了解决这一问题,仪器的电路中必须设计有方向判别部分。该电路把计数脉冲分为加、减两种脉冲。当测量镜正向移动时所产生的脉冲为加脉冲,而测量镜反向移动时引起的脉冲为减脉冲。把这两种脉冲送入可逆计数器进行可逆计数,就可以得出测量镜的真正位移量。

图 6-8 和图 6-9 所示为判向计数电路的原理框图和电路波形图。

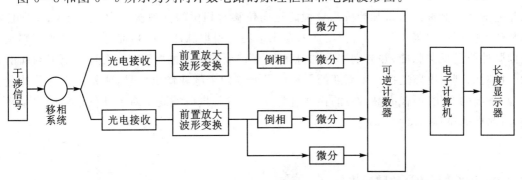

图 6-8　判向计数原理框图

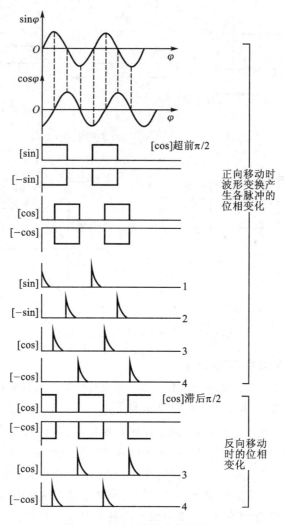

图 6 - 9　判向计数的电路波形

　　在干涉系统中通过移相方法,得到两路相互差 π/2 的干涉条纹光强信号。两路干涉信号经两个光电检测器接收后,得到与干涉信号相对应的两路相差 π/2 的电信号:正弦信号和余弦信号。这两路信号经放大、整形、倒相变成四路方波信号。再经过微分电路,得到四个相位依次相差 π/2 的脉冲。若将脉冲按测量镜的正向位移时相位的排列次序为 1、3、2、4;反向位移时相位的排列次序为 1、4、2、3,在后面的逻辑电路上根据脉冲 1 的后面是 3 或是 4 可判别是正向脉冲或是反向脉冲,并分别送入加脉冲的"门"或减脉冲的"门"中,从而实现了判向的目的。同时该判向电路还把一个周期的干涉信号变成四个脉冲输出信号,使每一计数脉冲代表 (1/4) 条纹的变化,即代表测量镜的移动量为 λ/8。这样同时实现了对干涉仪信号的四倍频计数,所测出的位移长度为

$$L = N \cdot \frac{\lambda}{8} \qquad\qquad (6-22)$$

式中,N 为倍频后的计数脉冲数。

　　该测量值经计算机处理后,可直接显示和打印记录。

6.4.2　光外差通信

光外差通信基本上都是采用 CO_2 激光器做光源。因为 CO_2 激光器的发射波长为 $10.6~\mu m$，这一波长恰好位于大气窗口之内，衰减系数较小；另外，CO_2 激光波长容易实现外差接收。

图 6-10 所示为 CO_2 激光外差通信原理框图，它由光发射系统及接收系统两大部分组成。CO_2 激光发射系统由光学发射天线、CO_2 激光器及稳频回路组成。光学发射天线用反射式望远系统。

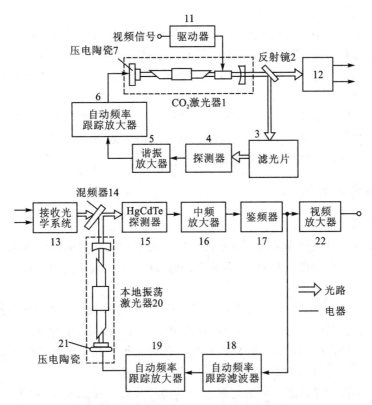

图 6-10　CO_2 激光外差通信原理框图

激光谐振腔由工作物质及两块反射镜组成，其中一块是全反射镜，另一块反射镜的反射率为 98%，激光就从这块反射镜上输出。全反射镜通过压电陶瓷与腔体连接，改变压电陶瓷的轴向长度就改变了谐振腔长，从而控制 CO_2 激光波长。

其稳频原理如下：输出的激光经选择性反射镜 2 把一小部分能量反射到标准滤光片 3 上，此滤光片的滤光曲线如图 6-11 所示。为控制激光频率，$10.6~\mu m$ 不在峰值处，而在曲线的上升段。当波长偏离 $10.6~\mu m$ 时，输出光通量发生相应的变化，经探测器 4（可用热释电器件）把此波长的变化转换成相应的电信号的变

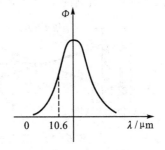

图 6-11　滤光曲线

化，经谐振放大器 5 放大后送到自动频率跟踪放大器 6 去控制压电陶瓷的伸缩率（压电陶瓷的伸缩与加在它上面的电压值成比例）。由滤波曲线可知，当发射波长增加时，光通量亦增加，经

光电转换及谐放输出的电压也增大,加在压电陶瓷器后使腔长缩短,发射频率提高,波长减短;反之,则波长加长。因而将发射波长控制在 $10.6\ \mu\text{m}$ 处。

被传送的信息(视频信号)经驱动器 11 加到 CdS 电光调制器上,为提高调制效率,调制器放在激光谐振腔体内,被传送的信息携载到 CO_2 激光波长上发送到空间。

在接收端,由接收光学系统 13 把载有信息的 CO_2 激光能量收集在混频器 14 上,同时本地振荡激光器 20 发出的光也投射在混频器上。经混频后的光投射在 HgCdTe 检测器上输出电信号。此电信号经滤波后只保存了差频信号,这一差值通常设计在 30 MHz 的中频段。再经中频放大、鉴频后还原出被传送的视频信号。

为得到稳定的差频信号,本机振荡光也须稳频,否则被传输信息的失真度加大。稳频过程与激光发射稳频过程类似,不过稳频控制信号取自于视频信号。当激发频率发生偏离时,鉴频器 17 输出信号也产生了变化,经自动频率跟踪滤波器 18 滤波放大后,控制压电陶瓷,改变谐振腔腔长,使激光频率稳定。

HgCdTe 检测器在接收 $10.6\ \mu\text{m}$ 激光波长时,须在液氮 77 K 下制冷工作。

CO_2 激光通信用于地面时,由于大气湍流的影响通信效果不佳,但用于卫星之间及卫星与地面站之间的数据传递时大有发展前途。

6.4.3　多普勒测速

1. 多普勒测速原理

利用多普勒效应可测量物体的运动速度。以激光照射运动着的物体或流体时,其反射光或散射光将产生多普勒频移,用它与本振光进行混频可测得流体的流速,图 6-12 具体说明了多普勒测流速的原理。

图 6-12 中 He-Ne 激光器是经稳频后的单模激光,分束镜把激光分成两路,这两束光经会聚透镜 L_1 把它们会聚于焦点。在焦点附近两束光形成干涉场。流体流经这一范围时,流体中的微小颗粒对光进行散射,聚焦透镜 L_2 把这些散射光聚焦在光电倍增管上,产生包含流速信息的光电信号。经适当的电子线路处理可测出流体的流速。

光源通常是单模工作状态。它的光强分布为高斯分布。在透镜 L_1 后焦点附近高斯光束束腰的波前为平面波,两光束在束腰的空间范围相交得到平行的干涉条纹;在远离焦点的空间范围内相交得到的干涉条纹为弧形。图 6-13 表示出高斯光束束腰的干涉条纹。

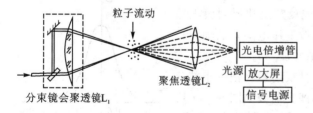

图 6-12　多普勒测速原理

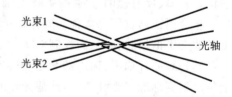

图 6-13　高斯光束束腰的干涉场

当两光束的夹角为 α,光波波长为 λ 时,由图 6-14 可看出干涉条纹的间距为

$$i = \frac{\lambda}{2} \cdot \frac{1}{\sin\dfrac{\alpha}{2}} \tag{6-23}$$

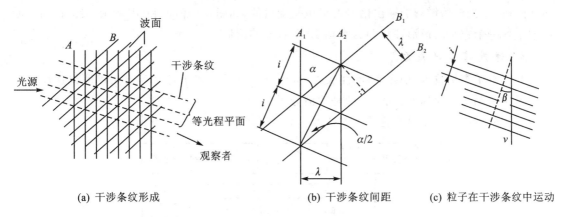

(a) 干涉条纹形成　　　　　　　　(b) 干涉条纹间距　　　(c) 粒子在干涉条纹中运动

图 6 - 14　干涉条纹间距

干涉条纹的空间频率(单位长度内条纹明暗对数)为

$$f = \frac{1}{i} = \frac{2\sin\dfrac{\alpha}{2}}{\lambda} \tag{6-24}$$

当散射粒子在平行干涉条纹的平面内运动时,散射的光波强度随干涉场及流速面变化。若颗粒运动的速度为 v,运动的方向与条纹垂线的夹角为 β(见图 6 - 14(c)),则颗粒散射的光强频率为

$$f_s = fv\cos\beta = v\frac{2}{\lambda}\sin\frac{\alpha}{2}\cos\beta \tag{6-25}$$

由此可知,只要检测出粒子散射光强的频率,就可求出粒子的流速 v。式中,λ、α 及 β 为已知。

2. 输出波形分析

若干涉区只有一个粒子流过,且粒子直径比干涉条纹宽度小很多时(干涉条纹的宽度与照射光源的波长有关),它的输出波形如图 6 - 15(a)所示。若粒子直径比干涉条纹宽度大时,由于调制深度下降,光电倍增管的输出信号如图 6 - 15(b)所示。信号的包络与光强分布及粒子大小有关,包络幅度不包括速度信息,包络频率才包含速度信息(包络的形成是因为光斑中光强的分布为高斯型所致)。因为粒子通过平面干涉区的时间极短,对于流速缓慢的层流流体,可认为 f_s 是常数;对于速度变化较大的层流流体,信号频率 f_s 是变化的。

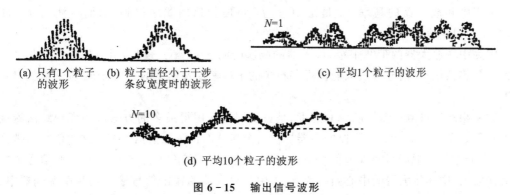

(a) 只有 1 个粒子　　(b) 粒子直径小于干涉　　　　　(c) 平均 1 个粒子的波形
　　的波形　　　　　　　条纹宽度时的波形

(d) 平均 10 个粒子的波形

图 6 - 15　输出信号波形

当在平面干涉场中同时通过多个粒子时,由于粒子流动的随机性,每个粒子散射光的相位

亦是随机的,光电倍增管的输出信号波形也是随机的,如图 6-15(c)和(d)所示。图(c)为干涉场中平均一个粒子的情形,图(d)为平均 10 个粒子的情形。

3. 速度信号的获取

利用电子测量技术,如频率计、相关器、频谱分析仪及频率跟踪器等方法可测得速度信号 f_s。通常有两种测流速的方法:一种是频谱分析法;另一种是频率跟踪法。

频谱分析法只能测得流速的平均速度。其测量方框图如图 6-16 所示。

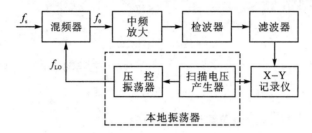

图 6-16　频谱分析法原理方框图

光电倍增管的输出信号经滤波后为

$$V_s(t) = V_s\cos(2\pi f_s t + \varphi_s) \tag{6-26}$$

本地振荡器产生的振荡信号为

$$V_L(t) = V_L\cos(2\pi f_L t + \varphi_L) \tag{6-27}$$

式中,f_L、φ_L 分别为本地振荡频率及相位;φ_s 为信号相位角。

以上两信号在混频器上产生的外差振荡信号表示式为

$$[V_s(t) + V_L(t)]^2 = [V_s\cos(2\pi f_s t + \varphi_s) + V_L\cos(2\pi f_L t + \varphi_L)]^2$$

展开上式并利用三角公式可得到差频信号分量,即

$$V_{LL}(t) = V_s V_L\cos[2\pi(f_L - f_s)t + (\varphi_L - \varphi_s)] \tag{6-28}$$

将此差频信号送入中频放大器。中频放大器的中心频率为 f_0,带宽很窄,实际上是中频滤波器。当差频信号的频率 $f_L - f_s = f_0$ 时,中频放大器有较大的差频信号输出,其他频率受扫描电压发生器控制。扫描电压由低到高变化时,压控振荡器的频率也从低到高变化,其变化与外加电压呈线性关系。当扫描电压为适当频率时,使 $f_L - f_s = f_0$,中频放大器输出一个较大的信号,此信号经检波平滑后可由 X-Y 记录仪画出频率分析的结果。

由于中频放大器的频率 f_0 是已知量,f_L 可由扫描曲线中得到,因而可测出 f_s,再由式(6-25)得到速度 v。

因为中频放大器的带宽很窄,放大器的响应时间 $\tau = 1/\Delta f$ 较长,所以信号的变化必须很缓慢。换句话说,频谱分析法只能测得多粒子的平均速度及速度的方均分布,而无法测量瞬时速度 $v(t)$。

频率跟踪法可测量流体的瞬时速度,是目前测流速用得最多的方法。频率跟踪法测流速的方框图如图 6-17 所示。压控振荡器提供一个连续的正弦振荡信号 V_L,这一信号与被测信号 V_s 在混频器上混频得到外差信号 V_{LL},其差频信号的频率为 $f_0 = f_L - f_s$。此信号被中频放大器放大,中频放大器的中心频率为 f_0。中频放大器的输出信号输入到频率鉴别器中(鉴频器)。

鉴频器的输出特性如图 6-18 所示。由图可看出,鉴频器的输出电压与输入电压的频率

呈线性关系。当鉴频器的输入电压频率为 f_0 时,输出电压为零。输入电压的频率偏离 f_0 时,输出电压不为零,有一误差电压 ΔV 输出。因而,当信号频率有变化时,差频信号的频率 f_0 也随之而变,鉴频器就有一个误差电压 ΔV 输出。改变压控振荡器的频率 f_L,使差频信号的频率重新回到 f_0,从而可压控振荡器跟踪信号频率的变化。鉴频器输出电压的变化反映了信号频率的瞬时变化。因而,该测量方法可测量流体的瞬时流速,且适用于粒子密度较高、粒子流动频率较高的情形。这种测流速的方法是非接触测量,测量精度高,经常用于测量生物、血管中的血流流动速度等。

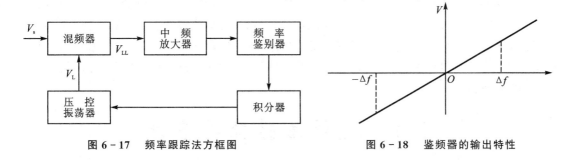

图 6 - 17　频率跟踪法方框图　　　　　图 6 - 18　鉴频器的输出特性

思考题与习题

6 - 1　试从工作原理和系统性能两个方面比较直接检测系统和光外差检测系统的特点。

6 - 2　有一光电检测器运用于相干检测。假设入射到光混频器上的本振光功率 $P_L = 10$ mW,光混频器的量子效率 $\eta = 0.5$,入射的信号光波长 $\lambda = 1~\mu m$,负载电阻 $R_L = 50~\Omega$,试求该光外差检测系统的转换增益 P_C/P_s 为多少?

6 - 3　试述实现光外差检测必须满足的条件。

6 - 4　求光外差相干检测在输出负载 R_L 端的峰值信号功率。

6 - 5　试述激光干涉测长的基本原理。

6 - 6　如何实现干涉信号的方向判别与计数?

6 - 7　试述多普勒测速原理。

第7章 光纤传感检测技术

光纤是 20 世纪后半叶的重要发明之一。与激光器、半导体光电检测器一起构成了新的光学技术,即光电子学新领域。光纤的最初研究是为了通信,由于光纤具有许多新的特性,因此在其他领域也发展了许多新的应用,其中之一就是光纤传感器。光纤传感器以其高灵敏度、抗电磁干扰、耐腐蚀、可弯曲、体积小、结构简单以及与光纤传输线路相容等独特优点,受到世界各国广泛重视。实践表明,光纤传感器可用于测量位移、振动、转动、压力、弯曲、速度、加速度、电流、磁场、电压、湿度、温度、声场、流量、浓度、pH 等 70 多个物理量,且具有十分广泛的应用潜力和发展前景。

7.1 光纤传感器的基础

光纤是光导纤维的简称,是用光透射率高的电介质(如石英、玻璃、塑料等)构成的光通路,它是一种介质圆柱光波导。光波导是指将以光的形式出现的电磁波能量利用全反射的原理,约束并引导光波在光纤内部或表面附近沿轴线方向传播。要想更好地将光纤应用于传感技术,必须对光纤的波导原理及其重要的光学特性等有所了解。

7.1.1 光纤波导原理

光纤一般由两层光学性质不同的材料组成,如图 7-1 所示,它由折射率 n_1 较大(光密介质)的纤芯和折射率 n_2 较小(光疏介质)的包层构成双层同心圆柱结构。

如图 7-2 所示,根据几何光学原理,当光线以较小的入射角 θ_1 由光密介质 1 射向光疏介质 2(即 $n_1 > n_2$)时,则一部分入射光将以折射角 θ_2 折射入介质 2,其余部分仍以 θ_1 反射回介质 1。

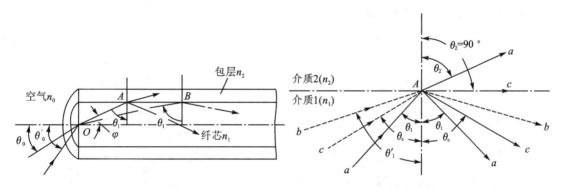

图 7-1 光纤的基本结构与波导   图 7-2 光在两介质界面上的折射和反射

依据光折射和反射的斯涅尔(Snell)定律,有

$$n_1 \sin \theta_1 = n_2 \sin \theta_2 \tag{7-1}$$

当 θ_1 角逐渐增大，直至 $\theta_1 = \theta_c$ 时，透射入介质 2 的折射光也逐渐折向界面，直至沿界面传播（$\theta_2 = 90°$）。对应于 $\theta_2 = 90°$ 时的入射角 θ_1 称为临界角 θ_c。由式（7 - 1）有

$$\sin \theta_c = \frac{n_2}{n_1} \qquad (7 - 2)$$

由图 7 - 2 可见，当 $\theta_1 > \theta_c$ 时，光线将不再折射入介质 2，而在介质（纤芯）内产生连续向前的全反射，直至内终端面射出，这就是光纤波导的工作基础。

同理，由图 7 - 1 和 Snell 定律可导出光线由折射率为 n_0 的外界介质（空气 $n_0 = 1$）射入纤芯时实现全反射的临界角（始端最大入射角）θ_c，即由

$$n_0 \sin \theta_0 = n_1 \sin \varphi = n_1 (1 - \sin \theta_1^2)^{\frac{1}{2}}$$

求出。式中，θ_0 是入射到光纤端面的入射角；φ 为在端面发生折射时的折射角；θ_1 为入射至纤芯与包层界面的入射角。

出现全反射时，由式（7 - 2）得 $\sin \theta_1 = \frac{n_2}{n_1}$，此时对应的 $\theta_0 = \theta_c$，所以得

$$n_0 \sin \theta_c = \sqrt{n_1^2 - n_2^2} = \text{NA} \qquad (7 - 3)$$

式中，NA 定义为"数值孔径"，它是衡量光纤集光性能的主要参数。NA 愈大，光纤的集光能力愈强。产品光纤通常不给出折射率，而只给出 NA。石英光纤的 NA = 0.2～0.4。按纤芯横截面上材料折射率分布的不同，光纤又可分为阶跃型和梯度型，如图 7 - 3 所示。阶跃型光纤纤芯的折射率不随半径而变，但在纤芯与包层界面处折射率有突变。梯度型光纤纤芯的折射率沿径向由中心向外呈抛物线从大逐渐变小，至界面处与包层折射率一致。因此，这类光纤有聚焦作用，光线传播的轨迹近似于正弦波，如图 7 - 4 所示。

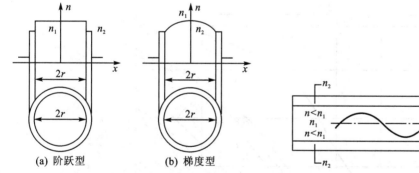

图 7 - 3　光纤的折射率断面

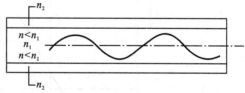

图 7 - 4　光在梯度型光纤中的传播

应当指出，把光波在光纤中的传输当做光线在光纤中的行进来处理只是一种近似描述。实际上，因为光波是光频电磁波，从电磁理论的观点来讲，光导纤维实质上是一种介质波导。因此，光波在光纤中的传输特性，应该用电磁波导理论来处理。

电磁波在光纤中传输时，其电场强度和磁场强度应满足麦克斯韦方程。在各向同性均匀透明介质中，麦克斯韦方程可表示为

$$\left.\begin{array}{l} \nabla \times \boldsymbol{E} = -\dfrac{\partial \boldsymbol{B}}{\partial t} \\[2mm] \nabla \times \boldsymbol{H} = \dfrac{\partial \boldsymbol{D}}{\partial t} \\[2mm] \nabla \cdot \boldsymbol{D} = 0 \\[2mm] \nabla \cdot \boldsymbol{B} = 0 \end{array}\right\} \qquad (7-4)$$

这种理论比较复杂,这里只介绍一些重要的结论,目的是建立关于光纤波导的基本概念。

电磁理论指出,光纤波导中的麦克斯韦方程有许多独立的特解,每一特解能代表独立存在于光波导中的一种电磁场分布,称之为一种模式或波形。光波导中的总的电磁场分布可由这些可能存在的模式线性叠加来表示。由于光纤是圆柱形波导,故采用圆柱形坐标系。

根据电磁场理论,光纤波导中的光波模式可根据场分布中纵向(轴向)场分量(E_z、H_z)的特性分为"横向"模和"纵向"模两大类。横模又分为横电模($E_z = 0$,$H_z \neq 0$)和横磁模($E_z \neq 0$,$H_z = 0$),分别记为 TE_{mn} 和 TM_{mn},m 表示方位角的模数,为场沿圆周方向的变化周数;n 表示经向模数,为场沿经向方向变化的周数。"混合"模的纵向电场 E_z 和纵向磁场 H_z 均不为 0,如果纵向电场分量占优势,而磁场很弱,就记为 EH_{mn} 模,即"E"在前面,"H"在后;反之,若纵轴方向上是磁场占优势,而电场很弱,就记为 HE_{mn} 模。不管是 TE_{mn} 模、TM_{mn} 模,还是 EH_{mn} 模、HE_{mn} 模,只要把它们当作光纤波导中模式的区分记号就可以了。重要的是,不同模式的传输特性不同。只允许一种模式在光纤中传输的光纤叫单模光纤,允许多个模式在光纤中传输的光纤叫多模光纤。

关于单模光纤和多模光纤的区分方法,可以用光纤波导理论所概括出的图解(见图7-5)来说明。图中曲线给出了允许存在的传播常数 β 随光纤波导归一化频率 ν 参数的变化关系。

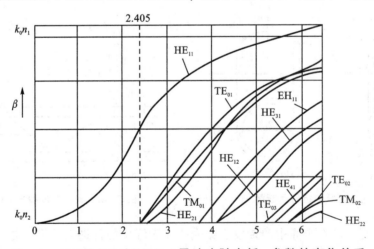

图 7-5　不同模式的传输常数 β 及速度随光纤 ν 参数的变化关系

关于传播常数 β,简单解释如下:

光是电磁波,在折射率只与径向距离有关的简单情况下,由麦克斯韦方程导出的电场波动方程的解可以用两个函数之积的形式表达,即

$$\boldsymbol{E}(\rho, \phi, z, t) = \boldsymbol{E}(\rho, \phi)\, \mathrm{e}^{\mathrm{j}(\omega t - \beta z)} \qquad (7-5)$$

式中,变量 t 是从基准时间 t_0 算起的时间;$\boldsymbol{E}(\rho, \phi)$ 是幅度因子,它与半径矢量 ρ 和方位(角度)

坐标 ϕ 有关。复指数表明,电场是时间和空间的正弦波,角频率 $\omega = 2\pi f$(f 是光频率)。β 即为电磁波在 z 方向的传播常数,它决定了电磁波在 z 方向的传播速度。由于不同模式具有不同的 β 值,因此在多模光纤中,各个模式的传播速度亦不一样。β 可表示为

$$\beta = kn_1 \cos\theta = \frac{2\pi}{\lambda_0} n_1 \cos\theta$$

式中,k 为自由空间的波数量,$k = 2\pi/\lambda_0$,n_1 为折射率,λ_0 是频率为 f 的光在真空中的波长,θ 为光波传播方向与 z 轴的(光纤芯轴)夹角。光纤轴向的波速度(相速 v_p)由量 ω/β 决定。

实际中常用麦克斯韦方程导出的归一化频率 ν 作为确定光纤传输模数的参数。归一化频率 ν 的值可由纤芯半径 r、光波长 λ_0 及其材料折射率 n(或数值孔径 NA)确定,即

$$\nu = 2\pi r \cdot \text{NA}/\lambda_0 = \frac{2\pi}{\lambda_0} \cdot r \cdot \sqrt{n_1^2 - n_2^2} \qquad (7-6)$$

图 7-5 中的每根曲线相应于麦克斯韦方程的一个特定的允许存在的解。这根曲线表明:不同的解允许 β 值在 kn_1 和 kn_2 之间,这两个数值分别相当于纤芯和包层中的波数(即波矢量的模值)。图中的曲线也表示了相速与波导参数(ν 值)的关系。从图中曲线的变化趋势可见,随着 ν 值增大,各不同模式的速度从包层中较高速度(β 值小)变化到纤芯中的较低速度(β 值大)。所以图中的每一条曲线对应于光纤波导中波动方程的一个允许存在的解,并用模式记号注明。

从图 7-5 还可看出,随着 ν 值的增大,允许存在的模式数目也增加。特别是,当 $\nu < 2.405$ 时,ν 只允许存在一个模式,即 HE_{11} 模。HE_{11} 模是光纤波导中的基模,或称优势模,是唯一永远允许存在的模。显然 $\nu < 2.405$ 时就是单模光纤的条件;当 $\nu > 2.405$ 时,一定是多模光纤。

光纤波导理论指出,当 ν 很大时,允许存在的光纤传输模的总数 n 为

$$n = \nu^2/2(\text{阶跃型}) \quad \text{或} \quad n = \nu^2/4(\text{梯度型}) \qquad (7-7)$$

综上所述,当光纤纤芯与包层的折射率差愈大,则光纤中允许存在的模式数目愈多。也就是说,光纤端面的接收角愈大,光纤中被激励的模式数目就愈多。每一模式有对应它的特定入射角,高阶模式对应大的入射角,低阶模式对应小的入射角;光纤半径愈大,允许存在的模式愈多;同样结构的光纤,用短波长光激励,模式就多,用长波长光激励,模式就少。因此,对每一个模式而言,存在着一个截止工作波长。

7.1.2　光纤的种类

1. 按制作材料分

① 高纯度石英玻璃纤维。这种材料损耗低。

② 多组分玻璃光纤。通常用更常规的玻璃制成,损耗也很低。

③ 塑料光纤。它与石英光纤相比具有质量轻、成本低、柔软性好、加工方便等优点;但损耗比玻璃光纤大。

2. 按传输模式分

(1) 单模光纤

单模光纤只能传输一种模式,纤芯直径仅几个微米,接近波长。单模光纤的优点是没有模式色散,可利用波导色散抵消材料色散,以得到零色散。同时信息容量极大,可进行理论预测,可利用光的相位等。但缺点是芯径很小,因而使用不便。

(2) 多模光纤

多模光纤能传输多种模式,甚至几百到几千个模式,纤芯直径远远大于波长。多模光纤由于模式色散的存在,从理论上难以预测其特性,信息容量小,用于传感器时则存在不能利用光的相位等限制。但因为芯径大至 $100~\mu m$ 左右,所以光纤相互之间的耦合以及与光源之间的耦合比较容易,使用方便。

3. 按光纤折射率的径向分布分

① 阶跃光纤。其纤芯和包层的折射率不连续。

② 梯度光纤。又称渐变光纤,在中心轴上折射率最大,沿径向逐渐变小,纤芯和包层交界处的折射率相等。

单模光纤多半是阶跃光纤,多模光纤既有阶跃光纤又有梯度光纤。

4. 按用途分

① 通信光纤。

② 非通信光纤为特殊光纤。有低双折射光纤、高双折射光纤、涂层光纤、液芯光纤、激光光纤和红外光纤等。

5. 按制作方法分

① 化学气相沉积法(CVD)或改进化学气相沉积法(MCVD)。用来制作高纯度石英玻璃光纤。

② 双坩埚法或三坩埚法。用以制作多组分玻璃光纤。

7.1.3　光纤的特性

信号通过光纤时的损耗和色散是光纤的主要特性。

1. 损　耗

设光纤入射端与出射端的光功率分别为 P_i 和 P_o,光纤长度为 $L(km)$,则光纤的损耗 $\alpha(dB/km)$ 可以用下式计算:

$$\alpha = \frac{10}{L} \lg \frac{P_i}{P_o} \tag{7-8}$$

早期的光纤损耗很大,直到 1970 年,在降低光纤损耗方面才取得突破,制成了损耗为 20 dB/km 的石英光纤。20 世纪 70 年代后期,在长波区域损耗已降低到 0.2 dB/km,该值已接近光纤损耗的理论极限。

引起光纤损耗的因素可归结为吸收损耗和散射损耗两类。物质的吸收作用将使传输的光能变成热能,造成光功能的损失。光纤对于不同波长的光的吸收率不同,石英光纤材料 SiO_2 对光的吸收发生在波长为 $0.16~\mu m$ 附近和 $8\sim12~\mu m$ 范围内;杂质离子铁 Fe^{++} 吸收峰波长为 $1.1~\mu m$、$1.39~\mu m$,$0.95~\mu m$ 和 $0.72~\mu m$。散射损耗是由于光纤的材料及其不均匀性或其几何尺寸的缺陷引起的。如瑞利散射就是由于材料的缺陷引起折射率随机性变化所致。瑞利散射按 $1/\lambda^4$ 变化,因此它随波长的减小而急剧地增加。

光导纤维的弯曲也会造成散射损耗,这是由于光纤边界条件的变化,使光在光纤中无法进行全反射传输所致。弯曲半径越小,造成的损耗越大。

2. 色　散

光纤的色散是表征光纤传输性能的一个重要参数。特别是在光纤通信中,它反映传输带宽,关系到通信信息的容量和品质。在光纤传感的某些应用场合,有时也需要考虑信号传输的失真问题。

所谓光纤的色散就是输入脉冲在光纤传输过程中,由于光波的群速度不同而出现的脉冲展宽现象。光纤色散使传输的信号脉冲发生畸变,从而限制了光纤的传输带宽。光纤色散可分以下几种:

① 材料色散:材料的折射率随光波长 λ 的变化而变化,这使光信号中各波长分量的光的群速度 v_g 不同而引起色散,故又称折射率色散。

② 波导色散:由于波导结构不同,某一波导模式的传输常数 β 随信号角频率 ω 变化而引起色散,有时也称为结构色散。

③ 多模色散:在多模光纤中,由于各个模式在同一角频率 ω 下传输常数不同、群速度不同而产生色散。

采用单色光源(如激光器)可有效地减小材料色散的影响。多模色散是阶跃型多模光纤中脉冲展宽的主要根源。多模色散在梯度型光纤中大为减少,因为在这种光纤呈不同模式的传播时间几乎彼此相等。在单模光纤中起主要作用的是材料色散和波导色散。

7.1.4　光纤传感器分类

光纤传感器是通过对被测量光纤内的传输光进行调制,使传输光的强度(振幅)、相位、频率或偏振等特性发生变化,再通过对被调制过的光信号进行检测,从而得出相应被测量的传感器。

光纤传感器一般可分为两大类:

一类是功能型传感器(function fiber optical sensor),又称 FF 型光纤传感器。它是利用光纤本身的特性,把光纤作为敏感元件,既感知信息又传输信息,所以又称传感型光纤传感器。

对传感型光纤传感器来说,核心问题是光纤本身起敏感元件的作用。光纤与被测对象相互作用时,光纤自身的结构参量(尺寸和形状)发生变化,光纤的传光特性发生相关变化,光纤中光波参量受到相应控制,即在光纤中传输的光波受到了被测对象的调制,空载波变为调制波,携带了被测对象的信息,这是一层意思;再一层意思是,光纤与被测对象作用时,光纤自身的结构参量并不发生变化,而光纤中传输的光波自身发生了某种变化,携带了待测信息。将这两层意思结合起来,才是光纤用做敏感头的完整理解。

另一类是非功能型传感器(non function fiber optical sensor),又称 NF 型光纤传感器。它是利用其他敏感元件感受被测量的变化,光纤仅作为光的传输介质,用以传输来自远处或难以接近场所的光信号,因此,也称为传光型光纤传感器。

传光型光纤传感器的关键部件是光转换敏感元件。这里也有两层意思。其一是,光转换元件与待测对象相互作用时,光转换元件自身的性能发生了变化,由光纤送来的光波通过它时,光波参量发生了相关变化,空载波变成了调制波,携带了待测量信息;其二是不采用任何光转换元件,仅由光纤的几何位置排布实现光转换功能,结构十分简单。

表 7-1 列出了常用的光纤传感器分类及简要工作原理。

表 7-1　光纤传感器分类

被测物理量	测量方式	光的调制	效　应	材　料	特性性能
电流、磁场	FF	偏　振	法拉第效应	石英系玻璃 铅系玻璃	电流 50～1 200 A(精度 0.24%) 磁场强度 0.8～4 800 A/m(精度 2%)
		相　位	磁致伸缩效应	镍 68 碳莫合金	最小检测磁场强度 8×A/m^{-2}(1～10 kHz)
	NF	偏　振	法拉第效应	YIG 系强磁体 FR-5 铅玻璃	磁场强度 0.08～160 A/m(精度为 0.5%)
电压、电场	FF	偏　振	Pockels 效应	亚硝基苯胺	—
		相　位	电致伸缩效应	陶瓷振子 压电元件	—
	FF	偏　振	Pockels 效应	$LiNbO_3$,$LiTaO_3$ $Bi_{12}SiO_{20}$	电压 1～1 000 V 电场强度 0.1～1 kV/cm(精度 1%)
温　度	FF	相　位	干涉现象	石英系玻璃	温度变化量 17 条/(℃·m)
		光　强	红外线透过	SiO_2,CaF_2,ZrF_2	温度 250～1 200 ℃(精度 1%)
	FF	偏　振	双折射变化	石英系玻璃	温度 30～1 200 ℃
		开口数	折射率变化	石英系玻璃	—
	NF	断　路	双金属片弯曲	双金属片	温度 10～50 ℃(精度 0.5 ℃)
湿　度	NF	断　路	磁性变化	铁氧体	开(57 ℃)～关(53 ℃)
			水银的上升	水　银	40 ℃时精度 0.5 ℃
		透射率	禁带宽度变化	GaAs、CdTe 半导体	温度 0～80 ℃
			透射率变化	石　蜡	开(63 ℃)～关(52 ℃)
		光　强	荧光辐射	(Gdo.coEuo.01)$_2O_2S$	−50～+300 ℃(精度 0.1 ℃)
振动 压力 音响	FF	频　率	多普勒效应	石英系玻璃	最小振幅 0.4 μm(120 Hz)
		相　位	干涉现象	石英系玻璃	压力 154 kPa·m/条
		光　强	微小弯曲损失	薄膜+模条	压力 0.9×10^{-2} Pa 以上
	NF	光　强	散射损失	$C_{45}H_{75}O_2$+ VL·2 255 N	压力 0～40 kPa
		断　路	双波长 透射率变化	振　子	振幅 0.05～500 μm(精度 1%)
		光　强	反射角变化	薄　膜	血压测量误差 2.6×10^3 Pa
射　线	FF	光　强	生成着色中	石英系玻璃 铅系玻璃	辐照量 0.01～1 Mrad
图　像	FF	光　强	光纤束成像	石英系玻璃	长数米
			多波长传输	石英系玻璃	长数米
			非线性光学	非线性光学元件	长数米
			光的聚焦	多成分玻璃	长数米

7.2　光纤的光波调制技术

　　无论是传感型还是传光型光纤传感器,都有一个敏感头或传感臂。其作用是通过与待测对象的相互作用,将待测量的信息传递到光纤内的导光波中,或将信息加载于光波之上。这个过程称为光纤中的光波的调制,简称光调制。在光纤传感器中,光的解调过程通常是将载波光携带的信号转换成光的强度变化,然后由光电检测器进行检测。显然,光调制技术是光纤传感器的基础和关键技术。

　　按照调制方式分类,光调制可分为:强度调制、相位调制、偏振调制、频率调制和光谱调制等。同一种光调制技术可以实现多种物理量的检测;检测同一个物理量可以利用多种光调制技术来实现。各种名目繁多的传感器相继问世就是这个原因。

　　以下分别对光的强度、偏振、相位、频率等调制和解调特点进行讨论。

7.2.1　强度调制与解调

　　光纤传感器中光强度调制是被测对象引起载波光强度变化,从而实现对被测对象进行检测的方式。光强度变化可以直接用光电检测器进行检测。解调过程主要考虑的是信噪比是否能满足测量精度的要求。

1. 常用的光强调制技术

(1) 微弯效应

　　微弯损耗强度调制器的原理如图 7-6 所示。当垂直于光纤轴线的应力使光纤发生弯曲时,传输光有一部分会泄漏到包层中去。

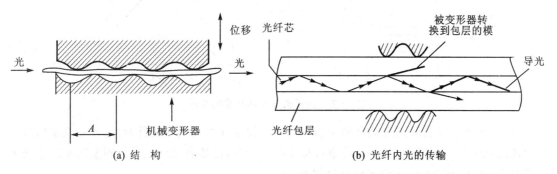

(a) 结　构　　　　　　　　　　　(b) 光纤内光的传输

图 7-6　微弯损耗强度调制器的原理图

　　波动理论分析指出,当一对模的有效传播常数之差为 $\Delta\beta = \beta_1 - \beta_2 = 2\pi/A$ 时,纤芯传输模与包层辐射模之间的耦合程度最强。

　　所谓光纤中的模式耦合,对理想光纤来说,光归一化频率参量 ν 值确定之后,光纤中存在着一定数目的传导模式。这些导模都是麦克斯韦方程的特解,彼此独立传播,相互之间没有能量交换,即没有模式耦合。实际光纤总是非理想的,存在着各种各样的缺陷。例如,芯子折射率的不均匀性,芯子-包层之间的界面畸变,光纤弯曲等。这些波导不完善的原因可能是由于光纤制造工艺中的问题,也可能是使用环境中的干扰所致。这些实际存在的波导的不完善性破坏了理想的边界条件,从而破坏了理想条件下的各导模的独立传播,导致了波导模之间的能量交换。一部分芯模能量会转化为包层能量,或从光纤包层向外辐射,或者芯模能量的交换,使模式的幅度发生起伏变化。

图7-6中引起光纤微弯的装置为一对带齿或槽的板,相邻两齿之间的距离为A,β_1和β_2分别为纤芯传输模的传输常数和包层辐射模的传输常数。

在梯度型光纤中

$$\Delta\beta = \sqrt{\frac{2\Delta}{r}} \tag{7-9}$$

在阶跃型光纤中

$$\Delta\beta = \frac{2\sqrt{\Delta}}{r} \tag{7-10}$$

式中,$\Delta = [n^2(0) - n^2(r)]/[2n^2(0)]$;$n(0)$和$n(r)$分别是距离光纤轴为0和$r$的折射率;$r$为纤芯半径。

(2) 光强度的外调制

外调制技术的调制环节通常在光纤外部,因而光纤本身只起传光作用。这里光纤分为两部分:发送光纤和接收光纤。两种常用的调制器是反射器和遮光屏。

反射式强度调制器的结构原理如图7-7(a)所示。在光纤端面附近设有反光物体A,光纤射出的光被反射后,有一部分光再返回光纤。通过反射光强度的测量就可以知道物体位置的变化。为了增加光通量,也可以采用光纤束。

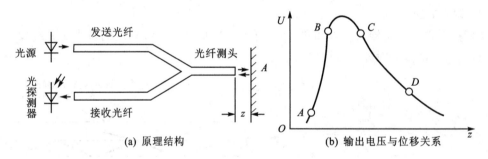

(a) 原理结构　　　　　　　(b) 输出电压与位移关系

图7-7　反射式光强调制器的原理

图7-8所示为遮光式光强度调制器原理图。发送光纤与接收光纤对准,光强调制信号加在移动的遮光板上,如图(a)所示;或直接移动接收光纤,使接收光纤只接收到发送光纤发送的一部分光,如图(b)所示,从而实现光强调制。

2. 强度调制的解调

强度调制型光纤传感器的关键是信号功率与噪声功率之比要足够大,其功率信噪比$(SNR)_p$可用下列公式计算:

$$(SNR)_p = \frac{\overline{i_s^2}}{\overline{i_{Nph}^2} + \overline{i_{NR}^2} + \overline{i_{ND}^2}} \tag{7-11}$$

$$\overline{i_s^2} = [P_s\eta e/(h\nu)]^2 \tag{7-12}$$

$$\overline{i_{Nph}^2} = [2e^2 P_L\eta/(h\nu)]\Delta f \tag{7-13}$$

$$\overline{i_{NR}^2} = (4kTF/R)\Delta f \tag{7-14}$$

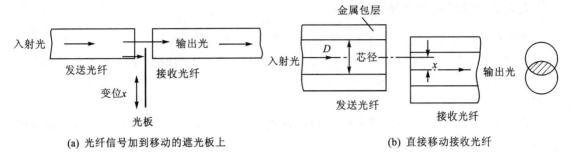

(a) 光纤信号加到移动的遮光板上　　　　　　(b) 直接移动接收光纤

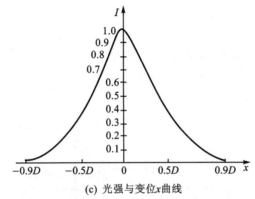

(c) 光强与变位 x 曲线

图 7-8　遮光式光强度调制器原理图

式中, i_s 为信号电流;

i_{Nph} 为光信号噪声电流(当主要是散粒噪声时,可用式(7-13)计算);

i_{NR} 为前置放大器输入端等效电阻热噪声电流,增加了放大器噪声因子 F,这里已考虑放大器噪声;

i_{ND} 为光电检测器噪声电流;

P_L 为总的光功率;

P_s 为信号功率。

如果采用硅 PIN 二极管光电检测器,则可略去暗电流噪声效应。进一步假设调制频率远离 $1/f$ 噪声效应区域,则可略去检测器噪声,式(7-11)可简化为

$$(\text{SNR})_p = \frac{\overline{i_s^2}}{\overline{i_{Nph}^2} + \overline{i_{NR}^2}} \tag{7-15}$$

应该指出,利用式(7-15)计算的信噪比,对大部分信号处理和传感器应用来说已绰绰有余。但是,光源与光纤、光纤和转换器之间的机构部分引起的光耦合随外界影响的变化,调制器本身随温度和时间老化出现的漂移,光源老化引起的强度变化以及检测器的响应随温度的变化等,往往比信号噪声和热噪声对测量精度的影响大得多,应在传感器结构设计和制造工艺中设法减小这些影响。此外,如果采用激光光源,由于只有有限几种模式的光程差引起明显的强度调制(即模式噪声),也会影响测量精度。所以强度调制型光纤传感器需要某种形式的强度参考,并要求光源是不相干的。

7.2.2　偏振调制与解调

光波是一种横波。光振动的电场矢量 E、磁场矢量 H 和光线传播方向 S 正交。按照光的振动矢量 E,H 在垂直于光线平面内矢端轨迹的不同,又可分为线偏振光(又称平面偏振光)、圆偏振光、椭圆偏振光和部分偏振光。利用光波的这种偏振性质可以制成光纤的偏振调制传感器。

光纤传感器中的偏振调制器常利用电光、磁光和光弹等物理效应。在解调过程中应用检偏器。

1. 调制原理

(1) 普克耳(Pockels)效应

如图 7-9 所示,当压电晶体受光照射并在其正交的方向上加以高电压,晶体将呈现双折射现象——普克耳效应。在晶体中,两正交的偏振光的相位变化为

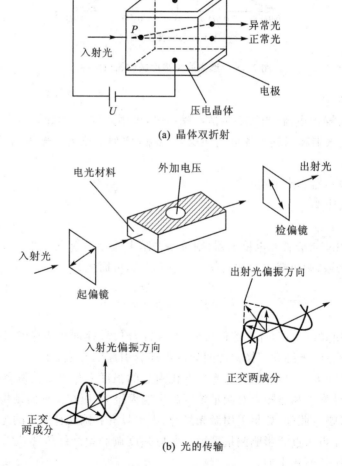

(a) 晶体双折射

(b) 光的传输

图 7-9　普克耳(Pockels)效应

$$\varphi = \frac{\pi n_0^3 r_e U}{\lambda_0} \cdot \frac{l}{d} \qquad (7-16)$$

式中，n_0 为正常光折射率；r_e 为电光系数；U 为加在晶体上的横向电压；λ_0 为光波长；l 为光传播方向的晶体长度；d 为电场方向晶体的厚度。

（2）法拉第磁光效应

如图 7-10 所示，平面偏振光通过带磁性的物体时，其偏振光面将发生偏转，这种现象称为法拉第磁光效应，光矢量旋转角为

$$\theta = V \oint_L H \cdot \mathrm{d}l \qquad (7-17)$$

式中，V 为物质的费尔德常数；L 为物质中的光程；H 为磁场强度。

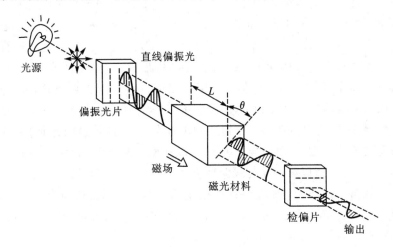

图 7-10　利用法拉第效应测量磁场

（3）光弹效应

当一束单色光入射到各向同性介质表面时，它的折射光只有一束光。但是当一束单色光入射到各向异性介质表面时，一般产生两束折射光，这种现象称为双折射。

双折射得到的两束光中，一束总是遵守折射定律，称为寻常光或 o 光；另一束光则不然，一般情况下，它是不遵守折射定律的，称为非常光或 e 光。o 光和 e 光都是线偏振光，且 o 光的振动面垂直于晶体的主截面；而 e 光的振动面在主截面内，两者的振动面互相垂直。若 o 光折射率为 n_o，e 光的折射率为 n_e，则双折射率差

$$\Delta n = | n_o - n_e | \qquad (7-18)$$

是用来描述晶体双折射特性的重要参数。

某些非晶体，如透明塑料、玻璃等，在通常情况下是各向同性的，不产生双折射现象。但当它们受到外力作用时就会产生双折射现象。这种应力双折射现象称为光弹效应。当除去外力，材料内部处于无应力状态时，双折射随之消失，这是一种人工双折射，或称暂时双折射。

如图 7-11 所示，在垂直于光波传播方向施加应力，材料将产生双折射现象，其强弱正比于应力，即

$$n_o - n_e = kp \qquad (7-19)$$

光波通过的材料厚度为 l，则光程差为

$$\Delta = (n_o - n_e)l = kpl \qquad (7-20)$$

偏振光的相位变化

$$\Delta\varphi = 2\pi kpl/\lambda \qquad (7-21)$$

式中，k 为物质光弹性常数；p 为施加在物体上的压强；l 为光波通过的材料长度。

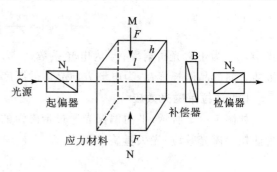

图 7-11　光弹效应

2. 解调原理

这里仅讨论线偏振光的解调。利用偏振光分束器能把入射光的正交偏振线性分量在输出方向分开。通过测定这两束光的强度，再经一定的运算就可确定偏振光相位的变化。渥拉斯顿棱镜是常用的偏振光分束器，如图 7-12 所示。它由两块冰洲石直角棱镜组成，两棱镜沿着斜边粘合起来。棱镜 ABC 的光轴平行于直角边 AB；棱镜 ACD 的光轴平行于棱 C 而和图面垂直。自然光垂直射到 AB 面上，在棱镜 ABC 中形成正常光线与异常光线，它们各以速度 v_o 和 v_e 垂直于光轴沿同一方向传播。在第二棱镜 ACD 中，此两光线仍沿垂直于光轴的方向传播。但因为两棱镜的光轴互相垂直，所以第一棱镜中的正常光线在第二棱镜中即变成异常光线；反之亦然。因此原先在第一棱镜中的正常光线，在两棱镜的界面上以相对折射系数 n_e/n_o 折射，而原先在第一棱镜中的异常光线则以相对折射系数 n_o/n_e 折射。对于冰洲石，$n_o > n_e$，因而 $n_e/n_o < 1$。所以第一条光线向棱镜 ACD 的 C 棱方向偏折，而第二条光线则向棱镜底边 AD 方向偏折。两条光线都是平面偏振光：第一光线(第二棱镜中的异常光线)中电矢量的振动与第二棱镜的光轴平行，第二光线(第二棱镜中的正常光线)中电矢量的振动与第二棱镜中的光轴垂直。

图 7-13 所示为偏振矢量示意图。当取向偏离平衡位置 θ 时，轴 1 的光分量振幅是 $A\sin(\pi/4 + \theta)$，轴 2 则为 $A\cos(\pi/4 + \theta)$。两分量对应的光强度 I_1 和 I_2 正比于这两个分量振幅的平方。从而可以得出

$$\sin 2\theta = \frac{I_1 - I_2}{I_1 + I_2} \qquad (7-22)$$

式(7-22)表明，偏振角 θ 与光源强度和通道能量衰减无关，由 θ 值可推知需要传感的物理量。

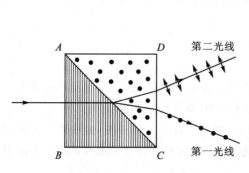

图 7-12　渥拉斯顿棱镜

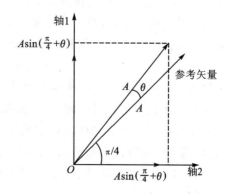

图 7-13　偏振矢量示意图

7.2.3　相位调制与解调

相位调制的光纤传感器的基本原理是:通过被测能量场的作用,使能量场中的一段敏感单模光纤内传播的光波发生相位变化,利用干涉测量技术把相位变化变换为振幅变化,再通过光电检测器进行检测。以下从可引起相位调制的几种物理效应、干涉测量仪器的基本原理和利用光强度检测解调光相位变化的原理这三方面进行叙述。

1. 几种物理效应

(1) 应力应变效应

当光纤受到纵向(轴向)的机械应力作用时,将产生三个主要的物理效应,导致光纤中光相位的变化:

① 光纤的长度变化——应变效应;

② 光纤芯的直径变化——泊松效应;

③ 光纤芯的折射率变化——光弹效应。

(2) 热胀冷缩效应

在所有的干涉型光纤传感器中,光纤中传播光的相位响应 φ 都是与待测场中光纤的长度 L 成正比。这个待测场可以是变化的温度 T。由于干涉型光纤传感器中的信号臂光纤可以是足够长的,因此,信号光纤对温度变化有很高的灵敏度。

2. 相位解调原理

两束相干光束(信号光束和参考光束)同时照射在一光电检测器上,光电流的幅值将与两光束的相位差成函数关系,如由 6.1 节的式(6-6)可以看出,通过干涉现象能把光束之间的相位差转变为光强变化,实现外差检测。

3. 几种干涉测量仪与光纤干涉传感器

实现干涉测量的仪器主要有以下四种。

(1) 迈克尔逊干涉仪

图 7-14 所示为普通光学迈克尔逊干涉仪的基本原理。由激光器输出的单色光由分束器(把光束分成两个独立光束的光学元件)分成为光强相等的两束光。一束射到固定反射镜,然后反射回分束器,再被分束器分解:透射光由光检测器接收,反射光又返回到激光器。由激光器输出经分束器透射的另一束光入射到可移动反射镜上,然后也反射回分束器上,经分束器反射的一部分光传至光检测器上而另一部分光则经由分束器透射,也返回到激光器。当两反射镜到分束器间的光程差小于激光的相干长度时,射到光检测器上的两相干光束即产生干涉。两相干光的相位差为

$$\Delta\varphi = 2k_0\Delta l \tag{7-23}$$

式中,k_0 为光在空气中的传播常数;$2\Delta l$ 为两相干光的光程差。

(2) 马赫-泽德尔干涉仪

图 7-15 所示为马赫-泽德尔干涉仪的工作原理。它和迈克尔逊干涉仪区别不大,同样是激光经分束器输出两束光,先分后合,经过可移动反射镜的位移获得两相干光束的相位差,最后在光检测器上产生干涉。与迈克尔逊干涉仪不同的是,它没有或很少有光返回到激光器。返回到激光器的光会造成激光器的不稳定噪声,对干涉测量不利。

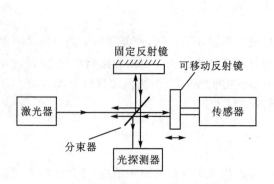

图 7-14　迈克尔逊干涉仪原理图

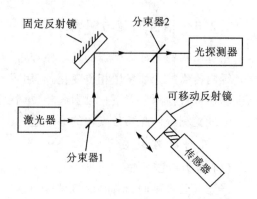

图 7-15　马赫-泽德尔干涉仪原理图

(3) 塞格纳克(Sagnac)干涉仪

塞格纳克干涉仪的结构如图 7-16 所示。它是利用塞格纳克效应构成的一种干涉仪。激光经分束器分为反射和透射两部分。这两束光均由反射镜反射形成与传播方向相反的闭合光路,并在分束器上会合,送入光检测器,同时也有一部分返回到激光器。在这种干涉仪中,两光束的光程长度相等。因此根据双束光干涉原理,在光电检测器上检测不到干涉光强的变化。但是当把这种干涉仪装在一个可绕垂直于光束平面轴旋转的平台上时,两束传播方向相反的光束到达光电检测器就有不同的延迟。若平台以角速度 Ω 顺时针旋转,则在顺时针方向传播的光较逆时针方向传播的光延迟大。这个相位延迟量可表示为

$$\Delta\varphi = \frac{8\pi A}{\lambda_0 c}\Omega \tag{7-24}$$

式中,Ω 为旋转率;A 为光路围成的面积;c 为真空中的光速;λ_0 为真空中的光波长。这样,通过检测干涉光强的变化就能知道旋转速度。利用这一原理可构成光纤陀螺。

(4) 法布里-珀罗干涉仪

图 7-17 所示为法布里-珀罗干涉仪的原理图。它由两块部分反射、部分透射、平行放置的反射镜组成。在两个相对的反射镜表面镀有反射膜,其反射率常达 95% 以上。激光入射到干涉仪,在两个反射面作多次往返反射,透射出来的平行光束由光电检测器接收。

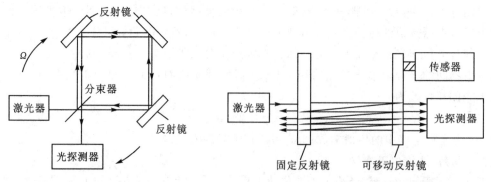

图 7-16　塞格纳克干涉仪原理图   图 7-17　法布里-珀罗干涉仪原理图

这种干涉仪是多光束干涉,与前几种双光束干涉仪不同。根据多光束干涉原理,检测器检测到干涉光强度的变化为

$$I = \cfrac{I_0}{1 + \cfrac{4R}{(1-R)^2} \cdot \sin^2\left(\cfrac{\Delta\varphi}{2}\right)} \tag{7-25}$$

式中,R 为反射镜的反射率;$\Delta\varphi$ 为相邻光束间的相位差。

必须指出,上述几种干涉仪有一个共同点:它们的相干光均在空气中传播。环境温度的变化会引起空气折射率扰动及声波干扰。这将导致空气光程的变化,造成干涉仪工作不稳定,精度降低。利用单模光纤作干涉仪的光路就可以排除这些影响,并可克服加长光路时对相干长度的严格限制,从而创造出有千米量级光路长度的光纤干涉仪。

图 7-18 所示为四种不同类型的全光纤干涉仪结构。其中,以一个或两个 3 dB 耦合器取代了分束器,光纤光程取代了空气光程。并且,这些干涉仪都以置于被测场中的敏感光纤作为相位调制元件,被测场对敏感光纤的作用导致光纤中光相位的变化。

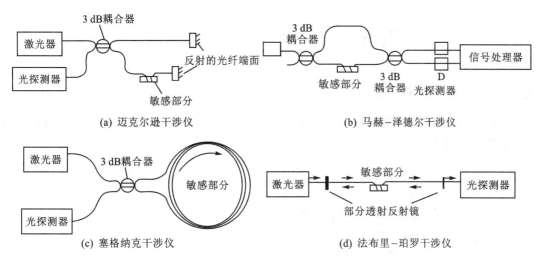

(a) 迈克尔逊干涉仪　　　　　　　　　(b) 马赫-泽德尔干涉仪

(c) 塞格纳克干涉仪　　　　　　　　　(d) 法布里-珀罗干涉仪

图 7-18　四种类型光纤干涉仪结构

7.2.4　频率调制与解调

频率调制并不以改变光纤的特性来实现调制。这里,光纤往往只起着传输光信号的作用,而不作为敏感元件。目前主要是利用光学多普勒效应实现频率调制。图 7-19 中,S 为光源,P 为运动物体,Q 是观察者所处位置。如果物体 P 的运动速度为 v,方向与 PS 及 PQ 的夹角分别为 θ_1 和 θ_2,则从 S 发出的频率为 f_1 的光经过运动物体 P 散射,观察者在 Q 处观察到的频率为 f_2。根据多普勒原理可得

$$f_2 = f_1\left[1 + \frac{v}{c}(\cos\theta_1 + \cos\theta_2)\right] \tag{7-26}$$

图 7-20 所示为一个典型的激光多普勒光纤测速系统。其中,激光沿着光纤投射到测速点 A 上,然后被测物的散射光与光纤端面的反射光(起参考光作用)一起沿着光纤返回。为消除从发射透镜和光纤前端面 B 反射回来的光,可利用安置在与入射激光偏振方向正交的检偏器来接收散射光和参考光。这样频率不同的信号光与参考光共同作用在光电检测器上,并产生差拍,光电流经频谱分析器处理,求出频率的变化,即可推知速度。

光频率调制的解调原理与相位调制的解调相同,同样需要两束光干涉。

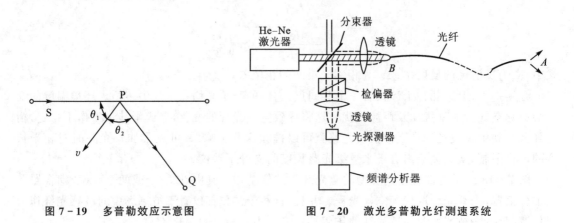

图 7-19　多普勒效应示意图　　　　图 7-20　激光多普勒光纤测速系统

7.3　光纤传感器实例

7.3.1　光纤位移传感器

传光型光纤位移传感器是利用光纤传输光信号的功能,根据检测到的反射光强度测量被测反射表面的距离,其原理如图 7-21 所示。

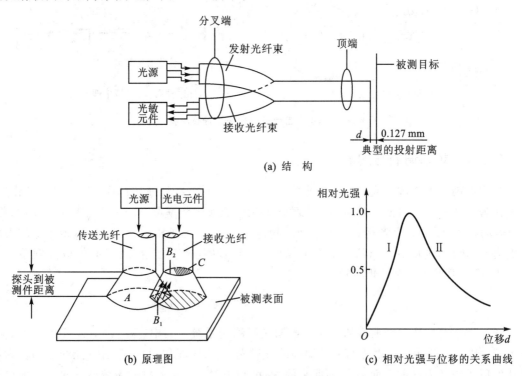

(a) 结　构

(b) 原理图　　　　　　　　(c) 相对光强与位移的关系曲线

图 7-21　光纤位移传感器原理图

它的工作原理是:当光纤探头端部紧贴被测件时,发射光纤中的光不能反射到接收光纤中去,因而光电元件中不能产生电信号。当被测表面逐渐远离光纤探头时,发射光纤照亮被测表

面的面积 A 越来越大,因而相应的发射光锥和接收光锥重合面积 B_1 也越来越大,接收光纤端面上被照亮的 B_2 区也越来越大,有一个线性增长的输出信号。当整个接收光纤端面被全部照亮时,输出信号就达到位移-输出信号曲线上的"光峰点"。当被测表面继续远离时,由于被反射光照亮的 B_2 面积小于 C,即有部分反射光没有反射进接收光纤;由于接收光纤更加远离被测表面,接收到的光强逐渐减小,光电元件的输出信号逐渐减弱,如图 7 - 21(c)所示。图中曲线 I 段范围窄,但灵敏度高,线性好,适用于测微小位移和表面粗糙度等。在图中曲线 II 段,信号的减弱与探头和被测表面之间的距离平方成反比。

图 7 - 22 所示为基于全内反射原理研制的液位传感器。它由 LED 光源、光电二极管和多模光纤等组成。它的结构特点是,在光纤测头端有一个圆锥体反射器。当测头置于空气中,没有接触液面时,光线在圆锥体内发生全内反射而返回到光电二极管。当测头接触液面时,由于液体折射率与空气不同,全内反射被破坏,将有部分光线透入液体内,使返回到光电二极管的光强变弱。返回光强是液体折射率的线性函数。返回光强发生突变时,表明测头已接触到液位。

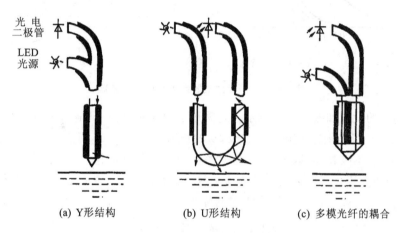

光电
二极管

LED
光源

(a) Y形结构　　　　(b) U形结构　　　　(c) 多模光纤的耦合

图 7 - 22　光纤液位传感器

图(a)所示结构主要是由一个 Y 形光纤、全反射锥体、LED 光源以及光电二极管等组成。图(b)所示为一种 U 形结构。当测头浸入到液体内时,无包层的光纤光波导的数值孔径增加,液体起到包层的作用,接收光强与液体的折射率和测头弯曲的形状有关。为了避免杂光干扰,光源采用交流调制。图(c)所示结构中,两根多模光纤由棱镜耦合在一起,它的光调制深度最强,而且对光源和光电接收器的要求不高。

由于同一种溶液在不同浓度时的折射率也不同,故经过标定,这种液位传感器也可作为浓度计。光纤液位计可用于易燃、易爆场合,但不能检测污浊液体以及会黏附在测头表面的黏稠物质。

7.3.2　光纤温度传感器

1. 半导体光吸收型光纤温度传感器

许多半导体材料在比它的红限波长 λ_g(即其禁带宽度对应的波长)短的一段光波长范围内有递减的吸收特性,超过这一范围几乎不产生吸收,这一波段范围称为半导体材料的吸收端。例如 GaAs、CdTe 材料的吸收端在 $0.9~\mu m$ 附近,如图 7 - 23(a)所示。用这种半导体材料作为温度敏感头的原理是，它们的禁带宽度随温度升高几乎线性地变窄，相应的红限波长 λ_g 几乎线性地变长，从而使其光吸收端线性地向长波方向平移。显然当一个辐射光谱与 λ_g 相一致的光源发出的光通过半导体时，其透射光强即随温度升高而线性地减小，如图 7 - 23(a) 所示。

图 7 - 23(b)所示的结构即为一个最简单的光纤温度传感器。这种结构不实用，例如光源不稳定的影响很大。

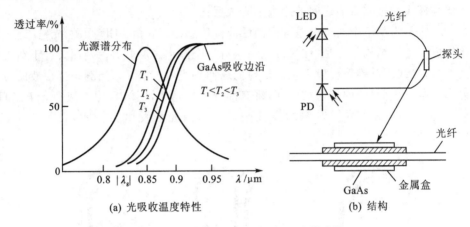

(a) 光吸收温度特性　　　　　　　(b) 结构

图 7 - 23　半导体吸收型光纤温度传感器

一个实用化的设计如图 7 - 24 所示。它采用了两个光源，一只是铝镓砷发光二极管，波长 $\lambda_1 \approx 0.88\ \mu m$；另一只是铟镓磷砷发光二极管，波长 $\lambda_2 \approx 1.27\ \mu m$。敏感头对 λ_1 光的吸收随温度而变化，对 λ_2 光不吸收，故取 λ_2 光作为参考信号。用雪崩光电二极管作光检测器。经采样放大器后，得到两个正比于脉冲高度的直流信号，再由除法器以参考光(λ_2)信号为标准将与温度相关的光信号(λ_1)归一化。于是除法器的输出只与温度 T 相关。采用单片机信息处理即可显示温度。

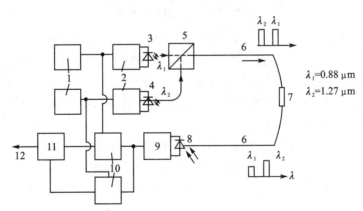

1—脉冲发生器；2—LED 驱动器；3—LED(λ_1)；4—LED(λ_2)；
5—光耦合器；6—光纤；7—敏感头；8—APD 检测器；9—放大器；
10—采样放大器；11—信号处理器；12—信号输出

图 7 - 24　实用化半导体吸收型光纤温度传感器

这种传感器的测量范围是 $-10 \sim 300\ ℃$，精度可达 $\pm 1\ ℃$。

2. 热色效应光纤温度传感器

许多无机溶液的颜色随温度而变化，因而溶液的光吸收谱线也随温度而变化，称为热色效应。其中，钴盐溶液表现出最强的光吸收作用，利用无机溶液的这种热色特性，可以制成温度计。

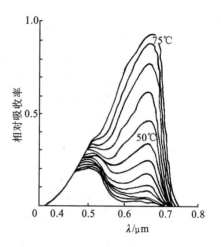

热色溶液例如 $[(CH_3)_3CHOH + CoCl_2]$ 溶液的光吸收频谱如图 7-25 所示。由图可见，在 $25 \sim 75\ ℃$ 范围内的不同温度下，波长在 $0.4 \sim 0.8\ \mu m$ 范围内，有强烈的热色效应。在 $0.65\ \mu m$ 波长处，光透过率几乎与温度呈线性关系，而在 $0.8\ \mu m$ 处，几乎与温度无关。

同时这样的热色效应是完全可逆的，因此可将这种溶液作为温度敏感探头，并分别采用 $0.655\ \mu m$ 和 $0.8\ \mu m$ 波长的光作为敏感信号和参考信号。

图 7-25　热色溶液的光吸收谱温度特性

这种温度传感器的组成如图 7-26 所示。光源采用卤素灯泡，光进入光纤之前进行斩波调制。探头外径 1.5 mm，长 10 mm，内充钴盐溶液，两根光纤插入探头，构成单端反射型。从探头出来的光纤经 Y 型分路器将光分为两种，再分别经 655 nm 和 800 nm 滤光器得到信号光和参考光，再经光电信息处理电路，得到温度信息。由于系统利用信号光和参考光的比值作为温度信息，消除了光源波动及其他因素影响，保证了系统测量的准确性。

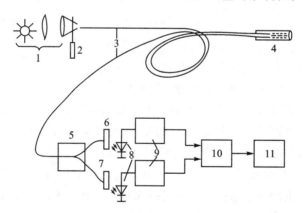

1—光源；2—斩波器；3—光纤；4—探头；5—分路器；6—655 nm 滤光片；
7—800 nm 滤光片；8—PIN 光二极管；9—放大器；10—A/D 转换器；11—微机系统

图 7-26　热色效应光纤温度传感器

该光纤温度传感器的温度测量范围为 $25 \sim 50\ ℃$，测量精度可达 $\pm 0.2\ ℃$，响应时间小于 0.5 s，特别适用于微波场下的人体温度测量。

7.3.3　光纤角速度传感器(光纤陀螺)

光纤角速度传感器又名光纤陀螺，其理论测量精度远高于机械和激光陀螺仪。它以塞格

纳克效应为其物理基础。对于 N 匝光纤,塞格纳克相移为

$$\Delta\varphi = \frac{8\pi NA}{\lambda_0 c}\Omega \tag{7-27}$$

输出光电流可参照式(6-6)计算。转速测量的误差限是由光散粒噪声决定的。

图 7-27 所示为光纤陀螺的最简单的结构。除光源、检测器、偏振器和传感光纤圈外,还包括两个分束器和装在闭合回路一端的调制器。光源一般选用半导体激光器 LD、发光二极管 LED 和超辐射发光二极管 SLD。由于 SLD 性能介于 LD 和 LED 之间,既有较高的输出功率,又有较大的光谱宽度,是光纤陀螺较为理想的光源。而检测器则采用 PIN 光敏二极管。

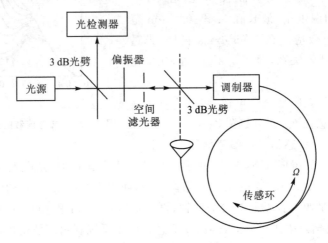

图 7-27　光纤陀螺结构

在光纤中,光传播的每一种模对实验环境波动的敏感性不同于其他模。因此,光纤角速度传感器的左旋光和右旋光虽然在同一光纤中传播,如果两个方向的传播模不一样,那么实验环境变化引入的相位差将大于旋转产生的相位差。若能使整个光学系统限制在单模工作状态,当然可以解决这个问题,但这样做技术上有一定难度。在图 7-27 所示的结构中,采用偏振器和空间滤光器(在两透镜间的衍射小孔)只让一种模通过,使进入光纤两端的光工作于同一模。为了实现零差检测,需要对进入光纤某一端的光,相对于另一端相移 $\pi/2$。为了避开低频端 $1/f$ 噪声,也需要对信号进行调制,故在图中设置了调制器。

光纤陀螺可用于导航和制导。导航是引导载体到达预定目的地的过程。导航系统可以说是一个测量装置,所提供的导航参数供驾驶员操作载体之用,用于人工能自由操纵的航行体,如舰船、飞机及地面战车等。如导航系统与自动驾驶仪联用,导航系统提供的导航信息作为自动驾驶的输入量,由自动驾驶仪自动操纵引导载体,这就是自动导航。目前,光纤陀螺导航可用于的载体有军用飞机、民用飞机、军舰、轮船、坦克、装甲战车、自行火炮、民用火车、汽车和机器人等。

装备精良的导弹武器已成为衡量一个国家的国防是否现代化的重要标志之一。导弹实际上是无人驾驶的飞行器。导弹必须有制导设备,以对它飞行的全过程或某些阶段进行控制。制导实际上是指自动控制和引导飞行体按预定轨道或飞行路线准确到达目标的过程。光纤陀螺用来检测或测定导弹相对于目标的飞行情况,供计算机计算导弹的实际位置与预定位置飞行偏差,形成引导指令,并操纵导弹改变飞行方向,使其沿预定的轨道飞向目标。

7.3.4　光纤压力传感器

这里仅给光纤压力传感器的一些典型的构成形式,以便从中受到灵活应用基本原理的启示。图 7-28 所示的传感器是通过膜片传递压力变化,进而带动光闸门调制光强,实现压力传感检测,光纤是不动的。使用参考光通道可提高测量精度。

图 7-29 所示的传感器是动光栅式光纤压力传感器。光路中有两块光栅,一块固定,另一块通过膜片传感压力而移动,光栅对有光强调制的细分能力,从而提高了测量精度。光栅常数越小,灵敏度越高。

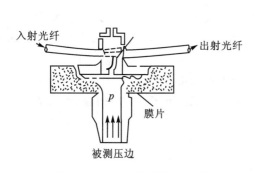

图 7-28　快门式光纤压力传感器

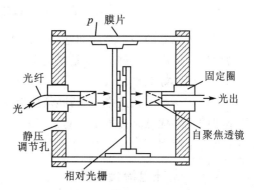

图 7-29　动光栅式光纤压力传感器

图 7-30 所示的传感器是一种光弹压力水声传感器。它利用 Pyrex 玻璃在压力作用下变为各向异性的特点,对光强实现调制。光源发出的光经起偏器 P_1 和 $\lambda/4$ 波片后变成圆偏振光,由于光弹材料受压力 p 的作用,使光的偏振状态发生变化,因此经检偏器 P_2 后,检测器将输出随压力 p 而改变的光电信号。最小可测压差 95 Pa,在 0~500 kPa 范围内线性良好。

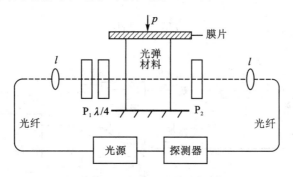

图 7-30　光弹压力水声传感器

微弯变形器光强调制的原理前面已讨论,利用这一原理可以实现压力检测。图 7-31 所示为微弯式光纤压力传感器。这种压力传感器的两种工作方式是亮场检测和暗场检测。亮、暗是指背景光强的强弱不同,前者是利用光纤芯中的传输光的光强调制,后者是利用由于微弯作用而漏泄到包层中的光强调制。很显然,暗场检测的调制深度大,灵敏度高。

在图 7-31 中不难发现,无论是哪一种检测方式,在微弯变形器前后各有一个剥模器。其作用是吸收掉进入光纤包层中的那部分光,以免干扰测量结果。最简单的剥模方法是在几厘米长的光纤外面涂上黑漆。

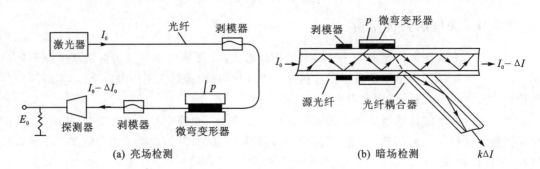

图 7 - 31　微弯式光纤压力传感器

微弯式传感器的一个实际问题如下:在负载作用下光纤包层要滑动。这会引起光纤弯曲的张弛效应。解决办法如下:一是使用金属包层,二是在加压之前对光纤施加一偏载。这两种办法均可收到良好效果。

微弯式传感器的缺点之一是,必须使微弯器和压力膜相接触,这限制了它的动态响应。微弯传感器的主要优点是提供了一套紧密的系统,不必考虑工作环境的污染问题,因而适用于恶劣环境条件下应用。

7.3.5　光纤电流传感器

图 7 - 32 所示为偏振态调制型光纤电流传感器原理图。根据法拉第旋光效应,由电流所形成的磁场会引起光纤中线偏振光的偏转。检测偏转角的大小,就可得到相应的电流值。如图所示,从激光器发生的激光经起偏器变成线偏振光,再经显微镜($\times 10$)聚焦耦合到单模光纤中。为了消除光纤中的包层模,可把光纤浸在折射率高于包层的油中,再将单模光纤以半径 R 绕在高压载流导线上。设通过其中的电流为 I,由此产生的磁场 H 满足安培环路定律。对于无限长直导线,则有

$$H = I/2\pi R \tag{7-28}$$

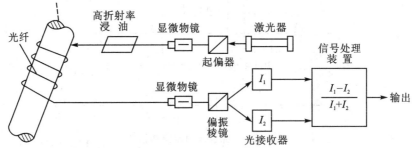

图 7 - 32　偏振态调制型光纤电流传感器原理图

由磁场 H 产生的法拉第旋光效应,引起光纤中线偏振光的偏转角为

$$\theta = VlI/2\pi R \tag{7-29}$$

式中,V 为费尔德常数,对于石英:$V = 3.7 \times 10^{-4}$ rad/A;l 为受磁场作用的光纤长度。

受磁场作用的光束由光纤出端经显微镜耦合到偏振棱镜,并分解成振动方向相互垂直的两束偏振光,分别进入光检测器,再经信号处理后其输出信号为

$$P = \frac{I_1 - I_2}{I_1 + I_2} = \sin 2\theta \approx \frac{VlI}{\pi R} = 2VNI \tag{7-30}$$

式中，N 为输电线链绕的单模光纤匝数。

该传感器适用于高压输电线大电流的测量，测量范围为 $0\sim1\,000$ A。

7.4　分布式光纤传感器

7.4.1　概　述

在工程与科学试验中，有许多场的参数需要测试，如温度场、压力场、应力场、应变场、速度场、电场、磁场、声场、引力场以及浓度、密度、成分场等。通常，为了测量上述场的空间分布及随时间的变化，需要布置许多个点传感器，然后由这些点传感器获取的离散信息的综合来描述场的分布特征，显然这是十分复杂和昂贵的方法。特别是在易燃易爆、强电磁场干扰的环境，或是场的尺寸特别大，或是为了不致改变场本身的特征需要极小型的传感器，或是需要将传感器埋入构件的情况等，分布式光纤传感技术都有着明显的优势。分布式传感器是指能同时测量空间多个点的环境参数，甚至能测量空间连续分布的环境参数。

分布式光纤传感器是将传感光纤沿场排布，并采用独特的检测技术，对沿光纤传输路径上场的空间分布和随时间变化的信息进行测量或监控，其原理如图 7-33 所示。这类传感器只需要一个光源和一条检测线路，集传感与传输于一体，可实现对庞大和重要结构的远距离测量或监控。由于同时获取的信息量大，单位信息所需要的费用大大降低，从而可获得高的性能价格比。因此，它是一类有着广泛应用前景的传感器，近几年越来越受到人们的重视和关注。

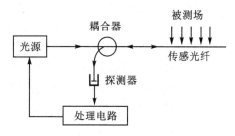

图 7-33　分布式光纤传感器原理框图

7.4.2　用于构成分布式光纤传感器的主要技术

在分布式光纤传感器中，典型的方法是利用对特定被测场增强的传感光纤，测量沿光纤长度上的基本损耗或散射。目前，常用的方法主要有反射法、波长扫描（WLS）法、干涉法和光频域反射（OFDR）法（主要是连续波线性调频法——FMCW）。下面分别进行介绍。

1.　反射法

反射法是利用光纤在外部扰动作用下产生的瑞利（Reyleigh）散射、拉曼（Raman）散射、布里渊（Brillouin）散射等效应进行测量的方法。

（1）光时域反射（OTDR）法

OTDR 技术在分布式光纤传感技术中得到了广泛应用，其原理如图 7-34 所示。把一个能量为 E_0、宽度为 ΔT、光频率为 f 的矩形光脉冲耦合进光纤，考察光纤上长度在 l 和 $l+\mathrm{d}l$ 之间的光纤元 $\mathrm{d}l$，发现由 $\mathrm{d}l$ 反射回到光纤入射端的光功率的变化直接受 l 处单位长度散射系数的变化的影响，所以根据后向反射到光纤入射端的光功率可以分辨 l 处脉冲后向反射信号的变化，且不受其他点散射信号的影响，并反映了被测量的信息。

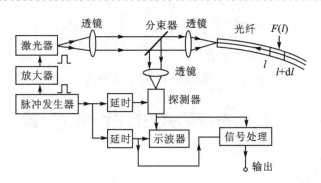

图 7-34　OTDR 系统原理图

　　OTDR 法利用的是后向反射回来的光强信号,能量较小,信噪比不高。另外,由于光纤制造中的不均匀性,造成光纤各部分对外界扰动的灵敏度不一致,因而目前分辨力不够高,动态范围不够宽。同时,光探型器的响应时间也会限制该方法的空间分辨力。

　　(2) 偏振光时域反射(POTDR)法

　　OTDR 技术中使用了后向散射光的强度信息,而 POTDR 法是利用后向散射光的偏振态信息进行分布式测量的技术。

　　在外部扰动的影响下,光纤中光的偏振状态发生变化,检测偏振状态的变化就能得到外部扰动的大小和位置。图 7-35 所示为 POTDR 法的基本原理图。在该方法中,只要测量出进入解偏器前后光功率的大小,就可通过有关公式得到被测参量的信息。

　　POTDR 法的空间分辨力同样受到光检测器响应时间的限制,而且被测量的测量精度最终受功率测量精度的影响。此外,进入解偏器前后光功率的大小随光源输出功率的变化而变化,因此光源的稳定性是一个重要问题。

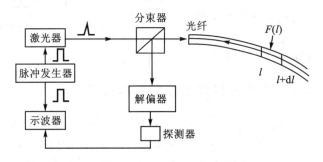

图 7-35　POTDR 系统原理图

2. 波长扫描(WLS)法

　　波长扫描法是 Chojilzki 等于 1991 年提出来的一种新方案。该方法用白光照射保偏光纤,运用快速傅里叶(Fourier)算法来确定模式耦合系数的分布,图 7-36 所示为其原理图。当高双折射保偏光纤受到外部扰动作用时,就会引起相位匹配的模式耦合,即光的上部分从一种模式转换为另一种模式。由于本征模以不同的速度在光

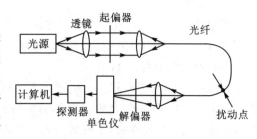

图 7-36　WLS 系统原理图

纤中传播,从耦合点到光纤输出端之间的相位变化与光程成正比,因此从两个本征模的相对幅度的大小就可以得到被测参数的信息。

WLS 法测量的范围与光纤模式双折射差的倒数成正比。所以使用低双折射光纤可以得到大的测量范围,其空间分辨力正比于入射光的相干长度,从而使传感器的测量范围正比于单色仪出射光的相干度。该系统分辨力高,可达到 0.3 cm,光源成本较低,但整个系统测量范围小,系统成本高昂,不利于实用化。

3. 干涉法

干涉法是利用各种形式的干涉仪或干涉装置把被测量对干涉光路中光波的相位调制进行解调,从而得到被测量信息的方法。干涉型光纤传感器的最大特点是检测灵敏度非常高,使用普通的技术就可得到很高的性能,因而近年来对干涉型传感器的多路复用的研究非常活跃。

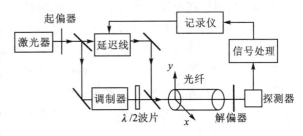

图 7 - 37　外差式干涉原理图

这里以外差式干涉法为例,图 7 - 37 所示为其原理图。当分布式参量如应力、弯曲等施加到单模光纤上时,在参量施加位置就会发生模式转换,通过检测扰动前后光纤的输出光强,可得到扰动处的模式耦合系数,从而得到被测量的信息。

4. 连续波调频(FMCW)法

该方法属于光频域反射(OFDR)技术。FMCW 法是第一种使用前向传输光进行分布式测量的方法。图 7 - 38 所示为其原理图。在注入型半导体激光器的直流偏置上叠加低频线性变化的调制电流,使激光器的输出光除了强度随电流变化之外,其频率也在一定的范围内线性地变化。受到调制的线偏振光耦合进入保偏高双折射光纤后,在扰动点产生模式转换。由于传输模和耦合模经高双折射光纤传输后具有不同的延时,因此检测两正交模之间的拍频信号就可得到外部扰动的信息。

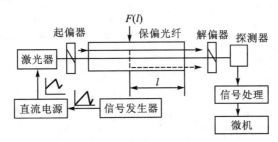

图 7 - 38　FMCW 系统原理图

FMCW 法与其他方法不同,不仅系统结构简单,而且它的空间分辨力只取决于调频连续波,即光源的相干性。FMCW 法的信噪比相对于非调制外差系统的信噪比要低。

目前,分布式光纤传感技术广泛应用在建筑工程、临床医学、航空航天、高压电网、船舶工业等各个领域,如在建筑工程中,在建筑物主体结构中敷设分布式光纤传感器,监控建筑物内部结构应力应变,可以获取建筑物健康状态信息;在临床医学中,患者广泛使用的光纤内窥镜和光纤血管镜等,充分利用了其抗干扰、高精度的特点;在石油化工中,将分布式光线传感器敷设在管道中,通过连续检测全程管道中振动与压力变化,可以实时获取出现泄露管道的准确位置,及时做出抢修响应;在航空航天中,分布式光纤传感器以其轻质、灵敏可靠、抗干扰等特点,应用于飞行器无损检测和客机在役检查,为实时获取机身主要零部件健康状态发挥了关键作用。

思考题与习题

7 - 1　用射线理论简述光纤的导波工作原理。

7 - 2　试述传光型和功能型光纤传感器的基本含义。

7 - 3　什么是单模光纤? 成为单模光纤的条件是什么?

7 - 4　举例说明光纤中光波的各种调制技术。

7 - 5　分布式光纤传感器有哪些特点?

7 - 6　构成分布式光纤传感器的主要技术有哪些?

第8章　光电信号的数据采集与微机接口

微型计算机具有运算速度快,可靠性高,信息处理、存储、传输和控制等功能性强的优点,被广泛用于光电测控技术领域,成为必不可少的功能部件。

光电信号的种类很多,不同的应用领域有着不同的光电信号,但归结起来,可分为缓变信号,调幅、调频脉冲信号与视频图像信号等。光电信号载运信息的方法基本上分为幅度信息、频率信息和相位信息。本章将讨论如何把这些信息送入微型计算机,完成信息的提取、存储、传输和控制。

8.1　光电信号的二值化处理

微型计算机所能识别的是数字"0"或"1",即低或高电平,在光电信号中它代表信号的有与无,又可以代表光信号的强弱到某一程度。将光电信号转换成 0,1 数字量的过程称为光电信号的二值化处理。光电信号的二值化处理分为单元光电信号的二值化处理与视频信号的二值化处理。

8.1.1　单元光电信号的二值化处理

由一个或几个光电转换器件构成的光电转换电路所产生的独立信号称为单元光电信号。如图 8-1 所示为控制某运动机件在某轨道上所作的运动。运动过程是:在 S_1 段以 v_1 高速运行,过 A 点后,以 v_2 低速运行;到 B 点后返回,以 v_1 高速运行,再过 A 点,则以 v_2 低速运行,到 S 点再返回。如此往返。这样,就需要在 S、A、B 三点设置三个光电转换器,从而得到三个单元信号。显然,根据控制的要求,只需要给出机件是否到达 A、B、S 点,即 A、B、S 点的光信号输出是 0 还是 1 的问题,计算机可根据 0,1 的变化时间判断出方向,决定发出的控制(速度)。这是一个很简单的单元光电信号的二值化处理问题,可用固定阈值法进行二值化处理。

又如,某钢厂在切钢板时,为了使钢板切得整齐,以便运输,采用了如图 8-2 所示的光电

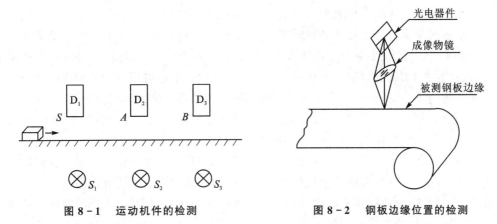

图 8-1　运动机件的检测　　　　　图 8-2　钢板边缘位置的检测

检测系统。当被照光电池刚好被遮挡一半时,切刀落下,将钢板切下,这就需要对单元光电信号进行二值化处理,给出0,1信号。在考虑到光源发光强度的稳定度直接影响测量误差时,就要考虑用浮动阈值法。

1. 固定阈值法二值化处理电路

图8-3所示为典型固定阈值法二值化处理电路。图中电压比较器的"－"输入端接能够调整的固定电位U_{th}。由电压比较器的特性可知,当输入的光电信号值使同相输入端的电压U_+高于固定电位U_{th}时,比较器输出高电平,即为1;当U_+低于阈值电位U_{th}时,不管其值如何接近于U_{th},其输出均为低电平,即为0。这种固定阈值二值化处理电路的优点是电路简单、可靠。但受光源的不稳定影响大,需要稳定光源,或在要求控制精度较低的场合应用。

2. 浮动阈值法二值化处理电路

在要求光电检测系统的精度不受光源稳定性影响的情况下,应采用浮动阈值二值化处理电路。图8-4所示为阈值电压随光源浮动的二值化电路。图中的阈值电压为从光源分得一部分光加到光电二极管上。光电二极管在适当的偏置下输出与光源的发光强度呈线性变化的电压信号。用这个电压信号作为阈值,即可得到随发光强度浮动的阈值U_{th}。将U_{th}加到电压比较器的"－"输入端,将检测信号的输出加到电压比较器的正输入端,在输出端所得到的信号U_o即为随发光强度浮动的二值化信号。

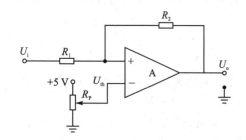

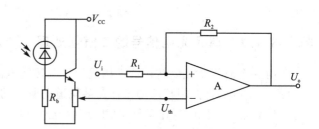

图8-3　固定阈值二值化电路　　　　　　　　图8-4　浮动阈值的二值化电路

8.1.2　视频信号的二值化处理

在不要求图像灰度的系统中,为提高处理速度和降低成本,应尽可能使用二值化图像。实际上许多检测对象在本质上也表现为二值情况,如图纸、文字的输入,尺寸、位置的检测等。在输入这些信息时采用二值化处理是很恰当的。二值化处理是把图像和背景作为分离的二值图像对待。例如,光学系统把被测对象成像在CCD光敏元件上,由于被测物与背景在光强上强烈变化,故反映在CCD视频信号中所对应的图像尺寸边界处会有明显的急剧的电平变化。通过二值化处理会把CCD视频信号中图像尺寸部分与背景部分分离成二值电平。实现CCD视频信号二值化处理的方法很多,可以用电压比较器进行固定阈值或浮动阈值的处理,也可以采用微分法等进行二值化处理。视频信号的固定阈值或浮动阈值处理方法和单元光电信号的二值化处理方法十分相似,这里不再讨论。下面着重介绍对CCD视频信号边界特征提取的典型二值化处理方法和微分法实现二值化处理方法——微分法实现二值化处理方法。

将CCD视频输出的脉冲调制信号经过低通滤波后变成连续信号,该连续视频信号通过微分Ⅰ,电路输出是视频信号的变化率,信号电压的最大值对应视频信号边界过渡区变化率最大

点 A 及 A'。微分 I 电路对应视频信号的上升边与下降边输出了两个极性相反的信号,经过绝对值电路将微分 I 电路输出的信号都转变成同极性。信号的最大值对应边界特征点。信号通过微分 II 电路后,获得对应绝对值最大值处的过零信号,再经过过零触发电路后,输出了两个过零脉冲信号,这两个过零脉冲就是视频信号起初边界的特征信息。计算这两个脉冲的间隔可获得图像的二值化宽度,微分法的电路原理如图 8 - 5 所示。该电路的工作波形如图 8 - 6 所示。

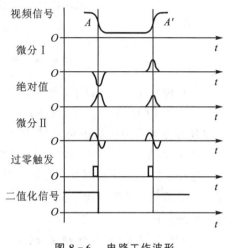

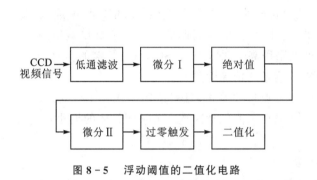

图 8 - 5 浮动阈值的二值化电路 　　　　　图 8 - 6 电路工作波形

8.1.3 光电信号二值化数据采集与接口

下面以线阵 CCD 输出信号为例讨论二值化数据采集与接口问题,介绍两种光电信号的数据采集电路。

1. 硬件二值化数据采集电路

硬件二值化数据采集电路的原理方框图如图 8 - 7 所示。它由"与"门电路、二进制计数器、锁存器和显示器等硬件逻辑电路构成。线阵 CCD 的驱动器除产生 CCD 所需要的各种驱动脉冲以外,还要产生行同步控制脉冲 f_c 和用做二值化计数的输入脉冲(或主脉冲)f_M,并要求 f_c 的上升沿对应于 CCD 输出信号的第一个有效像素单元。f_M 脉冲的频率是复位脉冲 RS 频率的整数倍,或为 CCD 的采样脉冲。CCD 的视频信号经二值化处理电路产生的方波脉冲,加到"与"门电路的输入端,控制输入脉冲 f_M 是否能够送到二进制计数器的计数输入端。用 f_c 的低电平作为计数器的复位脉冲。锁存器的触发输入端 CK 直接接在二值化输出信号后沿触发的送数脉冲电路(延时电路)的输出端上,锁存器的输出经数据总线送至计算机。

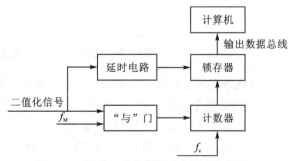

图 8 - 7 硬件二值化数据采集原理方框图

硬件二值化数据采集电路的工作波形如图 8 - 8 所示。图中 f_c 的低电平使计数器清"0";

它在变成高电平以后,计数器方可进行计数工作。

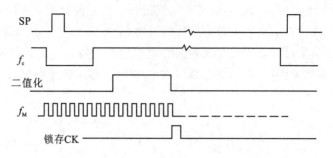

图 8-8   硬件二值化数据采集电路工作波形

主时钟脉冲 f_M 的频率是采样脉冲 SP 或复位脉冲 RS 频率的整数(N)倍,而 SP 或 RS 脉冲周期恰为 CCD 输出 1 个像元的时间,因此 f_M 周期为像元周期的 $1/N$。方波脉宽中的 f_M 脉冲数为方波范围内像敏单元的 N 倍。可见采用高于采样脉冲 SP 频率 N 倍的主时钟 f_M 为计数脉冲,能够获得细分像敏单元的效果,使测量的精确度更高。

这种硬件二值化数据采集电路适用于物体外形尺寸测量,且只适用于在一个行周期内只有一个二值化脉冲的情况。同时这种方法只能采集二值化脉冲宽度或被测物体的尺寸而无法检测被测物体在视场中的位置。

2. 边沿送数法二值化数据采集电路

图 8-9 所示为边沿送数法二值化数据采集电路的原理方框图。由线阵 CCD 行同步脉冲 f_c 控制的二进制计数器计得每行的标准脉冲 f_M(可以是 CCD 的复位脉冲 RS 或像元采样脉冲 SP)数。当标准脉冲为 CCD 的复位脉冲 RS 或像元采样脉冲 SP 时,计数器某时刻的计数值为线阵 CCD 在此刻输出像敏单元的位置序号,若将此刻计数器所计的数值用边沿锁存器锁存,那么边沿锁存器就能够将 CCD 某特征像元的位置输出,并存储起来。

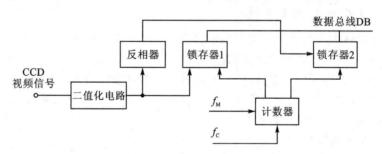

图 8-9   边沿送数法二值化数据采集电路原理方框图

这种方式的工作脉冲波形如图 8-10 所示。在这种方式下计数器在 f_c 高电平期间计下 CCD 输出的像元位置序号。另外 CCD 输出的载有被测物体直径像的视频信号经过二值化处理电路产生被测信号的方波脉冲,其前、后边沿分别对应于线阵 CCD 的两个位置。将该方波脉冲分别送给两个边沿信号产生电路,产生两个上升沿,这两个上升沿分别对应于方波脉冲的前、后边沿,即线阵 CCD 的两个边界点。用这两个边沿脉冲的上升沿锁存二进制计数器在上升沿时刻所计的数值 N_1 和 N_2,则 N_1 为二值化方波前沿时刻所对应的像元位置值,N_2 为后沿所对应的像元位置值。在行周期结束时,计算机软件分别将 N_1 和 N_2 的值通过数据总线

DB 存入计算机内存,便可获得二值化方波脉冲的宽度信息与被测图像在线阵 CCD 像敏面上的位置信息。

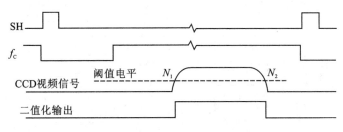

图 8 - 10　边沿送数法二值化数据采集电路工作波形

8.2　单元光电信号的 A/D 转换与数据采集

在测量光强信息时需要把光的强弱变为数字量才能进行数字显示,或送入计算机进行计算或分析,即需要对光电信号进行 A/D 转换。下面分别讨论单元光电信号和视频信号的A/D转换。

8.2.1　单元光电信号的 A/D 转换

单元光电信号的 A/D 转换也就是对单元光电器件构成的光电变换电路的输出信号进行数字化处理的过程。在光电技术中经常需要对某些场景的光强度(或光照度)进行测量,并且要求以数字方式显示测量值(例如数字照度计),或送入计算机进行实时控制等处理。这种情况必须对单元光电信号进行 A/D 转换。

实现 A/D 转换的 A/D 转换器种类很多,特性各异,应根据不同的情况采用不同的器件。下面以 HI1175JCB 高速 A/D 转换器为例,介绍单元光电信号 A/D 转换和 A/D 数据采集。

1. HI1175JCB 型 A/D 转换器的基本原理

HI1175JCB 为 8 位高速 A/D 转换器,其最高工作频率为 20 MHz,具有启动简便、转换速度快、线性精度高等特点,基本能满足单元光电信号高速 A/D 数据采集的需要。

图 8 - 11 所示为 HI1175JCB 型 A/D 转换器的基本原理方框图。它主要由电压基准、数字电压比较器、数据存储器、数据锁存器和时钟脉冲发生器 5 部分组成。电压基准为电压比较器提供参考电压,形成高 4 位数或低 4 位数并存入存储器。各路数字比较器在统一的时钟脉冲控制下完成比较并形成数据。存入存储器的数据通过三态锁存器形成 8 位数字,并由 $\overline{\text{OE}}$ 控制。显然这种通过比较器与参考电压进行比较形成数据的方式属于高速闪存的 A/D 转换方式,具有极高的转换速度。

HI1175JCB 为 24 脚 DIP 封装的器件,从原理图外边框可看出引脚排列。其中,$\overline{\text{OE}}$ 为片选或使能,低电平有效;DV_{SS} 为数字地;D0～D7 为 8 位并行数字输出;DV_{DD} 为数字电源(+5 V);CLK 为时钟脉冲输入(启动 A/D 转换器);AV_{DD} 为模拟电源(+5 V);V_{RTS} 为参考电压源(2.6 V);V_{RT} 为参考电压;V_{RB} 为参考电压;V_{IN} 为模拟电压输入;AV_{SS} 为模拟电源(地);V_{RBS} 为参考电压源(+0.6 V)。

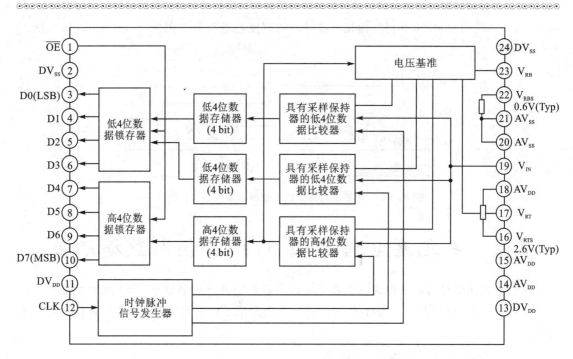

图 8 - 11　　HI1175JCB 原理方框图

引脚 16、17、22、23 为 A/D 转换器提供参考(基准)电源电压。A/D 转换器的数字逻辑部分与模拟部分的供电电源均为+5 V 的稳压电源。但是不能直接将模拟电源 AV_{DD} 与数字电源 DV_{DD} 以及模拟地 AGND 与数字地 GND 相连,要在电路上分开,在电路板外相接,以便消除数字脉冲信号电流通过电源线或地线对模拟信号的干扰,同时有利于降低噪声。

A/D 转换器的启动和数字信号的读出都很简单,只须用一个时钟脉冲信号 CLK 即可。用时钟脉冲 CLK 的前沿(上升沿)启动 A/D 转换器,用后沿(下降沿)将转换完的 8 位数字信号送到输出寄存器。

HI1175JCB 型 A/D 转换器的工作时序如图 8 - 12 所示。用时钟脉冲 CLK 的前沿(上升沿)启动 A/D 转换器。下降沿到来时,锁存器已将数据准备好,可以将 A/D 转换后的数据送入计算机内存,完成单元信号的数据采集工作。

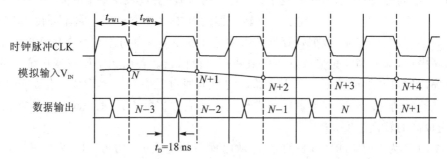

图 8 - 12　　HI1175JCB 的工作时序

2. 典型的 HI1175JCB 高速 A/D 转换电路

图 8 - 13 所示为按上述时序工作的实际典型电路。它由基准电源部分、时钟脉冲输入部

分和模拟信号输入部分构成。基准电压由稳压二极管 ICL8069 和电位器 R_{12} 分压后,经放大器组成的电位调整电路分别输出高电平参考电压 U_{RT} 和低电平参考电压 U_{RB}。

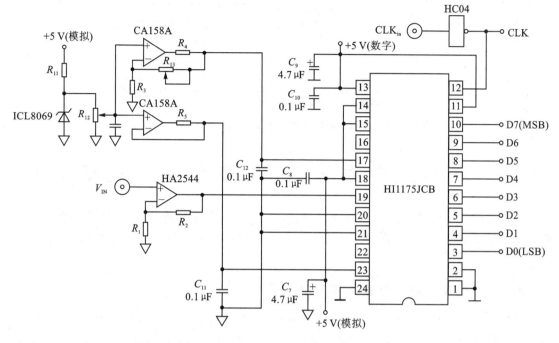

图 8-13　典型的 HI1175JCB 高速 A/D 转换电路

时钟脉冲输入部分经反相器 HC04 隔离后,直接送给 A/D 转换器的时钟脉冲输入端,启动 A/D 转换器。

模拟信号输入部分由高速运算放大器 HA2544 构成同相放大器电路,降低输入阻抗后直接送到 A/D 转换器的模拟输入端进行 A/D 转换,转换完成后将 8 位数据并行输出。

图中所示的接地方式有两种,一种是以三角符号表示模拟电源的地,另一种接地方式为数字电源的地。同样与之对应的还有模拟电源(+5 V)和数字电源(+5 V)。模拟地、数字地不能在电路板上直接相连(电源也是如此),否则噪声会使 A/D 转换工作失败。

当同一块电路板上有多个转换器时,可以利用片选信号 $\overline{OE}$ 进行选择,该电路中只有一片 A/D 器件,可以将其接地。

8.2.2　单元光电信号的 A/D 数据采集

图 8-14 所示为用于高速检测某点光照度的数据采集系统原理方框图。系统采用 HI1175JCB 高速 A/D 转换器。考虑到不同的计算机总线接口方式中数据传输速度的不同, A/D 转换接口电路设置了内部 SRAM 存储器,以便适应连续的 A/D 数据采集的需要。计算机的低 10 位地址总线与读($\overline{RD}$)/写($\overline{WR}$)控制线、地址允许信号 AEN 或中断控制线等构成译码信号,经译码器对同步控制器产生各种操作信号。同步控制器将产生 A/D 启动时钟信号 CLK,A/D 转换器启动并在转换完成后将 8 位数据存入 SRAM 存储器,同时使地址计数器加 1。待存够所需要的数据后,计算机软件通过地址总线控制同步控制器将 SRAM 中的数据读取到计算机内存。

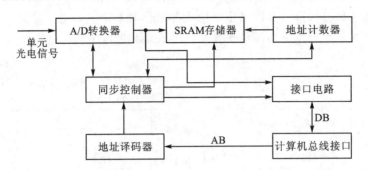

图 8 - 14　单元光电信号的 A/D 数据采集系统原理方框图

8.3　视频光电信号的 A/D 转换与数据采集

本节通过介绍常用于线阵 CCD 输出信号 A/D 转换的高分辨率 A/D 转换器 ADS8322,讲授光电信号的 A/D 转换,然后分别讨论线阵 CCD 的数据采集接口与面阵 CCD 的图像数据采集与微机接口。

8.3.1　视频光电信号的 A/D 转换

CCD 视频信号的 A/D 转换过程通常是这样的:首先将 CCD 视频输出的调幅脉冲信号经过低通滤波器滤波后变成时间上连续的模拟信号,再按照对图像分辨率的要求用采样/保持电路对连续的视频信号在时间上进行间隔采样,把它变成离散的模拟信号,由 A/D 转换器将其转变成数字量送入数字存储器,再送入计算机进行运算或处理。光电信号的 A/D 转换中,常用的 A/D 转换器为 ADS8322。

1. 高分辨率 ADS8322 转换器原理

ADS8322 为 16 位并行输出的高速、高分辨率的 A/D 转换器。图 8 - 15 所示为其原理图。从图中可以看出,它具有内部基准电源和采样保持电路。当基准电源为 1.5～2.6 V 时,其满量程输入电压值为 3.0～5.2 V。

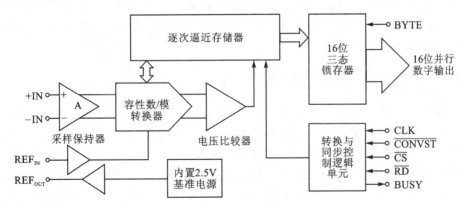

图 8 - 15　ADS8322 转换器原理

它的转换方式属于逐次逼近式,由容性数/模转换器、电压比较器与逐次逼近存储器完成

A/D 转换工作,并将其 16 位数字送入三态锁存器。三态锁存器的输出由端口 BYTE 控制。

ADS8322 的启动及其控制均由时钟脉冲 CLK、片选信号 $\overline{CS}$、读信号 $\overline{RD}$ 和控制脉冲 $\overline{CONVST}$ 控制,A/D 转换器的工作状态(是否处于转换过程中)由忙信号 BUSY 端口输出。

2. ADS8322 典型电路

ADS8322 的工作时序如图 8 - 16 所示。

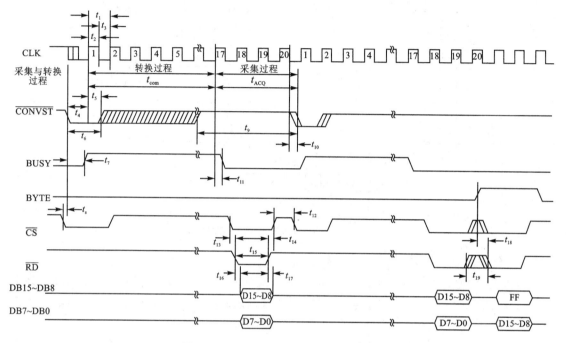

图 8 - 16 ADS8322 转换器的工作时序

ADS8322 的典型电路如图 8 - 17 所示。时序光电信号由模拟输入端接入 A/D 转换器,转换器的启动与数据的读出分别由时钟脉冲 CLK、片选信号 $\overline{CS}$、读信号 $\overline{RD}$ 和转换启动脉冲 $\overline{CONVST}$ 控制。可以看出,ADS8322 的片选 $\overline{CS}$ 有效,经 t_8 时间后,转换时钟脉冲 $\overline{CONVST}$ 由高变低(有效);再经 t_4 时间延迟,时钟脉冲 CLK 的上升沿将启动 A/D 转换器,使其进入转换状态。此时,A/D 转换器输出的状态信号 BUSY 由低变高,表明 A/D 转换器已进入转换"忙"状态。经过 16 个时钟脉冲,转换工作完成,BUSY 变成低电平,转换器进入采集与输出过程。在采集与输出过程中,$\overline{CONVST}$ 应为高电平,片选 $\overline{CS}$ 读信号 $\overline{RD}$ 有效时(此时 BYTE 为低电平),16 位数字将在 DB0～DB15 数据输出端上,在 t_{15} 期间输出。采集过程需要 4 个 CLK 时钟脉冲,整个转换过程为 20 个 CLK 时钟脉冲。第一次转换的数据读出后间隔 t_{12} 时间即可再次启动 A/D 转换器,经 16 个 CLK 时钟脉冲后,读出数据,如此反复。但是,当输出控制脉冲 BYTE 变为高电平后,数据输出端口被封闭。

8.3.2 视频信号的数据采集与微机接口

视频信号可分为线阵 CCD 的行同步视频信号,与面阵 CCD 及其他电子束摄像管摄像机发出的各种制式具有行、场同步的复合同步的视频信号,同步方式不同,采集的方法也不同。下面分别讨论线阵 CCD 的数据采集接口与面阵 CCD 的图像数据采集与微机接口。

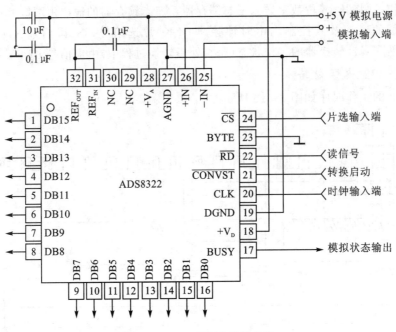

图 8－17　ADS8322 典型电路

1. 线阵 CCD16 位 A/D 数据采集原理

对于 TCD1200D(2 160 像素单元)的线阵 CCD 进行 16 位 A/D 数据采集可分为同步采集与异步采集。同步采集的采集命令由 CCD 驱动器发出,且与 CCD 输出的视频调幅脉冲相同步。异步采集由计算机通过软件给出采集命令。

这里介绍 16 位 A/D 的同步数据采集,其原理方框图如图 8－18 所示。线阵 CCD 驱动器除提供 CCD 工作所需要的驱动脉冲外,还要提供与转移脉冲 SH 同步的行同步控制脉冲 f_c、与 CCD 输出的像元亮度信号同步的脉冲 SP 和时钟脉冲 CLK,并将其直接送到同步控制器,使数据采集系统的工作始终与线阵 CCD 的工作同步。

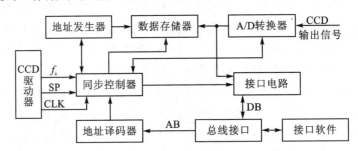

图 8－18　线阵 CCD 的数据采集原理方框图

同步控制器接收到软件通过地址总线与读/写控制线等传送的命令,执行对地址发生器、存储器、A/D 转换器、接口电路等的同步控制。

图 8－18 中,A/D 转换器采用 ADS8322,它具有 16 位二进制数的分辨能力,工作频率高达 500 kHz,且具有内部采样放大器,可对输入信号进行采样保持。数据存储器采用 SRAM6264,它具有 64 KB 的数据存储空间,存取频率高于 10 MHz。地址发生器由同步或异

步的多位二进制计数器构成。接口电路由 74LS245 双向 8 位总线收发器构成。地址译码器
与同步控制器一起由 CPLD 现场可编程逻辑电路构成。总线接口方式可有多种选择,如 PC
总线接口方式、并行接口(打印口)方式、USB 总线串行接口方式、PCI 总线接口方式等。不同
的接口方式具有不同的特性,其中以 PCI 总线接口方式的数据传输速度最快。

　　此外,接口软件是数据采集系统的核心,由它来判断数据采集系统的工作状态,发出 A/D
转换器启动、数据读/写操作,以及数据处理、存储、显示、执行和传输等指令。

　　经放大的线阵 CCD 输出信号接入转换器的模拟输入端,将驱动器输出的同步控制脉冲
f_c、SP 与时钟脉冲 CLK 送到同步控制器,并与软件控制的执行命令一起控制采集系统与
CCD 同步工作。

　　软件发出采集开始命令,通过总线接口给采集系统一个地址码(如 300H),地址译码器
(例如 3 - 8 译码器)输出执行命令(低电平)。同步控制器得到指令后,将启动采集系统(将采
集系统处于初始状态),等待驱动器行同步脉冲 f_c 的到来。f_c 的上升沿对应着 CCD 输出信
号的第 1 个有效像素单元。f_c 到来后,A/D 转换器将在 SP 与 CLK 的共同作用下启动并进
行 A/D 转换工作。转换完成后,将 A/D 转换器输出的状态信号 BUSY 送回同步控制器。同
步控制器将发出存储数据的命令(A/D 的读脉冲 $\overline{\mathrm{RD}}$、存储器的写脉冲 $\overline{\mathrm{WR}}$),将 A/D 转换器
的输出数据写入存储器,并将地址发生器的地址加 1。上述转换工作循环进行,直到同步控制
器所得到的地址发生器的地址数达到希望值后,通知计算机。计算机软件得到转换工作已完
成的信息后,再通过总线接口、地址译码器和同步控制器将存在存储器中的数据通过接口电路
送入计算机内存。

　　TCD1206UD 线阵 CCD 的 16 位 A/D 数据采集系统的脉冲时序如图 8 - 19 所示。f_c 的
上升沿使同步控制器开始自动接收采样脉冲和时钟脉冲 CLK,SP 的上升沿使片选 $\overline{\mathrm{CS}}$ 与转换
信号 $\overline{\mathrm{CONVST}}$ 有效,CLK 的第 1 个脉冲使 A/D 转换器启动,状态信号 BUSY 变为高电平,

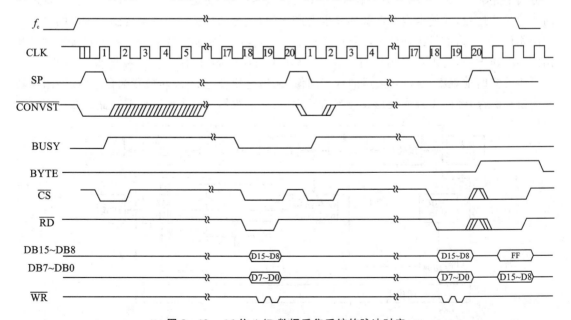

图 8 - 19　16 位 A/D 数据采集系统的脉冲时序

经过 16 个时钟的转换后,转换过程结束,BUSY 由高变低,A/D 转换器进入输出数据阶段,读脉冲 $\overline{RD}$ 有效。同时在 BUSY 下降沿的作用下,同步控制器发出两个写脉冲 $\overline{WR}$,写脉冲 $\overline{WR}$ 将16 位数据分两次写入 SRAM6264,每写一次,同步控制器使地址发生器的地址加 1。如此循环,经 2 160 个 SP 后,A/D 转换器进行 2 160 次转换(即将 TCD1206UD 的所有有效像元转换完成),地址计数器的地址为 4 320。计数器的译码器输出计满信号送给同步控制器,同步控制器将通过接口总线通知计算机,计算机软件将通过接口总线及译码器控制同步控制器读出4 320 个 8 位数据到计算机内存。将数据存入计算机时,按 16 位数据模式存放数据,构成2 160 个 16 位数据。

显然,接口总线的不同将影响数据采集的速度与方式。其中,PCI 总线的数据传输速度最快,它不用设置 SRAM 存储器,转换完成后可以直接将数据存入计算机内存。用并口(打印接口)等低速接口方式时,由于数据传输速度低,必须设置 SRAM 存储器,以便衔接高速 A/D 采集与低速数据传输,完成 A/D 数据采集的工作。

2. 图像的数据采集与微机接口

在图像识别与图像测量等应用领域常将视频信号的 A/D 数据采集方法分为"板卡式"和"嵌入式"两种。所谓"板卡式"是指在计算机系统中插入专用的图像采集卡构成的视频信号A/D 数据采集系统;而"嵌入式"是指采用具有图像采集与图像处理功能的单片机系统、DSP,或者将计算机系统微型化,构成专用的视频信号 A/D 数据采集系统。"嵌入式"系统通常与图像传感器安装在一起成为具有机器视觉功能的传感器。由于"嵌入式"系统所用微型机的种类繁多,功能各异,因此这里只讨论"板卡式"A/D 数据采集系统。

图 8-20 所示为典型的微机总线接口方式面阵 CCD 视频信号的 A/D 数据采集原理方框图。CCD 图像传感器输出的全电视视频信号通过 BNC 插头送入 A/D 数据采集计算机接口系统(简称图像卡),进行数字图像采集工作。送入图像卡的全电视信号分为两路:一路通过同步分离电路分离出行与场的同步脉冲,并将其送入鉴相器,使之与卡内时序脉冲发生器输出的同步信号相比较,并使卡内时序脉冲发生器产生的行、场同步脉冲与图像传感器输出的同步脉冲同相位;另一路信号经预处理电路后送给 A/D 转换电路转换成数字量。考虑到微机总线数据传输的速度低,必须在卡内设置 8 片 64 KB 的帧存储器,以便适应视频图像频率的要求。为了能够实时地观察 A/D 转换后的数字图像,采用查找表与 D/A 转换器配合,将数字图像转换为模拟图像,经同步合成处理成视频信号输出,供监视器观测。帧存储器存储的数字图像在

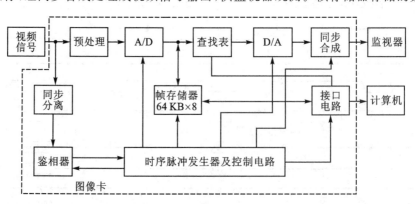

图 8-20　面阵 CCD 视频信号 A/D 数据采集原理框图

时序脉冲发生器和控制电路的作用下,通过微机总线接口传入计算机内存。

下面对图像卡的主要组成部分进行讨论。

(1) 视频信号的预处理电路

视频信号预处理电路具有视频信号放大、对比度及亮度调节、同步钳位等多项功能。如图 8 - 21 所示,视频信号经两级视频放大后送 A/D 转换电路。图中二极管 V_{D1} 用于抑制场同步脉冲,V_{D2} 用于视频信号限幅,可变电阻 R_{P1} 和 R_{P2} 分别用于亮度和对比度调节。

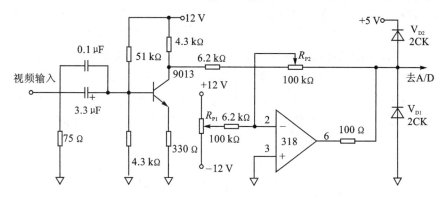

图 8 - 21　视频预处理电路

(2) 高速视频 A/D 转换电路

模/数转换由高速视频转换芯片 CA3318CE 完成,电路如图 8 - 22 所示。CA3318 的最高转换速率为 15 MHz。本图像采集系统在视频信号行程期间采样 256 点,故经计算可知模/数转换频率为 5 MHz。

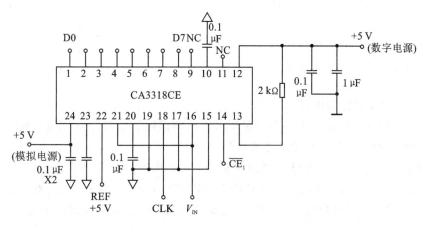

图 8 - 22　高速视频 A/D 变换电路

(3) 帧存储器

为了实现实时采集图像,系统中设置了图像帧存储器。帧存储器由两片高速静态存储器 SRAM62256 - 10 构成。SRAM62256 - 10 的存储容量为 32 KB×8 bit,存取速度为 100 ns。存储器的 16 条地址线接四片 2 选 1 数据选择器(74LS157)的输出端,选择器的输入端分别接微机的低 16 位地址线和图像系统中时序发生器所产生的地址信号输出端。究竟哪类地址信号有效,由控制电路控制选择器的选择端所决定。当微机的地址信号有效时,可访问帧存储器。当采集系统的地址信号有效时,在软件控制下,可实时存储或连续显示帧存图像。

(4) 输出查找表及 D/A 转换

输出查找表可以通过一片高速 SRAM 芯片获得。对于 256 灰度级的图像数据,只要 SRAM 的容量为 258 bit 即可。为了使用方便,该系统选用了 2 KB×8 的 SRAM6116-12,它在电路中的接法如图 8-23 所示。由图可见,输出查找表的地址线(A0~A7)接帧存储器的数据线,而其数据线接 D/A 及微机的数据。当 $\overline{WE}$ 有效时,可把微机来的数据写入查找表,以修改查找表的内容。当 $\overline{WE}$ 无效时,则帧存储器传送来的每个数据(取值范围 0~255),即选中查找表中的一个对应存储单元。该单元预先由微机写入了相应的图像变换所需要的数据。该数据由查找表的数据线输出,经 D/A 至监视器,显示灰度变换后的图像。

数/模转换电路如图 8-24 所示。数/模转换器件为 DAC0800。5~12 引脚 D7~D0 接 SRAM6116-12 的数据输入,引脚 2 输出视频信号 V_o,输出幅度与 V_{cc} 和 R_1、R_2 有关,若 $V_{cc}=5$ V,$R_1=1$ kΩ,$R_2=5$ kΩ,则 $V_o=R_1 \cdot V_{cc}/R_2=1\times10^3$ Ω $\cdot$ 5 V/5 kΩ=1 V。

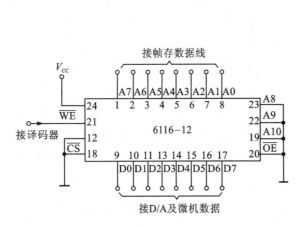

图 8-23　输出查找表电路

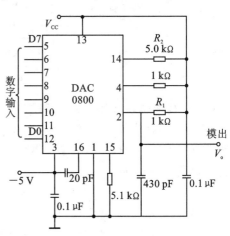

图 8-24　数/模转换电路

(5) 时序发生器及控制电路

时序发生器用于产生图像采集与显示所需要的帧存地址信号,还产生行、场同步信号,以便与 D/A 输出的视频信号合成为全电视信号。

时序发生器电路可和小规模集成电路构成,但电路较复杂。本系统选用 CRT 控制器 MC6845 作为时序发生器。在时钟信号作用下,MC6845 能产生刷新存储器地址信号、列选信号、视频定时信号及显示使能信号。将刷新地址信号和列选信号适当地组合可用作帧存地址信号及片选信号。

控制电路的核心器件是一片可编程逻辑阵列 PAL16L8。可编程逻辑阵列比通常的中小规模集成电路有更高的集成度,其引脚功能可由用户定义。它最适合用于实现各种组合逻辑,具有线路简单,性价比高,保密性好等优点。

(6) 同步锁相电路

若视频信号是有外同步输入的 CCD 摄像机,可用图像显示控制器 CRTC 产生的同步信号来同步摄像,完成图像采集功能。对于没有外同步输入的摄像机,需要具有同步锁相电路,使视频信号经同步分离后产生的行场同步信号与 CRTC 输出的行场同步信号锁相,保持两者同步。同步锁相电路见图 8 - 25。

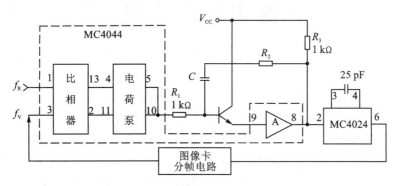

图 8 - 25　同步锁相电路

图 8 - 25 中 MC4044 是鉴频/鉴相器,它由比相器、电荷泵和放大器 A(达林顿管)三部分构成。MC4024 是压控振荡器。R_1、R_2、R_3、C 构成低通滤波器。f_R 是视频信号经同步分离电路获得的行同步脉冲,f_V 是 CRTC 产生的行同步脉冲。若 f_R 超前 f_V,则 MC4044 的 8 脚输出的控制电压增高,压控振荡器的振荡频率升高,从而使 CRTC 的行频上升。反之若 f_R 滞后 f_V,则使 CRTC 的行频降低,即使 f_V 降低,这一调节过程使 f_R 与 f_V 保持同步。当行频锁定后,可通过改变 MC6845 中寄存器的参数,实现场同步。

前面讨论的图像采集卡是基于计算机的微机或 ISA 总线设计的。随着计算机接口技术的发展,数据传输速率更快的 PCI 总线已经完全满足图像采集卡对数据传输速率的要求,使基于 PCI 接口总线的图像采集卡的结构大大简化。还可以使 A/D 转换以后的数字视频数据只须经过一个简单的缓存,即可直接存到计算机内存,供计算机进行图像显示和处理,甚至还可以将 A/D 输出的数字视频图像经 PCI 总线直接送给计算机显示卡,在计算机终端上实时显示活动的图像。基于 PCI 总线图像采集卡的原理方框图如图 8 - 26 所示。

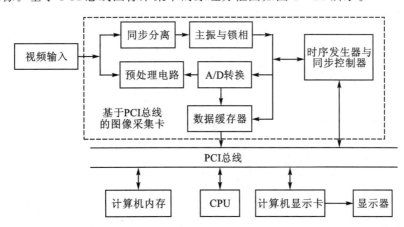

图 8 - 26　基于 PCI 总线的图像采集卡的原理方框图

图中的数据缓存器代替了图 8 - 20 中的帧存储器,这个缓存器通常是一片容量小、速度快、控制简单的先进先出(FIFO)存储器,起到图像采集卡向 PCI 总线传送视频数据时的速度匹配作用,使得插在计算机 PCI 插槽内的图像采集卡与计算机内存、CPU、显示卡等设备之间形成高速数据传送。基于 PCI 总线图像采集卡的具体应用请参阅相关文献。

思考题与习题

8-1 为什么要对单元光电信号进行二值化处理？单元光电信号二值化处理方法有几种？

8-2 采用浮动阈值法对单元光电信号进行二值化处理的目的是什么？能否用单元光电信号自身输出的电压作为浮动阈值？若能，该怎样处理？

8-3 试说明线阵 CCD 输出信号的浮动阈值二值化数据采集方法中阈值的产生原理。为什么要采集转移脉冲 SH 下降沿经一定时间后的输出信号幅值的一部分作为阈值？

8-4 试说明边沿送数法二值化接口电路的基本原理。如果线阵 CCD 的输出信号中含有 10 个边沿（有 5 个被测尺寸），还能够用边沿送数二值化接口电路采集 10 个边沿的信号吗？如果认为太复杂，应采用哪种二值化接口方式？

8-5 举例说明单元光电信号 A/D 数据采集的意义。怎样对单元光电信号进行 A/D 数据采集？

8-6 在线阵 CCD 的 A/D 数据采集中为什么要用 f_c 和 SP 作同步信号？其中 f_c 的作用是什么？SP 在 A/D 数据采集计算机接口电路中的作用如何？

8-7 一般面阵 CCD 的 A/D 数据采集卡采用 8 位的 A/D 转换器，当某幅图像中所采集到的数据均为 127 时，说明出现了什么问题（正常的数据应为 0～255）？

8-8 为什么基于 PCI 总线的图像采集卡不必在卡内设置存储器，而采用计算机总线接口、并行接口（打印接口）等的图像采集卡内必须设置存储器？

第9章　光电检测技术的典型应用

光电技术是光学、电子学和计算机科学知识的高度集中,是跨学科的边缘技术。光电技术广泛应用于工农业和家庭生活等各领域。在这些领域中,几乎都涉及将光辐射信息转换为电信息的问题,即光辐射的检测问题。因此光电检测技术是光电技术的核心和重要组成部分。光电检测具有非接触、实时和高精度等特点,其技术得到迅速发展。由于检测对象、任务要求、检测原理及检测精度等指标的不同,因此就形成了各种各样的光电检测系统。本章列举一些典型的光电检测系统,介绍其光电检测技术的工作原理和应用。

9.1　微弱光信号检测技术

在光电检测中,常常遇到待测信号被噪声淹没的情况。例如,对于空间物体的检测,常常伴随着强烈的背景辐射;在光谱测量中特别是吸收光谱的弱谱线更是容易被环境辐射或检测器件的内部噪声所淹没。为了进行稳定的和精确的检测,需要有从噪声中提取、恢复和增强被测信号的技术措施。通常的噪声(闪烁噪声和热噪声等)在时间和幅度变化上都是随机发生的,分布在很宽的频谱范围内,而信号所占的频带比较集中,噪声的频谱分布和信号频谱大部分不相重叠,也没有同步关系。因此降低噪声、改善信噪比的基本方法可以采用压缩检测通道带宽的方法。当噪声是随机白噪声时,检测通道的输出噪声正比于频带宽的平方根,只要压缩的带宽不影响信号输出就能大幅降低噪声输出。此外,采用取样平均处理的方法使信号多次同步取样积累。由于信号的增加取决于取样总数,而随机白噪声的增加却仅由取样数的平方根决定,所以可以改善信噪比。根据这些原理,常用的弱光信号检测可分为下列几种方式,即锁相放大器、取样积分器和光子计数器。下面逐个讨论这些方法的工作原理和应用。

9.1.1　锁相放大器

锁相放大器(lock-in amplifiers)是一种对交变信号进行相敏检波的放大器。它利用和被测信号有相同频率和相位关系的参考信号作为比较基准,只对被测信号本身和那些与参考信号同频(或倍频)、同相的噪声分量有响应,因此能大幅度抑制无用噪声,改善检测信噪比。此外锁相放大器有很高的检测灵敏度,信号处理比较简单,是弱光信号检测的一种有效方法。

1. 锁相放大器的构成

图9-1给出了锁相放大器的基本组成。它有三个主要部分:信号通道、参考通道和相敏检波。信号通道对混有噪声的初始信号进行选频放大,对噪声做初步的窄带滤波。参考通道通过锁相和移相提供一个与被测信号同频、同相的参考电压。相敏检波由混频乘法器和低通滤波器组成,所用参考信号是方波形式。在相敏检波器中参考和输入信号进行混频运算得到两信号的和频及差频。该信号经低通滤波器滤除和频成分后得到与输入信号幅值成比例的直流输出分量。

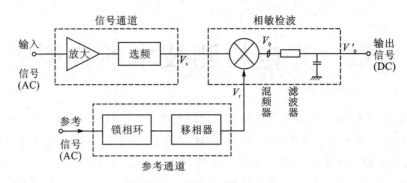

图 9 - 1　锁相放大器的组成方框图

2. 锁相放大器的原理

设乘法器的输入信号 V_s 和参考信号 V_r 分别有下列形式:

$$V_s = V_{sm}\cos[(\omega_0 + \Delta\omega)t + \theta] \tag{9-1}$$

$$V_r = V_{rm}\cos \omega_0 t \tag{9-2}$$

则输出信号 V_0 为

$$V_0 = V_s \cdot V_r = \frac{1}{2}V_{sm}V_{rm}\{\cos(\theta + \Delta\omega t) + \cos[(2\omega_0 + \Delta\omega)t + \theta]\} \tag{9-3}$$

式中,$\Delta\omega$ 为 V_s 和 V_r 的频率差,θ 为相位差。由式(9-3)可见,通过输入信号和参考信号的相关运算后,输出信号的频谱由 ω_0 变换到差频 $\Delta\omega$ 与和频 $2\omega_0$ 的频段上。图 9-2 给出了相敏检波器实现的频谱变换。

这种频谱变换的意义在于可以利用低通滤波器得到窄带的差频信号。同时,和频信号 $2\omega_0$ 分量被低通滤波器滤除,于是输出信号 V_0' 变为

$$V_0' = \frac{1}{2}V_{sm}V_{rm}\cos(\theta + \Delta\omega t) \tag{9-4}$$

式(9-4)表明,在输出信号中只是那些与参考电压同频率的分量才使差频信号为零,即 $\Delta\omega = 0$。此时输出信号是直流信号,它的幅值取决于输入信号幅值并与参考信号和输入信号相位差有关,并有

$$V_0' = \frac{1}{2}V_{sm}V_{rm}\cos \theta \tag{9-5}$$

当 $\theta = 0$ 时,$V_0' = \frac{1}{2}V_{rm}V_{sm}$;$\theta = \frac{\pi}{2}$ 时,$V_0' = 0$。

也就是说,在输入信号中,只有被测信号本身由于和参考信号有同频锁相关系而得到最大的直流输出。其他的噪声和干扰信号或者由于频率不同,产生 $\Delta\omega \neq 0$ 的交流分量,被后接的低通滤波器滤除,或者由于相位不同而被相敏检波器截止。虽然那些与参考信号同频率、同相位的噪声分量也能够输出直流信号并与被测信号相叠加,但是它们终归只占白噪声的极小部分。因此锁相放大能以极高的信噪比在噪声中提取出有用信号。

3. 方波控制的相敏放大器工作原理

为使相敏检波器的工作稳定、开关效率高,参考信号采用间隔相等并与零电平交叉的方波信号,这种相敏检波器也称开关混频器,中心频率锁定在被测信号频率上。为说明原理,可用

图 9-3 所示最简单的形式作为例子。这是一个根据输入信号相位来改变输出信号极性的开关电路。当 V_s 和 V_r 同相或反相（$\Delta\varphi=0°$ 和 $\Delta\varphi=180°$）时，输出信号是正或负的脉动直流电压，当 V_s 和 V_r 是正交（$\Delta\varphi=90°$ 和 $\Delta\varphi=270°$）时，输出信号为零，如图 9-4 所示。这种等效开关电路可用场效应管式晶体管开关电路实现。参考电压的选取可以借助于对输入待测信号的锁相跟踪，但更多的做法是利用参考信号对被测信号进行斩波或调制，使被测信号和参考信号同步变化。

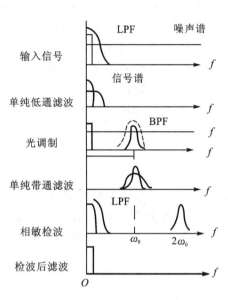

图 9-2 通过相敏检波器实现的频谱变换

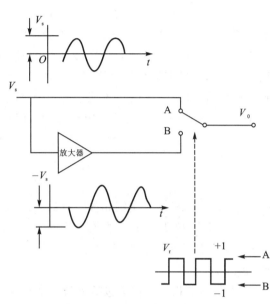

图 9-3 方波控制的相敏放大器工作原理

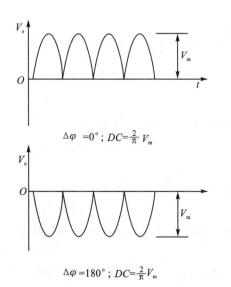

$\Delta\varphi=0°$；$DC=\dfrac{2}{\pi}V_m$

$\Delta\varphi=90°$；$DC=0$

$\Delta\varphi=180°$；$DC=\dfrac{2}{\pi}V_m$

$\Delta\varphi=270°$；$DC=0$

图 9-4 波形图

检波后的低通滤波器用来滤除差频信号。原则上，滤波器的带宽与被测信号的频率无关，因为在频率跟踪的情况下，差频 $\Delta\omega$ 很小，所以带宽可以做得很窄。采用一阶 RC 滤波器，其

传递函数为

$$K = \frac{1}{\sqrt{1+\omega^2 R^2 C^2}} \tag{9-6}$$

对应的等效噪声带宽为

$$\Delta f_e = \int_0^\infty K^2 \mathrm{d}f = \int_0^\infty \frac{\mathrm{d}f}{1+\omega^2 R^2 C^2} = \frac{1}{4RC} \tag{9-7}$$

　　取 $T_0 = RC = 30$ s，Δf_e 有 0.008 3 Hz。对于这种带宽很小的噪声，似乎可以用窄带滤波器加以消除。但是带通滤波器的频率不稳定限制了滤波器的带宽 $\Delta f_e = f_r \pi/(2\theta)$ 值(式中，Q 为品质因数，f_r 为中心频率)，使可能达到的 Q 值最大限制只有 100。因此，实际上单纯依靠压缩带宽来抑制噪声是有限度的。但是，因为锁相放大器的同步检相作用，只允许和参考信号同频同相的信号通过，所以它本身就是一个带通滤波器，它的 Q 值可达 10^8，通频带宽可达 0.01 Hz。因此，锁相放大器有良好的改善信噪比的能力。对于一定的噪声，噪声电压正比于噪声带宽的平方根。因此，信噪比的改善可表示为

$$\frac{(\mathrm{SNR})_o}{(\mathrm{SNR})_i} = \frac{\sqrt{\Delta f_i}}{\sqrt{\Delta f_o}} \tag{9-8}$$

式中，$(\mathrm{SNR})_o$ 和 $(\mathrm{SNR})_i$ 是锁相放大器的输出、输入信噪比；Δf_o、Δf_i 是对应的噪声带宽。如当 $\Delta f_i = 10$ kHz 和 $T_0 = 1$ s 时，有 $\Delta f_o = 0.25$ Hz，则信噪比的改善为 200 倍(46 dB)。目前，锁相放大器可测频率可以从十分之几赫兹到 1 MHz，电压灵敏度可达 10^{-9} V，信噪比改善 1 000 倍以上。

　　综上所述，锁相放大技术包括下列四个基本环节：

　　① 通过调制或斩光，将被测信号由零频范围转移到设定的高频范围内，检测系统变成交流系统。

　　② 在调制频率上对有用信号进行选频放大。

　　③ 在相敏检波器中对信号解调。同步调制作用截断了非同步噪声信号，使输出信号的带宽限制在极窄的范围内。

　　④ 通过低通滤波器对检波信号进行低通滤波。

　　锁相放大器的特点是：

　　① 要求对入射光束进行斩光或光源调制，适用于调幅光信号的检测。

　　② 是极窄带高增益放大器，增益可高达 10^{11}(220 dB)，滤波器带宽可窄到 0.000 4 Hz，品质因数 Q 值达 10^8 或更大。

　　③ 是交流信号-直流信号变换器。相敏输出正比于输入信号的幅度和它与参考电压的相位差。

　　④ 可以补偿光检测中的背景辐射噪声和前置放大器的固有噪声，信噪比改善可高达 1 000 倍。

　　各种光通量测量方法与锁相放大器相结合，能组成各种类型的弱光检测系统。图 9-5(a) 所示为采用锁相放大器的补偿法双通道测光透过率装置的示意图。该系统具有自动补偿辐射光源强度波动的源补偿能力，称作零值平衡系统。锁相放大器输入波形如图 9-5(b)所示，输出直流电压控制伺服电机带动可变衰减器运动。当系统平衡时，读出可变衰减器的透过率就等于被测样品的透射率。

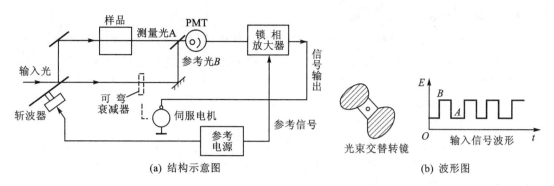

(a) 结构示意图   (b) 波形图

图9-5　补偿法双通道测光装置的锁相放大器

图9-6所示为另一种双光束系统。该系统采用双频斩光器,它具有二排光孔的调制盘,在转动过程中给出两种不同频率的光通量,分别经过测量通道和参考通道后由同一光电检测器件接收。光电倍增管的输出含有两种频率的信号,采用两个锁相放大器,分别采用不同频率的参考电压,这样测得测量光束和参考光束光通量的数值,再用比例计算得到两束光束的比值,得到了归一化的被测样品透过率值。该系统的测量结果与输入光强度的变化无关,能同时补偿照明光源和检测器灵敏度的波动。

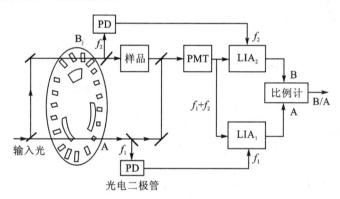

图9-6　采用两个锁相放大器的双频双光束系统

9.1.2　取样积分器

取样积分器(boxcar)也是一种微弱信号检测系统。它利用周期性信号的重复特性,若在每个周期的同一相位处多次采集波形上某点的数值,其算术平均的结果与该点处的瞬时值成比例,于是各个周期内取样平均信号的总体便展现了待测信号的真实波形,而噪声多次重复的统计平均值为零,所以可大大提高信噪比,再现被噪声淹没的信号波形。人们生活中也常用相同的原理。例如,打电话时对方听不清,可以多次重复原话,逐渐能听清,就是用积累的方法提高了信噪比。它是利用信号的前后关联性,经多次重复能够有效地积累,而噪声前后不相关,积累效果就差。随着闪光灯和激光器的应用,特别是动态测量的推广,脉冲光信号在诸如荧光衰减的测量、动态反射率和高分辨光谱测量等光度测量中广泛地应用起来。被测信号常常包含在光信号的波形持续时间或者是在利用系数很低的重复窄脉冲的幅值上,在这些光脉冲的测量中,取样积分器比锁相放大器有更好的信噪比改善。

1. 取样积分器的工作原理

取样是一种频率的压缩技术,它将一个高重复频率的信号,通过逐点取样,将时间变化的模拟量转变成对时间变化的离散量的集合,这种集合即为信号的低频复制,从而做到对该低频信号的幅值、位相和波形的测量。这里的关键是取样过程中的积分。取样积分以窄脉冲取样门对伴有噪声的信号逐点移动取样,并对每一取样作积分平均(即 m 次同步积累),则可检测输入周期信号中各特定点的瞬时值。

图 9-7 所示为固定位置取样和同步积累的原理图。图中 $A,B,C,\cdots$ 各点为取样点。对于某一取样点的值,应是信号和噪声的和(为便于作图,图中没有画出噪声),可以以信号和噪声功率的平均值来看积分前后信噪比的变化。

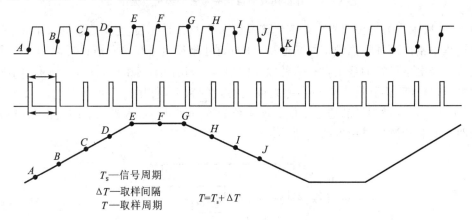

T_s——信号周期
ΔT——取样间隔
T——取样周期
$T=T_s+\Delta T$

图 9-7　固定位置取样及同步积累原理

若输入信号为 V_{si},经过积分器 m 次积累后所得到的输出电压为 V_s,则

$$V_s = \sum_{i=1}^{m} V_{si} = m\overline{V}_{si} \tag{9-9}$$

式中,信号平均电压值为 $\overline{V}$,输出信号平均功率为

$$P_s = m^2 \overline{V}_{si}^2 \tag{9-10}$$

噪声电压是随机量 V_{ni},经过 m 次积累以后,相加所得值 V_n 仍为随机变量

$$V_n = \frac{1}{m} \sum_{i=1}^{m} V_{ni} \tag{9-11}$$

输入噪声电压 $V_{ni}(i=1,2,\cdots,m)$ 是分布相同的随机变量。当噪声的分布是正态分布时,数学期望为零,方差等于噪声平均功率 P_{ni}。所以输出噪声电压 V_n 也是正态分布的随机变量,它的数学期望和方差分别是

$$E(V_n) = \frac{1}{m} \sum_{i=1}^{m} E(V_m) = 0 \tag{9-12}$$

$$P_n = D(V_n) = E[V_n - E(V_n)]^2 = E[V_n]^2 = \frac{1}{m^2} \sum_{i=1}^{m} D(V_{ni}) = \frac{P_{ni}}{m} \tag{9-13}$$

通过累积以后获得的功率信噪比为

$$\frac{P_s}{P_n} = \frac{\overline{V}_{si}^2}{P_{ni}/m} = m \frac{\overline{V}_{si}^2}{P_{ni}} \tag{9-14}$$

通过累积以后信号噪声幅值比(SNIR)为

$$\text{SNIR} = \frac{V_s}{V_n} = \sqrt{m}\ \frac{V_{si}}{V_{ni}} \tag{9-15}$$

所以,经过 m 次积累后,功率信噪比可提高 m 倍,信号噪声幅值比提高(改善)$\sqrt{m}$ 倍。显然,取样点数越多(测量次数越多),信噪比改善越明显,信号恢复越精确;但需要平均积累的时间也越长。例如,若被测波形用 10 点描述,每点积累 100 次,信号重复频率 $f=1$ kHz,则信号噪声幅值比 $V_s/V_n = \sqrt{100} = 10$;而需要记录或测量的时间为 10(点)(次)$\times 100 \times 1/f = 1$ s。同理,若每点积累 10 000 次,$V_s/V_n = 100$,记录时间将增加为 100 s。由此可见,微弱信号检测都是以牺牲时间为代价的。

一个取样积分器的核心组件是取样门和积分器,通常采用取样脉冲控制 RC 积分器来实现,使在取样时间内被取样的波形作同步积累,并将所积累的结果(输出)保持到下一次取样。

图 9-8(a)所示为取样门积分器的工作原理示意图。它由一个开关 K 和一个 R_cC_c 积分器组成。开关又称为取样门,设开关的周期为 T_s,门开启时间(取样门脉冲宽度)为 T_g,对于 R_cC_c 积分器而言,如果开关 K 不存在,当其输入端送入一个阶跃电压时,则输出电压将按指数规律变化;当 R_cC_c 积分器处于开关工作状态,即受门开关 K(门脉冲)控制时,只有在门宽 T_g 时间内,其输出电压才按 $T_c=R_cC_c$ 时间常数充电,经过 T_g 后,门开关将关闭,电容 C_c 处于保持状态。待下一周期,门重新开启,积分器又开始工作,经 T_g 时间后再次关闭,电容 C_c 又处于保持状态,如此不断,使积分器输出的响应呈现阶梯状的指数曲线变化,见图 9-8(b)。显然,积分器的有效积分时间常数(观察时间)将大于 T_c。有效积分时间常数的增加将使输出信号的信噪比得到改善。

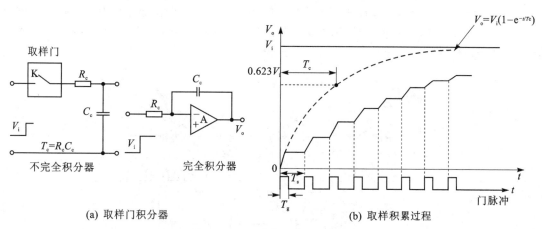

| (a) 取样门积分器 | (b) 取样积累过程 |

图 9-8 取样门积分器的工作原理

门积分电路可用一个简单的 RC 积分器组成,称为不完全积分;也可用高增益运算放大器组成,称为完全积分。当一个阶跃电压作用于这两种积分器时,前者的输出响应为指数关系,后者为线性关系;当达到积分时间 $T_c=R_cC_c$ 时,前者的输出电压 V_o 与输入电压 V_i 之比为 0.632,而后者为 1,亦即两种门积分电路分别相当于指数平均和线性积累。

取样积分器通常有两种工作模式,即定点式(也称稳态测量方式)和扫描式(也称扫描测量方式)。定点式取样积分器是测量周期信号的某一瞬态平均值;扫描式取样积分器则可以恢复和记录被测信号的波形。下面分别讨论这两种模式。

2. 定点式取样积分器

图 9-9 所示为定点式取样积分器原理方框图。触发信号 V_B 与输入被测信号 V_A 保持同步,相当于提供一个参考信号。触发信号经延时电路作 t_d 延迟,以保持对信号 V_A 固定部位取样,并产生脉宽(T_g)可调的取样脉冲以控制取样门开断。被测信号 V_A 经放大,然后经过取样门积分器进行积累平均。定点式取样是对被噪声淹没的信号在固定点取样、平均,所以经 m 次取样平均后,其幅值信噪比改善为 $\sqrt{m}$ 。

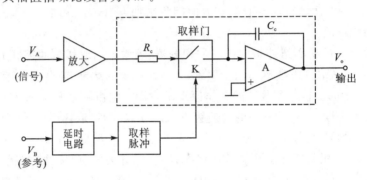

图 9-9　定点式取样积分器原理方框图

定点式取样积分器仅能在噪声中提取信号瞬时值,其功能与锁定放大器相同,不同的定点可通过手控延时电路来实现。

3. 扫描式取样积分器

图 9-10 所示为扫描式取样积分器原理方框图。扫描式取样积分器利用取样脉冲在信号波形上延时取样,可以恢复被测信号波形。它主要包括可变时延的取样脉冲和在取样脉冲控制下作同步积累这两个过程。

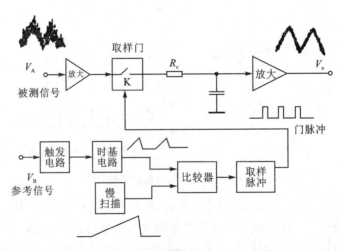

图 9-10　扫描式取样积分器原理方框图

图 9-11 所示为扫描式取样脉冲形成过程。参考信号经整形电路变成触发脉冲(见图 9-11(a)),用此脉冲去触发时基电路并产生如图 9-11(b)所示的时基电压,时基电压宽度 T_B 小于、等于或大于被测信号周期 T_s 。触发信号在触发时基电路同时,也触发慢扫描电压发

生器,产生慢扫描电压,见图 9-11(b),其宽度为 T_{SR}。时基电压与慢扫描电压同时输入到比较器进行幅度比较,在图中两者的交点即是比较器的输出,如图 9-11(c)所示的矩形脉冲。该矩形脉冲的宽度将随慢扫描电压的增加而增加。例如,当慢扫描电压 $V_{SR2} > V_{SR1}$ 时,与时基电压的交点从 A 变至 B,则相应的矩形脉冲 $\Delta T_2 > \Delta T_1$。因此,矩形脉冲的后沿形成的负尖脉冲(见图 9-11(d))去触发整形电路,从而得到如图 9-11(e)所示的可变时延的取样脉冲。

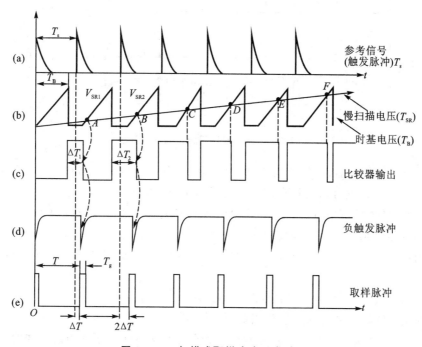

图 9-11　扫描式取样脉冲形成过程

图 9-12 所示为扫描式取样积分器的信号取样积累过程。由时延逐渐增加的取样脉冲(见图 9-12(c))对被测信号取样,其取样点的位置是逐渐移动的,如图 9-12(d)所示,取样点从 A 逐渐移至 $B,C,D,\cdots$;每一次取样由积分器 R_cC_c 积累并保持在电容 C_c 上,经过缓冲级输出接至显示器(或记录仪),恢复被测信号的波形。由于经过足够长时间的重复取样,在输出端即可得到形状与输入的被测信号相同,而在时间上大大放慢了的输出波形,故扫描式取样积分器能在噪声中提取信号并恢复波形,如图 9-12(e)所示。

综上所述,取样积分技术包括下列的运行步骤:

① 利用检测光脉冲的激励源取得和输入光脉冲同步的触发信号;

② 利用门延时和门脉冲宽度控制单元,并形成与触发脉冲具有恒定时延或时延与时间呈线性关系的可调脉宽取样脉冲串;

③ 取样脉冲控制取样开关,并对连续的周期性变化信号进行扫描取样;

④ 积分器对取样信号进行多次线性累加,经滤波后获得输出信号。

取样积分器的特点是:

① 适用于由脉冲光源产生的连续周期变化的信号波形测量或单个光脉冲的幅度测量,需要有与光脉冲同步的激励信号;

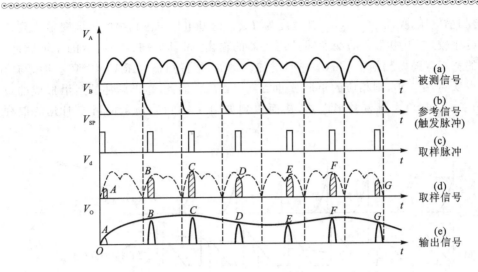

图 9 - 12　　扫描式取样积分器取样积累过程

② 是一种取样放大器,在每个信号脉冲周期内只取一个输入信号值,可以对输入波形的确定位置作重复测量,也可以通过自动扫描再现出整个波形;

③ 在多次取样过程中,门积分器对被测信号的多次取样值进行线性叠加,而对随机噪声是矢量相加,所以对信号有恢复和提取作用;

④ 在测量占空比<50%的窄脉冲(例如 10 ns)光强度情况下,要比锁相放大器有更好的信噪比;

⑤ 用扫描方式测量信号波形时能得 100 ns 的时间分辨力;

⑥ 双通道系统能提供自动背景和辐射源补偿。

除了单路取样积分器之外还发展出双通道积分器和多点信号平均器。某些信号平均器采用许多并联的存储单元代替扫描开关,将输入波形的各点瞬时值依次写入各存储单元中去。根据需要再将这些数据依次读出,使输入波形再现。在处理低频光信号时这种方法比起取样积分器的测量时间要短。新研制的数字式取样积分器中,RC 平均化单元的作用由数字处理代替,可以进行随机寻址存储,并且能长时间保存。这些装置在对激光器光脉冲、磷光效应、荧光寿命、发光二极管余辉等的测试中得到应用。

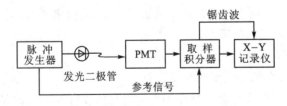

图 9 - 13　　用取样积分器组成的测光系统

图 9 - 13 所示为利用取样积分器组成的测量发光二极管余辉的装置示意图。图中采用脉冲发生器作激励源,驱动发光二极管工作。用光电倍增管或其他检测器接收,进而用取样积分器测量。脉冲发生器给出的参考信号,同时控制积分器的取样时间。图 9 - 14 所示为激光分光器原理图,它用来测量超导螺线管中的样品透过率随磁场变化的函数。图中脉冲激光器用脉冲发生器触发,同时提供一个触发信号给取样积分器。当激光器工作时,激光光束通过单色器改善光束单色性。为了消除激光能量起伏的影响,选用双通道测量。激光束分束后一束由 B 检测器直接接收,另一束透过置于超导螺旋管中的样品由 A 检测器接收。A、B 通道信号由双通道取

样积分器检测后,给比例器输出,可得到相对于激光强度的归一化样品透射率。

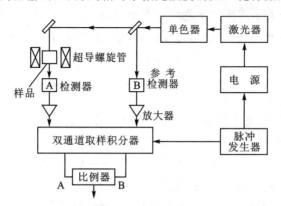

图 9 - 14　使用双通道取样积分器的激光分析计

9.1.3　光子计数器

光子计数器是利用光电倍增管能检测单个光子能量的功能,通过光电子计数的方法测量极微弱光脉冲信号的装置。

高质量光电倍增管的特点是有较高的增益、较宽的通频带(响应速度)、低噪声和高量子效率,当可见光的辐射功率低于 10^{-12} W,即光子速率限制在 10^9/s 以下时,光电倍增管光电阴极发射出的光电子就不再是连续的。因此,在倍增管的输出端会产生有光电子形式的离散的信号脉冲。可借助电子计数的方法检测到入射光子数,实现极弱光强或通量的测量。

根据对外部扰动的补偿方式不同,光子计数器分为三种类型:基本型、辐射源补偿型和背景补偿型。

1. 基本的光子计数器

图 9 - 15 所示为基本的光子计数器示意图。入射到光电倍增管阴极上的光子引起输出信号脉冲,经放大器输送到一个脉冲高度鉴别器上。由放大器输出的信号除有用光子脉冲之外还包括器件噪声和多光子脉冲。后者是由时间上不能分辨的连续光子集合而成的大幅度脉冲。峰值鉴别器的作用是从中分离出单光子脉冲,再用计数器计数光子脉冲数,计算出在一定时间间隔内的计数值,以数字和模拟形式输出。比例计用于给出正比于计数脉冲速率的连续模拟信号。

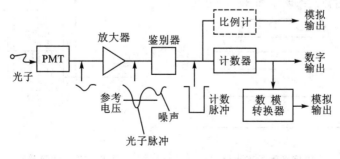

图 9 - 15　基本的光子计数器

　　我们来进一步说明脉冲峰值鉴别器的工作。由光阴极发射的每个电子被倍增系统放大。设平均增益为 10^6,则每个电子产生的平均输出电荷量为 $q=10^6\times1.6\times10^{-19}$ C。这些电荷是在 $t_o=10$ ns 的渡越时间内聚焦在阳极上的,因而,产生的阳极电流脉冲峰值 I_P 可用矩形脉冲的峰值近似表示,并有

$$I_P=\frac{q}{t_o}=\frac{10^6\times1.6\times10^{-19}}{10\times10^{-9}}\ \mu A=16\ \mu A \qquad (9-16)$$

检测电路转换电流脉冲为电压脉冲。设阳极负载电阻 $R_a=50\ \Omega$,分布电容 $C=20$ pF,则 $\tau=1$ ns $\ll t_o$,因而,输出脉冲电压波形不会畸变,其峰值为

$$U_P=I_PR_a=(16\times10^{-6}\times50)\ V=0.8\ mV \qquad (9-17)$$

这是一个光子引起的平均脉冲峰值的期望值。

　　实际上,除了单光子激励产生的信号脉冲外,光电倍增管还输出热发射、倍增极电子热发射和多光子发射以及宇宙线和荧光发射引起的噪声脉冲(见图9-16)。其中,多光子脉冲幅值最大,其他脉冲的高度相对要小些。因此为了鉴别出各种不同性质的脉冲,可采用脉冲峰值鉴别器。简单的单电平鉴别器具有一个阈值电平 V_{s1},调整阈值位置可以除掉各种非光子脉冲而只对光子信号形成计数脉冲。对于多光子大脉冲,可以采用有两个阈值电平的双电平鉴别器(又称窗鉴别器)。它仅仅使落在两电平间的光子脉冲产生输出信号,而对高于第一阈值 V_{s1} 的热噪声和低于第二阈值 V_{s2} 的多光子脉冲没有反应。脉冲幅度的鉴别作用抑制了大部分的噪声脉冲,减少了光电倍增管由于增益随时间和温度漂移而造成的有害影响。

　　光子脉冲由计数器累加计数。图9-17所示为简单计数器的原理示意图,它由计数器 A 和定时器 B 组成。利用手动或自动启动脉冲,使计数器 A 开始累加从鉴别器来的信号脉冲,计数器 C 同时开始计由时钟脉冲源来的计时脉冲。这是一个可预置的减法计数器。事先由预置开关置入计数值 N。设时钟脉冲频率为 R_C,而计时器预置的计数时间是

$$t=N/R_C \qquad (9-18)$$

于是在预置的测量时间 t 内,计数器 A 的累加计数值可计算为

$$A=R_At=\frac{R_A}{R_C}N \qquad (9-19)$$

式中,R_A 为平均光脉冲计数率。式(9-19)给出了待测光子数的实测值。

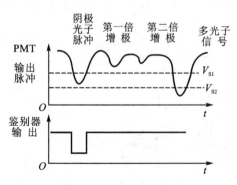

图 9-16　光电倍增管的输出脉冲
和鉴别器工作波形

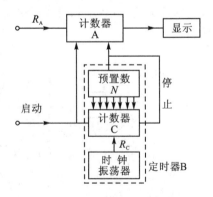

图 9-17　计数器原理示意图

2. 辐射源补偿的光子计数器

为了补偿辐射源的起伏影响,采用如图 9-18 所示的双通道系统,在测量通道中放置被测样品,光子计数率 R_A 随样品透过率和照明辐射源的波动而改变。参考通道中用同样的放大鉴别器测量辐射源的光强,输出计数率 R_C 只由光源起伏决定。若在计数器公式,即

$$A = R_A t = R_A N / R_C = \frac{R_A}{R_C} N \tag{9-20}$$

中用源输出 R_C 去除信号输出 R_A,将得到源补偿信号 R_A/R_C,为此采用如图 9-19 所示的比例计数电路。它与图 9-18 所示的电路相似,只是用参考通道的源补偿信号 R_C 作为外部时钟输入,当源强度增减时,R_A 和 R_C 随之同步增减。这样在计数器 A 的输出计数值中,比例因子 R_A/R_C 仅由被测样品透过率决定而与源强度起伏无关。可见比例技术提供了一个简单而有效的源补偿方法。

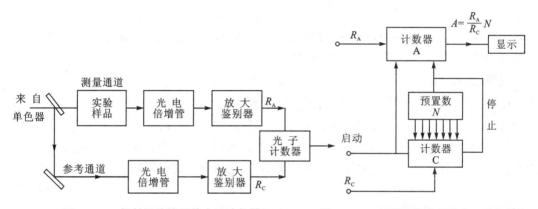

图 9-18　辐射源补偿用的光子计数器(一)　　　图 9-19　辐射源补偿用的光子计数器(二)

3. 背景补偿的光子计数器

在光子计数器中,在光电倍增管受杂散光或温度的影响,引起背景计数率比较大的情况下,应该把背景计数率由每次测量中扣除。为此采用了如图 9-20 所示的背景补偿光子计数器,这是一种斩光器,为同步计数方式。

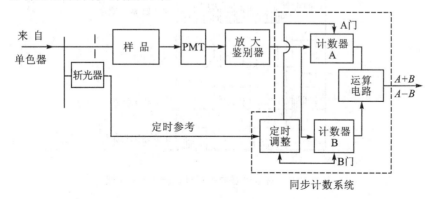

图 9-20　有背景补偿能力的光子计数器

斩光器用来通断光束,产生交替的"信号+背景"和"背景"的光子计数率,同时为光子计数器 A、B 提供选通信号。当斩光器叶片挡住输入光线时,放大鉴别器输出的是背景噪声 N,这

些噪声脉冲在定时电路的作用下由计数器 B 收集。当斩光器叶片允许入射光通向倍增管时，鉴别器的输出包含了信号脉冲和背景噪声$(S+N)$，它们被计数器 A 收集。这样在一定的测量时间内，经多次斩光后计算电路给出了两个输出量，即

信号脉冲

$$A-B=(S+N)-N=S \tag{9-21}$$

总脉冲

$$A+B=(S+N)+N \tag{9-22}$$

对于光电倍增管，随机噪声满足泊松分布，其标准偏差为

$$\sigma=\sqrt{A+B} \tag{9-23}$$

于是信噪比即为

$$\mathrm{SNIR}=\frac{信号}{\sqrt{总计数}}=\frac{A-B}{\sqrt{A+B}} \tag{9-24}$$

根据式(9-21)和式(9-22)可以计算出检测的光子数和测量系统的信噪比。例如，在 $t=10$ s 时间内，若分别测得 $A=10^6$ 和 $B=4.4\times10^5$，则

被测光子数 $S=A-B=5.6\times10^5$

标准偏差 $\sigma=\sqrt{A+B}=\sqrt{1.44\times10^6}=1.2\times10^3$

信噪比 $\mathrm{SNIR}=S/\sigma=5.6\times10^5/1.2\times10^3\cong467$

图 9-21 所示为有斩光器的光子计数器工作波形图。在一个测量时间内包括 M 个斩光周期 $2t_\mathrm{p}$。为了防止斩光叶片边缘散射光的影响，使选通脉冲的半周期 $t_\mathrm{s}<t_\mathrm{p}$，并且满足

$$t_\mathrm{p}=t_\mathrm{s}+2t_\mathrm{D} \tag{9-25}$$

式中，t_D 为空程时间，为 t_p 的 $2\%\sim3\%$。

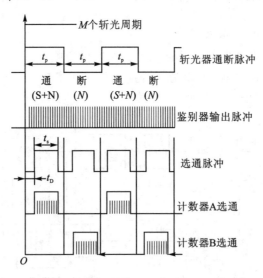

图 9-21   有斩光器的光子计数器工作波形图

根据前述说明，光子计数技术的基本过程可归纳如下：

① 用光电倍增管检测弱光的光子流，形成包括噪声信号在内的输出光脉冲；

② 利用脉冲幅度鉴别器鉴别噪声脉冲和多光子脉冲，只允许单光子脉冲通过；

③ 利用光子脉冲计数器检测光子数,根据测量目的,折算出被测参量;

④ 为补偿辐射源或背景噪声的影响,可采用双通道测量方法。

光子计数方法的特点是:

① 只适合于极弱光的测量,光子的速率限制在 $10^9/s$ 左右,相当于 1 nW 的功率,不能测量包含许多光子的短脉冲强度;

② 不论是连续的、斩光的、脉冲的光信号都可以使用,能取得良好的信噪比;

③ 为了得到最佳性能,必须选择光电倍增管和装备带制冷器的外罩;

④ 不用数模转换即可提供数字输出,可方便地与计算机连接。

光子计数方法在荧光、磷光测量、喇曼散射测量、夜光测量和生物细胞分析等微弱光测量中得到了应用。图 9-22 所示为用光子计数器测量物体磷光的示意图。光源产生的光束经分光器由狭缝 A 入射到转筒上的狭缝 C 上,在转筒转动过程中断续地照射到被测磷光物质上,被测磷光经过活动狭缝 C 和固定狭缝 B 出射到光电倍增管上,经光子计数器测量出磷光的光子数值。转筒转速可调节,借以测量磷光的寿命和衰变。转筒的转动同步信号输送到光子计数器中,用来控制计算器的启动时间。

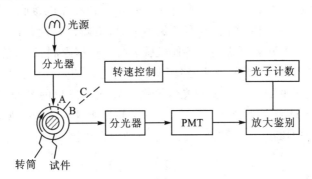

图 9-22　用光子计数器测量试样的磷光效应

9.2　光电开关与光电转速计

光电开关与光电转速计是较为简单的光电检测系统。其光电检测器输出的是开关量,具有结构简单、工作可靠、寿命长等优点,现已得到广泛应用。

9.2.1　光电开关

光电开关分为主动型光电开关和被动型光电开关。主动型光电开关由 LED 管和光电二极管、光电三极管或光电达林顿管组成。被动型光电开关主要由光敏电阻、光电二极管等组成。下面举例说明其工作方式。

1. 透射分离型主动开关

将发光管和光电接收管相对安装,以形成光通路。当无物体挡光时,开关接通;当有物体挡光时,开关就断开。图 9-23 所示为许多光电开关所组成的一个点阵,它可用于计算机的键盘输入开关。键盘静止时全部光电开关输出为 0 态,当某一键按下后,被挡光的开关输出为 1 态,这样可构成一定的码对应于输入字符。

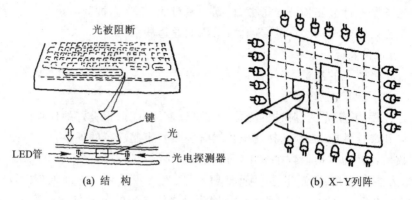

图 9 - 23　键盘中的光电开关

此外,透射分离型主动开关也用于工业自动控制、自动报警及一些引爆、燃烧等封闭室内的室外点火等控制。

2. 反射型主动开关

反射型主动开关如图 9 - 24 所示。光电开关的发光管和光电接收管平行安装(或略有倾角)。当发光管发出的光遇到障碍时,在距离足够近时,由障碍物反射回来的光被光电接收管接收而使开关动作。这种开关可应用于各种机械运行的行程限制、位置传感,也有效地用于汽车的紧急制动。图 9 - 24(b)所示为用光纤引导的光电开关,可作为开关用于狭窄区域内。图 9 - 24(c)所示为用于液面自动检测的光电开关。发光管发出的光经斜面框架反射后到达光电接收管,形成光的通路。当液面上升后,没有足够光能量从液体内透射到光电接收管上而形成通路受阻挡,开关即断开。这种开关已用于汽油液面检测,比较安全。

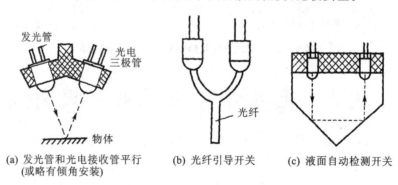

图 9 - 24　反射型光电开关

3. 光电耦合器

如图 9 - 25 所示,发光管和光电接收管用耐高压的塑料封结在一起可形成光电耦合器。把发光管接在低压电路中,把光电接收管接在高压电路中,可实现用低压电器或低压电路直接控制高压电路,光电耦合器成为一个隔离开关。适当设计也能起到变压器的作用。若把光电接收管这一边接可控硅电路,光电耦合器可形成固体继电器。它还可在过载保护电路中作为开关。

4. 编码计数型主动开关

光电开关既然可工作在开关状态,那么也就很容易变换成计数状态或编码控制状态。

图 9-26 所示为一个计数状态的例子,测量照相机快门动作的时间。发光管发出频率确定的光脉冲,它放在快门的一边,光电接收管在快门的另一边。当快门打开前计数器预先归零;快门打开时,光电转换后的电脉冲使计数器计数;快门关闭时,计数停止。计数器所计脉冲个数与脉冲周期的乘积就是快门开启时间。

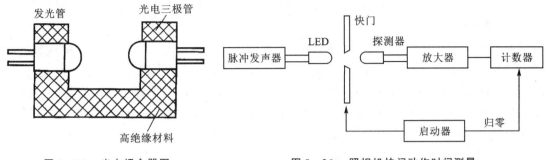

图 9-25 光电耦合器图   图 9-26 照相机快门动作时间测量

这种开关也可用于工业自动线上的产品计数或医用液滴计数。

5. 被动开关

利用自然光源的特性对光电开关提供信号,形成被动开关。自然光源多为物体自发辐射,辐射能量多在红外光谱范围内,所以组成开关的接收器是热电器件、红外光敏电阻或红外光电二极管。

图 9-27 所示为热释电器件构成的被动开关,它用于自动开门或报警系统的控制。图中用热释电检测器作光敏元件,将球面反射镜安放在房子的墙角以会聚入射的光能。

热释电检测器有两个特点:一是只响应突变的或交变的辐射,二是响应光谱无选择型。热释电检测器对静止的环境辐射不作反应,而能够检测人的活动,当人走近光电开关作用区域时,热释电器件接收人身辐射,输出电脉冲信号,使被动开关接通,其过程可由图 9-28 所示的方块图完成。图中,光电脉冲经放大器和带通滤波器后形成控制信号去触发定时器。定时器可人为设定时间(最简单的定时器是单稳态触发器),在设定时间内控制信号控制报警器发声(或控制自动门开门),定时完毕后开关断开。

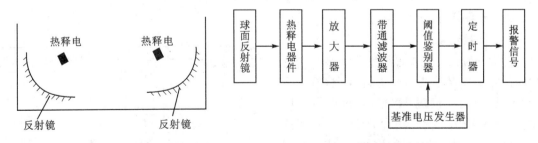

图 9-27 热释电器件构成的被动开关   图 9-28 被动报警方块原理图

此外,火焰报警、火车车轮轴故障的自动报警等装置也是类似的被动开关。只是这些目标的温度更高,辐射光谱的峰值波长更短,需要外加适当的光谱滤光片以区别其他运动目标。在电路上相应频率范围也要适应于目标而抑制外界干扰。

9.2.2　光电转速计

一般转速表的缺点是:测量范围小,精度不高;测量时与被测对象刚性连接,给对象以附加负荷,不适合于在小功率情况下测量。光电转速计可避免这些缺点,而且容易使测量自动化和数字化,因而广泛应用于电动机、内燃机、透平机、水轮机及各种机床的转速测量和调节中。

1. 光电转速计原理

光电转速计原理如图 9-29 所示。盘 1 装在欲测转速的轴上,光源 2 发出的光线,经盘 1 调制后透射或反射至光电检测器 3,转速可由光电检测器 3 产生的脉冲频率决定。图 9-29(a) 中,1 为带孔的盘;图 9-29(b) 中,1 为带齿的盘;图 9-29(c) 中,1 为黑白相间的盘,它们具有不同的反射率。采用何种形式调制决定于工程应用中的具体结构,选择装置形式应以对光电测试有利为原则。为了寿命长、体积小、功耗少,提高可靠性,光电检测器件多采用光电池、光敏二极管或光敏三极管,光源用发光二极管。

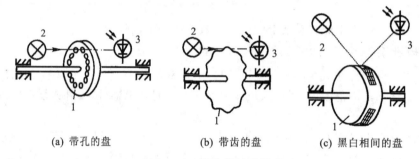

(a) 带孔的盘　　　　　(b) 带齿的盘　　　　　(c) 黑白相间的盘

图 9-29　光电转速计原理

每分钟的转速 n 与频率 f 的关系为

$$n = \frac{60f}{m} \tag{9-26}$$

式中,m 为孔数,或齿数或黑白块的数目。

因而只要测出频率就能决定转速或角速度。对于频率测量,下面简要介绍计数测频法和周期测量法,其他频率测量的方法可参阅相关文献。

2. 频率测量

(1) 计数测频法

计数测频法的基本思想就是在某一选定的时间间隔内对被测信号进行计数,然后将计数值除以时间间隔(时基)就得到所测频率。图 9-30 所示为采用计数法测量频率的基本电路。被测信号①通过脉冲形成电路转变成脉冲②(或方波),其重复频率等于被测频率 f_x,然后将它加到闸门的一个输入端。

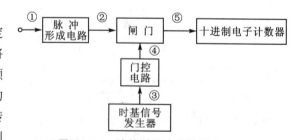

图 9-30　计数测频法方块原理图

闸门由门控信号④来控制其开、闭时间,只有在闸门开通时间 T 内,被计数的脉冲⑤才能通过闸门,被送到十进制电子计数器进行计数,从而实现频率测量。门控信号的作用时间 T 是非常准确的,以它作为时间基准(时基),它由时基信号发生器提供。时基信号发生器由一个高稳定的石英振荡器和一系列数字分频器组成,由它输出的标准时间脉冲(时标)去控制门控电路形成门控信号。

对高频测量,计数测频法有较高的精度,随着被测频率的降低,其相对误差逐渐增大。

(2) 周期测量法

在周期测量法中,采用固定频率很高的参考脉冲 f_s 作为计数器的脉冲源,而让被测信号 f_x 经整形后再经过一个门控电路去控制闸门,其电路原理如图 9 - 31 所示。在门控电路输入的两个下降沿之间,门控电路输出高电平使闸门打开,计数器对 A 进行计数,从而实现闸门开启时间的测量。闸门开启的时间就是被测信号的周期,周期的倒数即为频率。

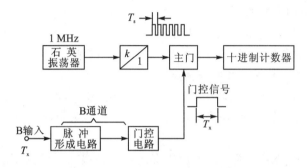

图 9 - 31　周期测量法方块原理图

对低频测量,周期法有较高的精度,随着被测频率的增高,其相对误差逐渐增大。

9.3　条形码技术

条形码是一种以黑白条纹(或称条纹和间隔)表示的特殊的信息代码,利用光电转换能将条形码图形信息转换成计算机能处理的二值化数值,从而被计算机识别。条形码产生于 20 世纪 40 年代末期,现在用条纹表达信息的技术已日趋完善。条形码具有识别速度快、可靠性高、系统造价便宜、使用方便等优点,现已成为一种存储、采集、处理、传递信息的先进技术,广泛应用于超级市场、仓库和工业自动线上。

9.3.1　条形码的概念及特点

条形码系统是按特定格式组合起来的一组宽度不同的平行线条,其线条和间隔代表了某些数字或符号,用以表示某些信息。条形码可以印刷在物品、纸包装或其他介质上,做成含有信息的条形码标签,通过光电扫描阅读设备,即可准确反映出所表示的信息。

一幅完整的条形码标签,在条形码图形下面还常印有供人员识别的相应的文字信息,如图 9 - 32 所示。

图 9 - 32　典型的条形码标签

在实际应用中,条形码所表示的字符含有的信息被赋予一定的意义。例如,在仓库管理中表示物品的名称、数量、进出库日期等,在超级市场商品零售中则表示商品场地、厂家以及商品的一些属性,在工业自动化生产过程中可用来表示零件代号、加工步骤等。将这些具有实际意义的条形码事先印在物品或包装上,或打印在加工单据上,无论物品走到哪里,人们都可以根据事先约定的标准用专门的阅读设备获得关于此物品的有关信息。

采用条形码具有以下特点:

① 条形码在代码编制上巧妙地利用了构成数字计算机内部逻辑基础的"0""1"比特流的概念,使用若干个与二进制数相对应的宽窄条纹来表示某个文字、数字或符号。这样一种代码非常容易使用简便的阅读装置进行自动识别,经过阅读设备光电转换的信号只须经过简单的接口电路即能输送到微型机等数据处理装置,进行信息的判别和处理,因而,条形码具有数据处理系统造价便宜、使用方便的优点。

② 在计算机的应用上,条形码是一种高效率的数据输入技术。计算机的出现为加快传递信息创造了极为有利的条件,与其他计算机输入技术(如键盘输入)相比较,条形码具有识别速度快、准确性高、可靠性强和保密性好等优点。

③ 条形码标签易于制作。它既可以印在商品的外包装上,也可以使用专用条形码打印机或普通计算机打印机与其他文字、图案同时打印。从这个意义上说,条形码则是唯一可以直接打印的机器语言。

④ 条形码还是一种网络技术。由条形码形成的各种报文可以方便地使用不同的机器有机地联系起来,形成一个信息传输的廉价通信网络。利用这样的网络,可以使处于不同位置的工作站获得加工过程信息或控制管理信息后,直接与管理计算机通信,再由管理计算机分别进行数据处理和发出相应的命令。

9.3.2　条形码的工作原理

条形码在编制上利用构成数字计算机内部逻辑基础的"0""1"比特流的概念,使用若干个与二进制数字相对应的宽窄条纹(或条纹与间隙)来表示某个数字或字符。这正是它易于为计算机识别的原因。

条形码系统由条形码符号、符号载体、打印设备和扫描阅读设备组成。

将条形码按编码规则(不同码制的条形码,编码规则有所不同)排列后,即可印刷在纸张或其他载体上,构成一幅幅包含不同信息的条形码标签。当扫描阅读器(激光扫描器或手持光笔)对标签扫描时,由条纹、间隔所编码的二进制数据可由扫描阅读器提取出来,并利用印刷条纹和载体基色之间的反差(如黑色条纹吸收光线,而白色条纹间隔则反射光线)以及条纹间隔的时间响应差异进行阅读识别。这时由发射器、检测器和透镜组成的扫描阅读器通过发射器发出的扫描光束扫描到条纹间隔时,与发射器同步工作的检测器接收的是强光,经过检测器内部的光电转换装置进行转换即产生一个高输出电流,而当扫描到条纹时,检测器接收到的是弱光,则产生一个低输出电流,因而就能使阅读出相应的数字及字符,获得有用的数据及信息。

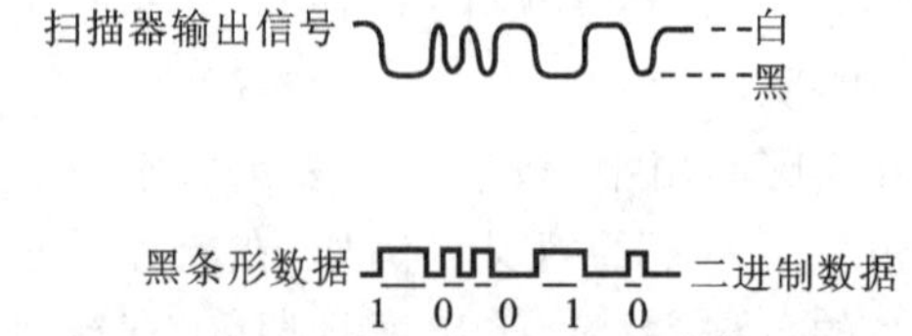

图 9-33 所示为条形码信号阅读和处理的

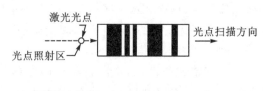

图 9-33　条形码信号的阅读和处理

工作原理。

　　条形码表示的数字及字符的条纹符号是按照编码规则组合排列的,故当各种码制的条形码的编码规则确定,就可将数字码转换成条形码符号。

9.3.3　条形码的识别原理及装置

　　用光学扫描装置识别贴在物品上的条形码标签是深受国内外工商业及其他行业重视的一种自动识别技术。该项技术采用结构简单、规则的条形码编制物品的各种信息。条形码标签不仅易于制作,而且便于用光学扫描方法进行高速阅读。此外,由于条形码的编制采用了与计算机机器语言中"0""1"两个状态相对应的条纹宽窄或条纹与间隔的变化作为编码的基本元素,从而经过光电转换的信号只须经过简单的接口电路即能输送到微型机等数据处理装置,进行信息的判别和处理。

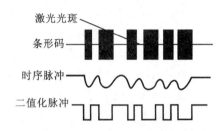

图 9 - 34　激光扫描条形码的信息变换过程

　　本节将介绍条形码的识别特点、识别原理和识别装置。

　　条形码识别的核心内容就是通过光学扫描或成像把沿空间一维方向分布的条形码信息传递到光电变换器件上,然后转换成以时间为变量的时序脉冲串。图 9 - 34 所示为使用 He - Ne 激光扫描器阅读条形码信息变化过程。图 9 - 35 所示为 CCD 条形码识别工作原理。

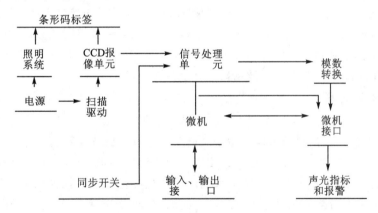

图 9 - 35　CCD 条形码识别工作原理

　　条形码识别的第一个特点是识别速度快,可以进行高速阅读。条形码本身的独特构造使得利用光电转换将图形信息转换成计算机处理的二值化数据非常方便。使用激光或 CCD 图像传感器构成的高速扫描装置可以以每秒钟几十次甚至几百次的扫描速率对条形码标签进行重复扫描阅读,这样无论是静止还是运动中的条形码标签都可以在很短的时间内被重复识别多次,从而可实现快速识别。在许多实际应用系统中,例如在高速的自动化流水生产线上,在自动化仓库中,信息的采集速度直接关系到整个系统的反应能力,因而识别速度是一个重要的参数指标。使用条形码技术可以满足大多数应用场合的数据快速采集的需要。

　　条形码识别的另一个特点是识别的准确性高,除在条形码的编译原理中就有足够的保证外,在条形码的编制过程中还可以在整条信息中加上通过专门公式计算出的校验字符,因而激光扫描阅读条形码时,其置换误差仅为三十万分之一,而且若条形码图形中某一部分形成局部损伤时,也仍可通过条形码上不同部位的重复阅读以及相应的编译技术还原信息。这一点是其他自动识别方法难以实现的。

1. 条形码的识别原理

下面通过 CBR 型 CCD 摄像扫描式条形码识别器对条形码的识别原理及过程进行介绍。

近年来随着大规模集成电路制造工艺的提高和成本的降低,CCD 图像传感器被开发为条形码识别器核心元件。线阵列的 CCD 图像传感器通常由沿一维方向均匀分布的数百至数千个光敏单元构成,在这个器件上施加专用电路和相应的光学成像系统后,即可构成类似电视摄像式的条形码阅读器。

CBR 型条形码识别器使用具有 2 048 个感光单元的 CCD 器件,可以识别交叉五取二码、三九码以及国内邮政业务使用的矩阵五取二码等多种条形码。其识别条形码的工作原理见图 9 - 35。

识别主要分为两个阶段,即光学成像阶段和光电转换阶段。当印有条形码的物品通过装有摄像物镜和 CCD 器件的阅读头时,条形码被外界光源照明,成像在 CCD 器件的感光面上。该器件在扫描驱动电路的作用下,以其特有的光电转换和移位寄存功能将沿 CCD 表面连续分布的条形码照度信息进行线性转换,使 CCD 器件上的每个感光单元都产生与照度信息相对应的一个个电荷包。这些电荷包在扫描驱动电路的推动下,依次从转移通道送出,从而完成一次扫描的条形码信息变换过程。同激光扫描器一样,使用 CCD 器件的条形码扫描器可以按每秒几十次到几百次的速率扫描条形码标签。当识别机安装在流水线上实行物品代码识别时,一般还要加上外同步控制信号,以便一一对应地进行数据采集。此时每当物品到达识别器前端时,物品就触动外同步信号,识别器随之将扫描到的信息通过信号预处理电路、数字化电路送入微型计算机的数据接口。为保证识别的准确性,计算机将在同步信号的控制下多次采集条形码数据,然后根据条形码的编译原理对数据进行统计、检验、确认、转换传输和显示等。通常,识别出的条形码相应文字信息均译成 ASCII 码,并通过串行数据通信口送往上一级计算机。

2. 条形码识别器

条形码的识别首先要求利用某些光电扫描装置沿某一轨迹对所有条码条符进行扫描。应该注意的是,这一过程包括对条形码起始符之前及终止符之后特定静区(空白引导区)的扫描。不论采用人工扫描方式还是自动扫描方式阅读条形码信息,都要经过以下几个环节:

① 要求建立一个光学系统。该光学系统能够产生一个光点。该光点可在自动或手工控制下在条形码信息上沿某一轨道作直线运动。同时,要求该光点直径与待扫描条形码中最窄条符的宽度基本相同。

② 要求一个接受系统能够采集到光点运动时打在条形码条符上反射回来的反射光,同时,要求这一接受系统对反射光具有一定的敏感程度。光点打在着色条符上的反射光弱,光点打在白色条符及静区的反射光强,通过对接受到反射光的强弱及延续时间的测定,就可分辨出扫描到的是着色条符还是白色条符以及条符的宽窄。

③ 要求一个电子电路将接受到的光信号不失真地转换为电脉冲。要求建立某种算法,并利用这一算法对已获取的电脉冲信号进行译解,从而得到所需信息。根据不同要求及不同码制,有多种阅读与识别方法;但在处理过程中,技术要求却是相同的。首先,实现光电转换的电子电路应能剔除明显的由干扰或由印刷质量问题产生的噪声反射波形,如图 9 - 36 所示。力求在这一环节就获得能反映条形码本来内容的电脉冲信号。其次,对于允许双向扫描的条形

码,在建立译解算法时应满足这一要求。再次,应进一步采取各种措施,保证能将不同宽度的着色条符和不同宽度的白色条符区别开。最后,要求译解算法允许扫描速度能够在较宽的范围内变化。

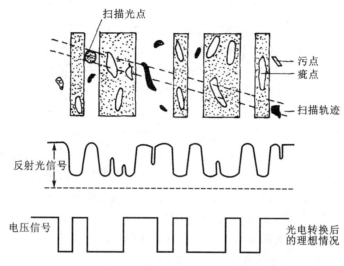

图 9 - 36　条形码符号的扫描、接收与整形

条形码因码制不同,相应的识别设备也有所不同,结构有繁有简,使用范围有大有小。识别设备通常称为扫描阅读器,它由联系密切的扫描器和阅读器组成。扫描器包括扫射器、检测器和透镜,其任务是将由条纹和间隔所编制的二进制数据提取出来,由光信号转变为电信号;而阅读器的主要任务则是将扫描器提供的电信号,按照条形码的解码原理,转换成计算机可识别的信号。它将完成以下阅读条形码的具体任务:识别空白区、起始符和终止符,测量条纹和间隔的宽度,设置条纹和间隔阈值,识别字符、校验字符和整条信息的错误,与计算机的数据通信等。下面介绍几种常用的条形码扫描阅读器。

(1) 手持装置

最常用的手持扫描装置称为光笔。光笔扫描阅读器由光源、光学系统、光敏元件和阅读(解码)器组成。光笔本身是一种手执如笔状的光检测器,工作原理是基于光电效应,其结构一般有两种形式:

一种是由透镜、光导纤维、光敏元件、放大整形电路和接触开关组成,其结构如图 9 - 37 所示。这种结构的接触开关是两个相互绝缘的金属环,设在食指所处的位置上,由两根导线引到场效应管开关电路的输入端。当食指接触这两个环时,由于阻抗发生变化,而使开关电路动作。这样,当手持光笔使用时,食指按动开关,光笔即开始接受光,放开开关即停止接收。目前国外应用较多的这一类光笔已不用接触开关去控制是否接受光点,而是用光闸按钮。当按钮

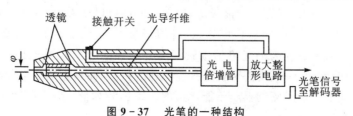

图 9 - 37　光笔的一种结构

按下,光导纤维前的遮挡板被移开,能够接受光点;反之,光点被遮住。

光笔结构的另一种形式是将光检测部分(透镜组,光电元件)和放大整形电路均装在笔体内,这时光笔可直接输出脉冲信号,这种结构无外部电路,也不需要光导纤维,因此总体积较小。

光笔扫描阅读器操作时,由光源发出光束照射到条形码标签上,同时由光敏元件接受部分反射光,并将光信号转换成电信号后送到解码器。解码器将信号放大、整形和数字化后,再将信号传送到微型机或其他控制器。由于光笔由人工操作,扫描时必然要引起速度的变化,所以解码器必须配有带预置时钟脉冲比较器的随机处理装置。

手持光笔一般用白炽灯或发光二极管作光源。白炽灯虽然功率较大,但阅读代码时对比度较差,所以操作者必须通过连续调节电压并使之稳定来限制其光通量。只有光通量适当,才能用光笔清楚地阅读条形码。使用光笔阅读条形码的另一个需要注意的事项是阅读时必须让条形码标签处于一个平面上,这样才能准确阅读。发光二极管可以发出单一波长的可见光,并且抗冲击、抗振动能力强,寿命长,能对红色以外的所有颜色的条形码进行阅读,故使用范围更广泛。国外也采用红外激光二极管装配光笔,不过这种阅读只局限于阅读感热式印刷机印刷的条形码,而且必须使用碳素墨水印刷在很光滑的纸面上。

光笔类条形码扫描器不论采用哪一种光源,从使用方式上都存在一个共同点,即阅读条形码信息时,要求扫描器与待识码接触或相距一个极短的距离(一般仅 0.2~1 mm)。

光笔的光学系统主要有两种。一种是用透镜把光束会聚在条形码上,并由它将反射光回收到光敏元件。另一种则使用光导纤维,光纤的一部分用来传输光源发射的光,另一部分再将反射光传送回光敏元件。

用电池作电源的光笔和数据处理终端,可以由人随身携带,随时随地使用。光笔的最大局限性就是阅读代码时,必须紧贴标签或靠得很近(大约在 1 mm 以内)。光笔的最大阅读速度为 20 mm/s,条纹宽度比通常为 1:3。光笔扫描的最大倾斜角大约为 35°。

(2) 固定光束的光学扫描阅读器

这种扫描器通常安装在某个特定的位置,例如装在紧靠传送带的地方。扫描器只能对它面前的条形码作单路或多光路的一次性扫描。它的内部结构与光笔类似,也使用白炽灯或发光二极管作光源,用光电三极管作为光敏接收元件,只是传输光信号的光学系统略为复杂些。

固定光束扫描阅读器的使用范围有一定的限制:扫描器到条形码标签的距离应为 8~80 mm,传送带的运送速度要稳定,同时条形码的位置要固定,例如都贴在包装箱箱面的右侧。我国研制的 CBR 型 CCD 条形码识别机也属于这种类型的扫描阅读器。

(3) 移动光束的光学扫描阅读器

这类装置也称为动态扫描器或激光扫描器。它一般用低功率的 He－Ne 激光作为光源,扫描器的光学系统主要由旋转反射激光束的多面棱体、专用扫描聚焦镜以及相应的辅助光学元件组成。由于激光的谱线极窄,光能集中,旋转多面体可以在微电机的带动下以极高的速度旋转反射光束(对条形码的扫描每秒可达数百次)。当配备了适宜的光敏元件和滤光元件后(一般用响应速度快、灵敏度高的光电倍增管和窄带干涉滤光片),激光扫描器在阅读条形码时,不仅具有响应速度快,灵敏度高和抗干扰能力强的特点,而且它的光学分辨率、扫描速度和适用范围等也是其他条形码阅读器所不能比拟的。正因为如此,激光条形码阅读器成了自动识别领域中应用最为广泛的装置。

　　高级的激光扫描器除了具有上述优点外,还能在一定的景深内,对沿任意方向行进的标签进行准确无误的阅读,即能做到全向扫描。在超市、邮局等行业使用的激光扫描器一般都具有这种功能。而在自动化仓库或自动装配线中则多选用光学分辨率高、景深范围大和扫描速度快的单向扫描器。

　　图 9-38 给出两种有代表性的激光扫描器光路图以及应用示意图。目前,国外的移动便携式光学扫描阅读器多采用手提式激光枪(按输出功率大小分为几种型号)。它的激光束每秒钟可沿条形码作 40 多次来回扫描。枪形手柄上安装有触发开关,能在 25 in(63.5 cm)的间隔距离清楚准确地阅读条形码。它还能穿过阻隔几层的包装准确无误地阅读条形码。不仅如此,它还用不着要求条形码标签摆得平平整整,因而受到操作者的欢迎。

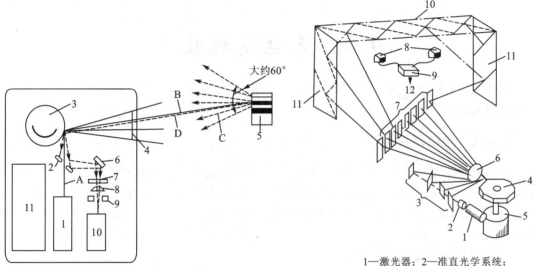

1—激光器；2—带圆孔反射镜；
3—旋转多面体；4—光窗；
5—条形码标签；6—全反射镜；
7—干涉滤光片；8—凸透镜；9—光栏；
10—光电倍增管；11—高压电源

(a) 一般工业用激光扫描器结构图

1—激光器；2—准直光学系统；
3—分束器；4—旋转多面体；
5—微型电机；6—扫描透镜；
7—反射镜组；8—光电装置；
9—视频处理；10—扫描光窗；
11—端面反射镜；12—信号输出

(b) 超级市场用激光全向扫描光路图

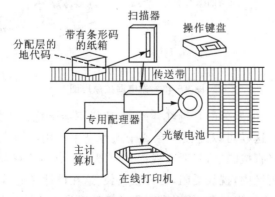

(c) 用激光扫描器进行物料分拣示意图

图 9-38　激光扫描器光路图(续)

激光扫描器根据不同的使用要求,在条形码标签面上,激光束的扫描图形可各不相同,除了常用的单向直线扫描外,还有正弦形、多路交叉等图形,如图9-39所示。

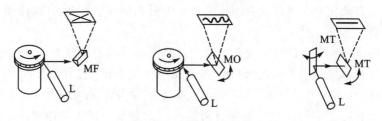

MF—旋转多面体加折叠反射镜;MO—旋转多面体加振荡反射镜;MT—使用两个扭转反射镜

图9-39   用于全向阅读的扫描图案

9.4   光电遥控技术

光电遥控在军事、工业和民用上得到广泛的应用,近年来已进入千家万户,与每个人的日常生活紧密地联系在一起。

9.4.1   光电遥控原理

光电遥控原理如图9-40所示。这里,一个手握的光电遥控发射机可发射一束较宽的光束,光束里含有控制功能的编码信号。此编码信号被远置的光电遥控接收机检测并被译码,通过接收机的输出端,被译码的信号通过处理后就可触发外部的装置,从而实现光电遥控的目的。

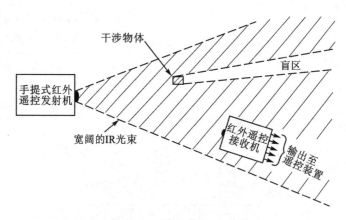

图9-40   光电遥控原理图

图中的光电发射机一般发射的是近红外光谱,这样不会干扰人们的视线。发射机发射的红外光有一定的发射角,这样可以遥控一台置于遥控光束作用区域任意位置的接收机,工作时,发射机和接收机不必直接瞄准,只要在视程之内即可。应该注意到,一个位于光束内的物体能产生一个盲区,在盲区内,视线受阻,遥控会失灵,这在设计光电遥控时应引起重视。有的光电遥控机加大发射功率和发射角,使光束产生的漫反射光也能被接收机接收,从而提高遥控的灵敏度和可靠性,进而也消除了盲区。

光电遥控的距离和发射机使用的光源直接有关,也受光束的发射角限制,近距离遥控一般使用 LED,而中远距离的遥控使用激光器,在无光纤通信中一般使用半导体激光器作为发射光源。

图 9-41 所示为光电遥控发射机的典型框图,光电遥控的发射机一般用一个多功能的键盘作为输入,此键盘具有 X 和 Y 的输出端,键盘编码器的译码电路反复扫描该输出端,一旦手按遥控器的某一键盘,遥控信号就进入译码电路进行译码。译码电路控制着一个编码波形发生器系统,该发生器产生典型值约为 30 kHz 的载波信号和由六比特数据脉冲加上同步脉冲所构成的重复性数据帧波形,最后这些信号送到一个标准的发射机输出级上,由 LED 将电信号转换成光信号发射出去。

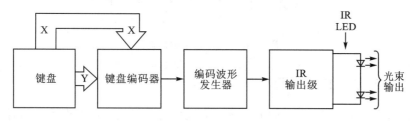

图 9-41　光电遥控发射机框图

图 9-42 所示为光电遥控接收机的原理框图。在接收机电路中,由光电信息转换器件——光敏二极管检测到发射机发射的红外光信号,并将其转换成相应的电信号后送到特别设计的前置放大器进行放大。该放大器增益很高,而且增益可以自动调节。当发射机靠近接收机,此放大器也不会饱和。前置放大器的输出信号送到 LSI 上,LSI 是大规模集成电路的译码器,此译码器直接提供三或四路的数字输出端口和 2~3 路的模拟输出端口(可控制音量、灰度等连续量),还可以提供 6 bit 的并行输出,此输出是原来 6 bit 串行编码的并行编码形式,可通过附加的译码器给出更多的遥控功能。

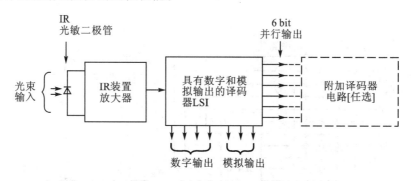

图 9-42　光电遥控接收机框图

大多数现代红外遥控系统都能提供多通道操作,而且每个通道都能给出一项单独功能的数字控制,发射机的信号波形通常采用图 9-43 所示的一般形式。此图描绘了一个基本的 6 bit 多通道系统。在这里,信号波形是由一个宽度为 8 ms 的重复性的数据帧组成,每个数据帧包含了 7 bit 的脉冲编码信息,而且每个比特均调制在大约 30 kHz 的频率上。第一个比特的持续时间固定为 1 ms,它为译码器提供帧的同步;后面的 6 个数据位均出现在 1 ms 的时间间隔上,而且每个比特都给出一种"开/关"的控制形式,宽度小于 0.25 ms 的脉冲,表示一种

"关"或逻辑"0"的状态,而宽度大于 0.25 ms 的脉冲则表示一种"开"或逻辑"1"的状态。在实际中,这 6 bit 的编码波形可用来提供 6 路通道的同时遥控,也可用来提供 64 路通道的非同时遥控。

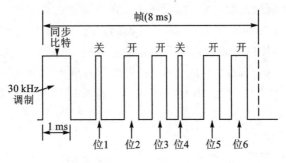

图 9-43　光电遥控编码波形

9.4.2　光电遥控装置举例

利用晶体管和视频场效应管(VFET)等分立元件就可以很容易地设计出单通道的红外遥控系统。随着大规模集成电路技术的发展,市场上的遥控系统一般都使用专用的遥控集成芯片,最著名的有普莱锡(Plessey)公司生产的具有 32 路通道容量的器件 490/922 和西门子(Siemens)公司生产的具有 60 路通道容量的器件 IR60 等。下面简单介绍 490/922 光电遥控系统。

490/922 光电遥控系统由一片 32 通道发射机 IC(SL490),一片红外前置放大器 IC(SL486)和一片通用的接收机译码器 IC(ML922)组成。采用 SL490 集成芯片的光电发射机电路如图 9-44 所示,采用 SL486 集成芯片的光电接收机电路如图 9-45 所示,采用 ML922 集成芯片的接收机译码电路如图 9-46 所示。

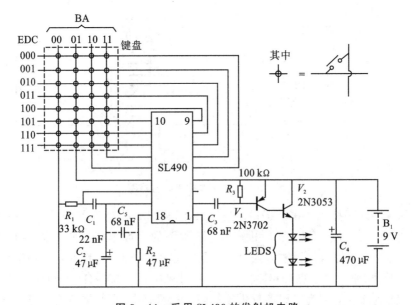

图 9-44　采用 SL490 的发射机电路

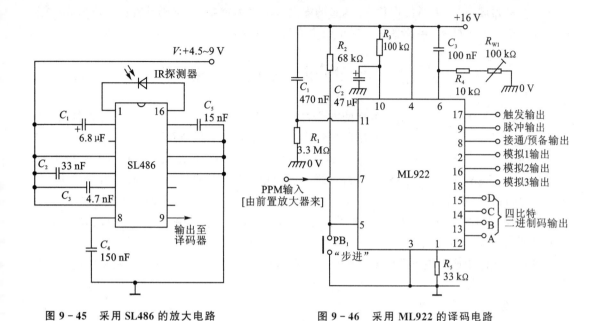

图 9 - 45 采用 SL486 的放大电路   图 9 - 46 采用 ML922 的译码电路

9.5 二维码技术

二维码利用某种特定的几何图形按一定的分布规则在二维方向上排列黑白相间的图形记录数据信息,在代码编制上利用构成计算机内部逻辑基础的"0""1"比特流的概念,使用若干个与二进制相对应的几何形体表示文字数值信息。二维码是一种比一维码更为先进的条码格式,一维码只能在一个方向,且大多是水平方向上表达信息,一维码是由数字、字母构成,但是二维码能够在水平和垂直两个方位同时表达信息,并且可以储存汉字、数字和图片等信息,因此,二维码能在很小的面积内表达大量的信息。二维码可通过图像输入设备或光电扫描设备自动识读,以实现信息自动处理。

二维码同一维条码一样具有不同的码制标准,每种码制都有不同的编码规则。二维码符号中的每个字符信息占一定宽度,具有特定的字符集及较强的校验纠错功能、信息识别功能及图像处理功能等。二维码技术大大降低了对计算机网络和数据库的依赖,依靠条码标签本身就可以起到数据信息存储及通信的作用。

二维码具有如下特点:高密度编码,信息容量大;编码范围广,它可以把图片、声音、文字、签字、指纹等可以数字化的信息进行编码,用条码表示出来,可以表示多种语言文字和图像数据;容错能力强,具有纠错功能,二维码因穿孔、污损等引起局部损坏时,照样可以正确识读;译码可靠性高:可引入加密措施:二维码保密性、防伪性好;成本低,易制作,持久耐用;条码符号形状、尺寸大小比例可变。

二维码以其快速识别、存储信息等优势应用于生活的方方面面,例如移动支付、网页导航、票务系统、公共交通等,给人们的生活带来诸多便利。除此之外,二维码可以和其他的众多学科领域相结合,如在医学领域,将二维码应用于药品流通监管、样片检测和患者信息;在工农业领域,现在很多产品包装上都会印刷二维码,尤其是与农产品相关的一系列信息的追踪溯源;

在安全技术领域,在网络通信过程中,信息的安全传输尤为重要,二维码具备存储信息的功能,加上其独特的编码模式,将信息放入二维码中成为一种保障。

9.6 红外方位检测系统

红外方位检测系统主要用于目标的方位测定及跟踪导引系统。红外检测目标方位的典型例子是空-空导弹中的导引头,它的作用是测量敌机在空间的坐标位置。

导弹的导引头结构原理如图 9 - 47(a)所示,其中,方位检测系统及跟踪机构组成位标器,它能在接收到飞机自身的红外辐射后自动测出目标相对于自己的空间方位,给出方位误差信号,不断地自动修正弹体飞行的方向,把导弹引向目标。图中,q_M 是目标、弹体连线(称为视线)与基准线的夹角,q_o 是光轴与基准线的夹角,Δq 是视线与光轴的夹角,称为误差角,这些角度关系如图 9 - 47(b)所示。

坐标变换的用途是把方位检测系统中获得的极坐标信号变成控制弹体运动所需的直角坐标信号。

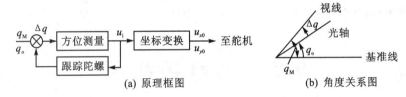

图 9 - 47   导引头结构原理图

下面讨论红外方位检测系统的原理。

9.6.1 基于调制盘的方位检测原理

调制盘是红外方位检测系统的主要元件之一。它是在透光材料上用照相腐蚀或其他方法制成明暗相间的图案而成的,其作用如下:

1. 进行空间滤波、抑制背景杂光

空间滤波利用目标与空间背景干扰源角尺寸的不同,在扫描一个确定的角视场时,将会产生一定规律的目标信号和随机形式的背景信号,利用两者之间空间频率的差异而取出目标信号,滤除背景干扰。

图 9 - 48 所示为调制盘空间滤波的作用。调制盘图案的上半圆是明暗相间等分的扇形区,明区透过率 $\tau=1$,暗区透过率 $\tau=0$;下半圆是半透区,$\tau=1/2$。

通常条件下,由于目标的面积比背景的面积小得多(例如天空中的飞机-目标与云彩-背景相比)。经光学系统成像后,目标像点只占据调制盘的一个扇形区,而背景像点同时占据调制盘的若干个扇形区。调制盘旋转后,目标像点的调制波形如图 9 - 48(b)所示。载波频率为

$$\omega_o = n\,\Omega \tag{9-27}$$

式中,n 为调制盘的扇形数;Ω 为调制盘的转速。

背景像点的调制波形如图 9 - 48(c)所示,调制波形的交变分量很小,基本上是直流输出信号,但背景能量分布的不均匀性会引起输出信号有些起伏不平。

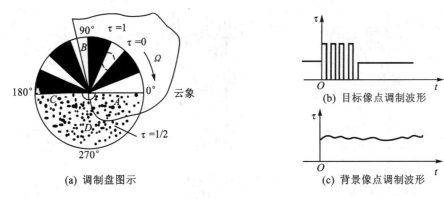

图 9-48　调制盘空间滤波原理

目标和背景的光调制信号经光电检测器转换成电信号,再经选频放大器放大(选频放大器的中心频率为 ω_0)滤波,就可以把背景信号滤除,保留目标信号。

2. 测量目标空间方位

目标经光学系统成像在调制盘上,像点在调制盘上的位置与目标在空间的位置一一对应。像点在调制盘上的位置可由调制盘输出的调制信号的幅值、相位和频率等参数确定。

图 9-48 同时示出了调制盘测量目标位置的原理。设像点为圆光斑,光斑总面积为 A,像面上的光强分布均匀,并引入调制深度 m,其式为

$$m(\rho)=\frac{P_1(\rho)-P_2(\rho)}{P}=\frac{A_1(\rho)-A_2(\rho)}{A} \tag{9-28}$$

式中,$A_1(\rho)$、$A_2(\rho)$ 分别为光斑在调制盘径向 ρ 处透光区与不透光区的光斑面积,$P_1(\rho)$、$P_2(\rho)$ 为与其相对应的光功率,且 $P_1(\rho)+P_2(\rho)=P$。

从图 9-48 看出,如果维持光斑面积不变,(A_1-A_2) 的值是径向 ρ 的函数,那么调制深度也是径向 ρ 的函数。当像点落在调制盘的中心时,$A_1=A_2$,$m=0$;随着像点向外移动,径向 ρ 加大,不透光的面积逐渐减小,直至像点的光斑直径充满一个扇形宽度时,$A_1=A$,$m=1$;ρ 再增加,m 仍维持不变。

由式(9-28)得到调制盘输出光功率 $P_1(\rho)$ 与调制深度 $m(\rho)$ 的关系:

$$P_1(\rho)=\frac{P}{2}[1+m(\rho)] \tag{9-29}$$

上式说明,调制盘输出功率的大小(即周期信号的幅值)反映了光斑中心离开调制盘中心的位置。

要确知光斑在调制盘上的位置,还必须要知道光斑中心在调制盘上的辐角值。辐有值由调制频率 Ω 的周期信号的相位给定,例如,光斑中心落在图 9-48 所示调制盘的 A、B、C、D 各点上输出的周期信号示于图 9-49(a)上,经检测器后转变成电信号,再由选频放大器放大,输出如图 9-49(b)所示的波形,然后再经检波处理,得到如图 9-49(c)所示的位置信号。

由图 9-49 得出结论:如果像点落在调制盘上的位置在空间上相差 $\pi/2$,其输出信号的相位在时间上也相差 $\pi/2$。这就说明,检测器输出信号的相位反映了光斑落在调制盘上的辐角位置。

综上所述,调制盘周期信号的幅度反映了光斑中心在调制盘上的径向位置;周期信号的相位反映了光斑中心在调制盘上的辐角位置。用数学公式表示为

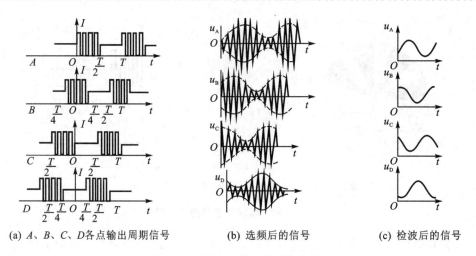

(a) A、B、C、D各点输出周期信号　　　(b) 选频后的信号　　　(c) 检波后的信号

图 9-49　调制盘输出的周期信号

$$u = u_\rho \sin(\Omega t + \varphi) \tag{9-30}$$

式中，u_ρ 为像点处于调制盘某一向径时的电压幅值；φ 为像点在调制盘上的辐角(初相位)；Ω 为调制盘的转速。

调制盘除上述图案外还可设计成其他调幅、调频形式。为使图案加工方便，一般需要把调制信号和信号处理电路相配合进行设计。

9.6.2　基于调制盘的红外方位检测系统结构

1. 位标器结构

位标器由陀螺转子组件、壳体组件及万向支架组成，结构原理如图 9-50 所示。

位标器前端是透红外光的球形玻璃罩，它既是光学系统用以校正主反射镜像差的一个部件，又是弹体外壳的一部分。主反射镜也是球面镜，它和大磁铁(永久磁铁)一起套装在镜筒上。为使位标器结构紧凑以减小体积和质量，在光学系统中还有一块起折叠光路作用的平面反射镜。平面反射镜通过支撑玻璃与镜筒相连接，调制盘装在光学系统的焦平面上。其后是滤光片和检测器，光学系统除球形罩外都装在镜筒上。

镜筒就是陀螺转子，不过这一转子的形状特殊，称之为杯形转子。转子轴通过轴承与万向支架连接。万向支架的框架就

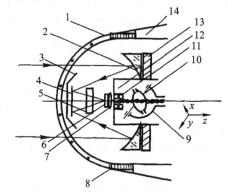

1—球形玻璃罩；2—主反射镜；3—遮光罩；
4—平面反射镜；5—支撑玻璃；6—调制盘；
7—检测器；8—壳体组件；9—陀螺外环；10—陀螺内环；
11—滤光片；12—陀螺转子；13—大磁铁；14—壳体

图 9-50　位标器原理结构

是陀螺的内、外环。从图中可以看出，陀螺转子除绕自身轴 z 轴转动外，还能由内、外环带动它绕 x、y 轴做进动。

位标器在结构上保证透光罩的球心正好与陀螺三个转动轴的交点重合，这样可保证光学

系统在任何位置都是共轴系统;而检测器处于三轴交点上,与不动的转子轴相连接。因而避免了由于运动带来的噪声,且不论光轴在什么位置,像点都在检测器的中心。

在壳体组件中装有几组绕组。其中主要有旋转线圈、进动线圈和基准线圈。

位标器有两个基本任务:一个是测量目标在空间相对于弹体轴的角位置;另一个是跟踪目标的运动。因为光学系统的瞬时视场很小,为保证不丢失目标,必须让光轴有跟踪目标运动的能力。

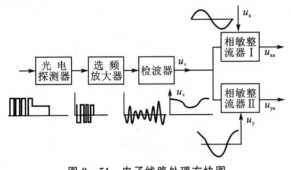

图 9 - 51　电子线路处理方块图

当远方的目标辐射的红外光进入光学系统的视场时,目标成像在调制盘上。由调制盘测量目标空间方位原理可知,在误差信号测量区内随方位误差角 Δq 的增加而使输出信号增大。调制盘的输出信号经检测器变换成电信号,再由电子线路处理(电路方块图示于图 9 - 51 上),得到了与方位误差角成比例的电压信号 u_ε,即

$$u_\varepsilon = u_\rho \sin(\omega t + \varphi) \qquad (9-31)$$

式中,u_ρ 反映了误差角 Δq 的径向;φ 反映了误差角的相位。

调制盘的旋转运动是壳体组件中的旋转线圈与陀螺转子上的大磁铁相互作用的结果。四个线圈的位置这样安排:它们的轴线与弹轴垂直并在空间互成 $\pi/2$ 的角度,如图 9 - 52 所示。当给四个线圈通以高频振荡电压(其中每个线圈的电压相位须互差 $\pi/2$)时,便在垂直于弹轴的平面内产生旋转的电磁场。旋转的电磁场与大磁铁相互作用使陀螺转子转动,带动调制盘一起高速旋转,达到对目标像点进行调制的目的。高速旋转的三自由度陀螺的转子使光轴在空间保持稳定,不受壳体运动的影响。

把位标器输出的误差信号 u_ε 送到进动线圈中,产生轴向电磁场,磁场大小与进动线圈中的误差信号成比例,这一轴向电磁场与大磁铁的永久磁场相互作用产生与误差信号成比例的电磁力矩 M,即

$$M = P \times H \qquad (9-32)$$

式中,P 是永久磁矩向量;H 是电磁场向量。

电磁力矩即进动力矩 M 作用在陀螺的内、外环上使镜筒绕 x、y 轴进动,改变光轴方向使光轴向减小误差角的方向运动,实现光轴跟踪目标的运动。

2. 坐标变换电路

坐标变换电路亦称相敏整流器。进行坐标变换必须要有基准信号。基准信号的产生是因为在壳体组件中装有四个基准线圈。这四个基准线圈亦是径向线圈,在空间亦互差 $\pi/2$ 的角度。在大磁铁转动时,四个线圈切割磁力线在线圈中产生感应电流,感应电流的相位亦互差 $\pi/2$。把其中两对相差 π 的线圈串接,获得了两个相差 $\pi/2$ 的基准信号电压,即

$$\left. \begin{array}{l} u_x = u \sin \omega t \\ u_y = u \cos \omega t \end{array} \right\} \qquad (9-33)$$

式中,ω 为转子的转动频率。

要得到上述基准信号,须使大磁铁的极轴(SN 极的连线)在空间严格地与调制盘的分界线垂直。

　　坐标变换电路如图 9-53 所示,坐标变换电路实际上是一个乘法器电路。在乘法器电路的两臂分别输入误差信号 u_ε、基准信号 u_x 和 u_y(图中只给出 u_x 的变换),在输出端就得到了与误差信号成比例的直流信号 u_{xo},即

$$u_{xo} = ku_\varepsilon u_x = kuu_\rho \sin \omega t \sin(\omega t + \varphi) = -Ku_\rho[\cos(2\omega t + \varphi) - \cos \varphi] \quad (9-34)$$

式中,k 为比例系数;$K = ku/2$。

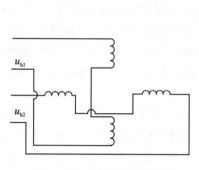

图 9-52　旋转线圈的位置

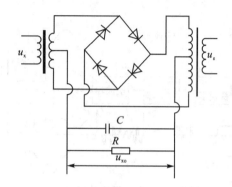

图 9-53　旋转线圈的位置

　　该输出信号的倍频项 $\cos(2\omega t + \varphi)$ 被输出端电容 C 旁路,在电阻 R 上只剩有直流项 $Ku_\varepsilon \cos \varphi$。显然,此直流信号与输入误差信号的幅值 u_ρ 成正比,与输入误差信号的相角 φ 成余弦关系。

　　同时可得到 u_{yo} 为

$$u_{yo} = ku_\varepsilon u_y = kuu_\rho \cos \omega t \cos(\omega t + \varphi) = -Ku_\rho[\sin(2\omega t + \varphi) + \sin \varphi] \quad (9-35)$$

　　由此可知,相敏整流器的输出信号唯一地确定了目标的空间坐标 x、y 值。把 u_{xo} 和 u_{yo} 坐标信号输入到舵机中,由此控制舵机的偏摆角,改变弹体的姿态角,使导弹跟踪目标飞行,最后击中目标。

　　红外方位检测系统除上述定位方法外,成像定位法具有较好的应用前景。成像定位是用面阵多元检测器进行。面阵检测器的每一元对应空间的一个特定位置。当目标处于某一空间时,光学系统把目标成像在面阵器件的某些元素上,这些元素就出现电信号,经电路处理和微机运算,可算出目标中心点在空间的位置,且可知道目标的形状,这称为凝视检测。

9.7　近红外光谱检测技术

　　近红外光(Near Infrared,NIR)是介于可见光(VIS)和中红外(MIR)之间的电磁辐射波。美国材料检测协会(ASTM)将近红外光谱区域定义为 780~2 526 nm。近红外光谱是 20 世纪 90 年代以来发展最快的检测分析技术,是有机物定性、定量和结构分析最有效的手段之一,特别是 1990 年以后由于近红外光在光纤中良好的传输特性,使近红外光在线分析成功地应用于各个领域。

9.7.1　近红外光谱检测原理

　　红外光区在可见光区和微波光区之间,波长范围为 780~3 000 nm。根据检测技术和应

用范围,习惯上又将红外光区分为近红外光区、中红外光区、远红外光区。红外光谱的区域划分如表 9-1 所列。近红外光区是指波长在 780~2 526 nm 范围内的电磁波,是人们最早发现的非可见光区域。近红外光谱主要是由于近红外光引起分子振动能级之间的跃迁,产生的近红外光的吸收所形成的。近红外光区的吸收带主要是由低能电子跃迁、含氢原子团(如 C-H、O-H、N-H)振动的倍频和合频吸收产生。该光区最重要的用途是对某些物质进行定量检测。

表 9-1　红外光谱的区域划分

区　域	波长/μm	波数/cm^{-1}	能级跃迁
近红外光区	0.78~2.5	12 820~4 000	C-H、O-H、N-H 倍频区
中红外光区	2.5~2.8	4 000~3 571	振动转动
远红外光区	2.8~3.0	3 571~3 333	转动

近红外光谱检测原理如图 9-54 所示。检测系统一般由光源、分光系统、样品室、检测器、控制和数据处理系统及记录显示系统等组成,是一种测量物质对近红外辐射吸收率或透过率的分析系统。

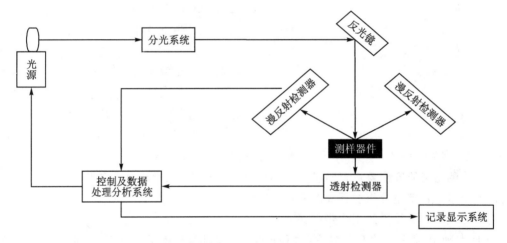

图 9-54　近红外光谱检测原理图

光源发出的光经过分光系统变成单色光,再经过反光镜的反射后照射到待测物品上,一部分被吸收,一部分被透射,一部分被反射,通过透射光与反射光的采集,经过分析与处理,可以得到待测样本的光谱,并进行显示与储存。

就检测原理而言,Thermo、ABB Bomem、Perkin Elmer、Bruker、Buchi 和 Yokogawa 公司采用傅里叶变换(Fourier Transform,FT)分光方式;Brimorse 公司采用声光可调谐滤光器(Acousto-Optic Tunable Filter,AOTE)分光方式;FOSS 和 Guidewave 公司采用移动光栅扫描分光方式;Perten 公司以滤光片和阵列检测器形式为主;ASD 公司将阵列检测器和移动光栅扫描整合在一起,将扫描范围延伸到紫外可见光范围。

在傅里叶变换技术方面,为了提高干涉仪的长期稳定性,各公司都对经典的迈克尔逊干涉仪进行了各种改进,如 Thermo 公司的干涉仪采用了高速动态数字准直技术、模块化光学平台和光学元件的对准定位设计;Perkin Elmer 公司采用机械转动双动镜干涉仪和"绝对标准化仪器";Bruker 公司采用了立体角镜干涉仪;ABB 公司采用了"叉骨"干涉仪,Buchi 公司采用了偏振干涉仪等。

近红外光谱检测仪的主要特点是:波长范围可达
780～2 526 nm,每个样品测定时间为 0.5～1 min,快
速准确,无须任何化学试剂,无须特殊的样品准备工
作,近红外光谱检测仪如图 9-55 所示。

9.7.2　近红外光谱检测应用

近红外光谱检测分为定性检测与定量检测。

定性检测是对被测物品的数量特征、数量关系与

图 9-55　近红外光谱检测仪

数量变化进行检测,是对研究对象进行"质"的方面检测,即鉴别物品含何种物质。在近红外光
谱图谱上,依据不同种类物质所含化学成分的不同,含氢基团倍频与合频振动频率不同,则近
红外图谱的峰位、峰数及峰强是不同的,样品的化学成分差异越大,图谱的特征性差异越强。

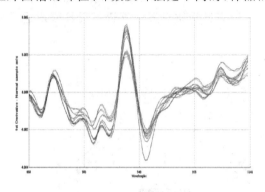

图 9-56　近红外光谱图谱

采用峰位鉴别法主要是分析组分相差较大
的不同种物质,这种方法直观、简便,如
图 9-56 所示。对于性质相近的样品鉴别
可以采用其他方法,如模式识别、主成分分
析、神经网络等方法。近红外光谱检测技术
在多个应用领域得到了广泛的认可,都依赖
于其可以在较少的时间里无须复杂的样品
制备过程,即可快速完成多种物质成分的定
量定标检测,检测精度高,误差小,不使用化
学试剂,没有污染,实现了无损检测。

定量检测是对研究对象进行"量"方面的检测,即测量物品含有特定物质的数量。近红外
光谱检测技术进行定量分析过程如图 9-57 所示。

近红外光谱定量检测的工作步骤如下:

① 样本确定:收集具有广泛性、代表性的样本,并且将样本分为两类,分别为定标集样本
和预测集样本。

② 理化实验:确定待测成分,首先需要对待测成分进行理化实验,定量分析成分含量。

③ 光谱获取:采集所有样本的近红外原始光谱,并对光谱数据进行必要的预处理。

④ 模型建立:对物质的待测成分建立近红外光谱数据数学建模,在模型训练过程中进行
模型优化,以获得较好的预测输出;

⑤ 模型预测:对预测样本集的样本进行预测,依据预测结果与理化实验结果评价模型的
准确度,检查模型的稳定性。

近红外光谱检测技术,在建模过程中只有进行一定量的数据与模型验证,才能排除诸多外
在或内在干扰因素,从而将模型优化到最佳的精度。一旦模型经过预测并在线使用,便会发挥
其稳定、快速、易操作等优点。操作人员容易掌握近红外光谱检测技术的检测方法,该技术已
在定量检测分析领域里发挥了重要作用。

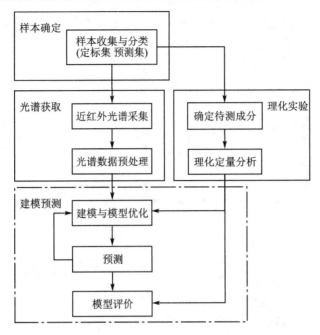

图 9 - 57 NIR 定量分析过程

9.8 高光谱检测技术

作为一项新兴的检测技术,高光谱(Hyper-spectral)检测技术将光电子学、光学、电子信息处理学、计算机科学等领域的先进技术集于一身,并有机地把传统的光谱技术和二维成像技术结合在一起。在可见光和近红外区域,高光谱的传感器有几十到数百个波段,它的光谱分辨率很高,在近红外 780~2 526 nm 波长范围内其光谱分辨率一般小于 10 nm,通常可达到 2~3 nm。因此,为了提高检测精度,将高光谱检测技术应用于对农产品、畜牧产品、食品的品质与安全性检测具有很大的应用潜力。

9.8.1 高光谱检测技术原理

高光谱检测系统硬件由装有图像采集卡的计算机、CCD 摄像头、光谱仪和光源组成。系统硬件组成如图 9 - 58 所示。

根据三维数据块的获取方式不同,高光谱图像系统分为两种:第一种是基于滤波器(或滤波片)的高光谱图像系统,它获取高光谱图像数据的方式是通过连续采集在一系列波长下物体的二维图像来得到的;第二种方法是基于图像光谱仪的高光谱图像系统,它是采用"推扫式"成像的方法来获得高光谱图像数据,200~400 nm、400~1 000 nm、900~1 700 nm、1 000~2 500 nm 为可使用的光谱范围。

高光谱检测所具有的高分辨率特性使得它的图像数据相邻波段间隔较窄,存在波段重叠区域,因此光谱通道不再离散而是连续的,高光谱图像数据每个像元均可提取一条完整的高分辨率光谱曲线,高光谱检测原理如图 9 - 59 所示。高光谱检测技术的出现解决了传统科学领域"成像无光谱"和"光谱不成像"的历史问题。

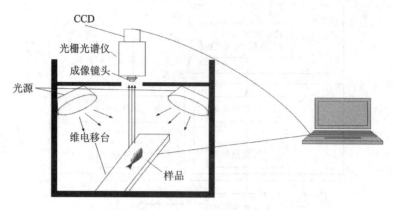

图 9 - 58　高光谱检测系统图

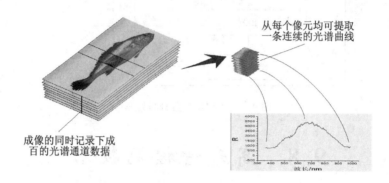

图 9 - 59　高光谱检测原理

高光谱检测技术的突出特点在于:光谱分辨率高,能获得整个波段的多而窄的连续光谱,波段数多至数百个,光谱分辨率能达到纳米级。图谱合一,高光谱图像包含了丰富的空间、辐射和光谱三重信息,光谱波段多,在某一光谱波段范围内可连续成像。

与传统一维光谱信息相比,集光谱和图像两种技术优点于一身的高光谱检测技术,不仅能够检测出被测物体的相关图像信息,还包含丰富的光谱信息。高光谱图像技术之所以能够检测物体内外品质信息,是因为图像检测能够全面反映物体的外在特征,而光谱检测则能够检测物体的内在物理结构和化学成分等信息。所以说,高光谱检测技术是一种易于操作、检测精度高、快速而且无损的新型检测技术。近几年的研究表明,将高光谱检测技术应用于农产品品质等无损检测研究领域中,为无损检测技术未来的发展提供了一个非常重要的研究手段。

9.8.2　高光谱检测应用

高光谱检测工作中,图像光谱仪将检测对象反射或透射过来的光分成单色光源后进入CCD摄像头。该系统采用"推扫型"成像方法得到高光谱图像:在光学焦面的垂直方向上做相应的横向排列并采用面阵CCD探测器完成对其的横向扫描(X 方向),此时获得的是在条状空间中检测对象(鱼肉样本)上每个像素点在各波长下的图像信息。与此同时,在检测系统输送带前进的过程中,排列的探测器扫出一条带状轨迹从而完成纵向扫描(Y 方向),"推扫型"高光谱检测过程如图 9 - 60 所示。

1. 高光谱图像的数据结构

在特定的波长范围内,高光谱图像是由一系列波长处的光学图像所构成的三维立体图像块,图 9-61 所示为三维的高光谱图像块。其中,x、y 为图像像素的坐标信息,即在二维平面坐标上表示,λ 表示的是波长信息。由此表明,高光谱图像同时具有在某个特定波长下的二维图像信息和处在不同波长下的光谱信息。

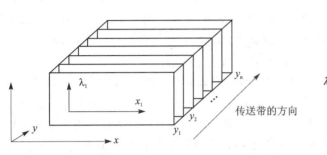

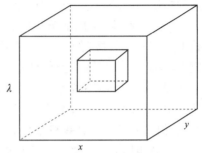

图 9-60　"推扫型"高光谱检测过程　　　　　　图 9-61　高光谱图像块

2. 高光谱图像数据表达方式

在高光谱检测应用分析中,对获得物体(鱼肉样本)的高光谱图像信息主要从以下三个方面进行数据描述:在图像空间维上,高光谱的图像表示与一般的图像类似,也就是说对高光谱数据进行信息检测时可以使用一般图像的模式识别分析方法;在光谱空间维上,由于高光谱图像上的每一个像元都能提取出一条连续的光谱曲线,因此通过光谱匹配技术可实现对基于光谱数据库的样本识别;在特征空间维上,根据实际所测的物体样本数据所反映出来的样本特征差异,将其提取出高光谱图像上的有效光谱数据。图 9-62 所示为鱼肉的多个波段范围高光谱图像表达方式。

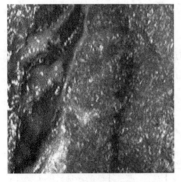

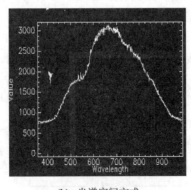

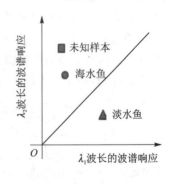

(a) 图像空间方式　　　　　　(b) 光谱空间方式　　　　　　(c) 特征空间方式

图 9-62　高光谱数据表达方式

从图 9-62(a)中可以看出,在图像空间上把采集到的高光谱数据视为一幅立体图像。它是数据样本几何形式的空间关系表达式,这就为研究人员提供了相关的测试样本图像,像素间的联系含有丰富的信息。在对高光谱数据信息提取的过程中,图像空间方式提供可以连接用作光谱联系的辅助手段。然而,图像空间方式并不能完全显示高光谱数据包含的大部分信息,因为每一次都只能看到某一个波段上的灰度图像或由三个波段所合成的假彩色(RGB)图像,所以波段间的关系很难从高光谱图像中反映出来。因此,图像描述方式仅仅只能反映高光谱数据较少一部分的信息量。

从图9-62(b)中可以看出,在光谱空间方式上,通过测得单个像素点处反映响应和波长之间变化关系的光谱曲线,为检测技术能够直接对像素点上的具体光谱信息进行释义提供可能。特别对于在光谱分辨率较高的情况下,某些特定像素点的响应特征会与像素点所在区域所含的物质的物理特性或化学成分有关。所以说,对于分辨率较高的光谱,为了辨识特定的物体分子及内在结构,可以基于其特定的吸收谱带的位置来进行识别。光谱响应曲线可以为检测技术所测样本的物理特性与其数据上一个像素点之间的联系提供分析。因此,通常情况下研究人员都会首先从光谱空间的角度来考虑和分析高光谱数据。

从图9-62(c)所示的特征空间方式中可以看出(只取两个特征表示),用一个多维矢量表示特征空间中的每一个像素点,该矢量包含该像素点上所有的光谱信息。虽然并不能把该点可视化,但是对其进行计算机处理时,要比对图像的处理更加容易。这种数据表示的方法优点在于它把被测样品关于其中心或均值的变化规律和表征单一像素点的数值进行了量化,从而可应用于辨识物体(鱼肉)的品质。

伴随着光谱分辨率的提高,高光谱图像能够记录的物体信息将越来越丰富,并且能够借助丰富的光谱信息来实现对物体内部或外部品质的全面检测。

高光谱检测的优点在于,能够借助十分丰富的光谱信息来实现物体内外品质的全方位检测。主要有两种检测方法:

第一种是基于光谱空间的检测方法,这是一种比较常用和传统的方法,如光谱匹配、混合光谱分解等方法均属此类方法。此方法须预先知道检测样品品质指标实际的光谱参数,然后和高光谱图像信息中提取出的光谱参数进行匹配,再通过模式识别技术得到检测样品的品质。

第二种检测方法是通过提取同一检测样品上不同的品质指标所呈现出的不同分布特性,实现检测样品的品质检测和识别。此类方法首先须分析检测样品的不同品质指标所表现出的特征及其与背景特征之间的差异,然后再通过相应的特征提取方法来突出图像中的样品成分,最后通过具体算法提取检测样品的品质指标。这种检测方案主要有两种,如图9-63和图9-64所示。方案一是直接在原始的特征空间上进行检测;方案二是基于特征提取与选择来进行检测,检测技术的关键主要取决于特征提取或选择算法和检测与分类算法。

图9-63　检测方案一　　　　　　　　　图9-64　检测方案二

3. 高光谱图像分类技术

高光谱检测技术的主要特点是将传统的空间维与光谱维的信息融合为一体,在获取样品空间图像的同时还得到了样品的连续光谱,从而实现依据样品光谱特征进行反演与样品识别的目的。高光谱数据的特点决定了高光谱的图像具有较其他图像检测方法更强的样品识别与精细的分类能力。高光谱图像的分类通过对检测样品的光谱信息进行分析,获得可分性最大的特征,再选择适当的分类系统,将各个像元划分到对应的类别属性中。

高光谱检测技术在样品分类识别方面的优点如下:

① 光谱分辨率高、波段数多、能获取物体样品几乎连续的光谱特征曲线,并可以根据需要提取特定的波段来突出目标样品的特征。

② 在同一分辨率条件下,光谱覆盖范围较宽,能够探测出样品更多的特征信息。

③ 波段多,为波段之间的相互校正提供了便利。

困难如下:

① 数据量大,影响分类精度。

② 因数据量巨大而导致的对数据预处理的困难性较大。

③ 波段多、波段间的相关性高,因此分类所需要的训练样本数目大大增加,通常会因为训练样本不足而导致得到的参数可靠性变差。

高光谱图像分类的流程及步骤如图 9 - 65 所示。首先,利用分类器对已知类别及其对应的训练样本进行学习,以获取各图像上各类别像元的分类特征;然后,选择适当的分类判据,根据分类的决策准则进行分类。

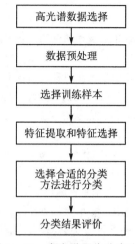

图 9 - 65　高光谱图像分类流程

基于高光谱特征空间的图像分类是一类基于图像光谱特征的分类方法,此方法建立在高光谱图像光谱特征提取和变换的基础上建立分类模型。基于光谱曲线的分类方法中,主要有光谱特征匹配分类方法、支持向量机方法、神经网络方法等。

思考题与习题

9 - 1　试列表比较所介绍的几种微弱信号检测系统的特点与应用场合。为什么说微弱信号检测基本要素是以时间为代价来换取高灵敏度的测量。

9 - 2　以锁相放大器(lock - in)为例,说明去除噪声改善检测信噪比的机理。

9 - 3　说明取样积分器(boxcar)的去噪原理和工作过程。

9 - 4　什么称为光子计数技术?光子计数系统可分为哪几种类型?说明各种类型的工作原理。

9 - 5　电子开关有哪些应用方式?试简述它们的应用特点。

9 - 6　电子转速计在进行正反向转速测量时,如何进行判向?试给出一种方案设计。

9 - 7　试根据光电遥控框图,说明光电遥控原理。

9 - 8　试述条形码识别原理,条形码识别一般要经过哪几个环节?

9 - 9　针对基于调制盘的红外方位检测系统,试设计出另一种调制盘图案。

9 - 10　简述高光谱检测的工作原理。

参考文献

[1] 雷玉堂,王庆有,何加,等.光电检测技术[M].北京:中国计量出版社,1997.

[2] 安毓英.光电探测原理[M].西安:西安电子科技大学出版社,2004.

[3] 卢春生.光电探测技术及应用[M].北京:机械工业出版社,1992.

[4] 秦积荣.光电检测原理及应用(中、下册)[M].北京:国防工业出版社,1987.

[5] 张广军.光电测试技术[M].北京:中国计量出版社,2003.

[6] 郑光昭.光信息科学与技术[M].北京:电子工业出版社,2002.

[7] 刘振玉.光电技术[M].北京:北京理工大学出版社,1990.

[8] 范志刚.光电测试技术[M].北京:电子工业出版社,2004.

[9] 罗先和,张广军,骆飞,等.光电测试技术[M].北京:北京航空航天大学出版社,1995.

[10] 杨永才,何国兴,马军山.光电信息技术[M].上海:东华大学出版社,2002.

[11] 安毓英.光学传感与测量[M].北京:电子工业出版社,2001.

[12] 鲍超.信息检测技术[M].杭州:浙江大学出版社,2002.

[13] 陈杰,黄鸿.传感器与检测技术[M].北京:高等教育出版社,2002.

[14] 孙圣和,王廷云,徐影.光纤测量与传感技术[M].哈尔滨:哈尔滨工业大学出版社,2002.

[15] 江月松.光电技术与实验[M].北京:北京理工大学出版社,2000.

[16] 浦昭邦.光电测试技术[M].北京:机械工业出版社,2005.

[17] 王庆有,蓝天,胡颖,等.光电技术[M].北京:电子工业出版社,2005.

[18] 陈熙谋.光学近代物理[M].北京:北京大学出版社,2002.

[19] 王玉田,郑龙江,侯培国.光电子学与光纤传感器技术[M].北京:国防工业出版社,2003.